百味之首

食鹽，識鹽

The Tastes of Salt

徐格林 著

前言

鹽的化學成份是氯化鈉。鹽能改善食物的色、香、味，延長食物的保存時間，一些帶苦澀味的天然食物加鹽後會變得更可口，一些難消化的天然食物經鹽醃製後會變得更易消化。因此，鹽增加了食物的美味感，拓寬了食物的來源，使以狩獵和採摘為生的早期人類在寒冷季節也能獲得食物。

大約在六千年前，居住在黃河中下游的華夏部落開始掌握製鹽技術。位於山西運城的解池（河東鹽池、安邑鹽池）曾經是中國古代的製鹽中心。得天獨厚的自然條件使解池成為世界上最早的規模化食鹽產地。在古代，擁有食鹽資源往往就控制了國家經濟的命脈。在中國歷史上，解池曾長期是各方利益集團搶奪的對象，由此引發的戰爭和衝突不可勝數。

秦始皇統一六國後，建立了通達全國的馳道，改進了交通工具，統一了度量衡，這些措施促進了交通和貿易，食鹽開始在中國普及。大約同一時期，羅馬帝國用平鍋煮鹽法提升了食鹽產量，並在地中海沿岸建立了食鹽運銷網絡，食鹽開始在歐洲普及。

15 世紀末，大航海時代拉開了國際貿易的大幕。此前封閉的地區都通過跨區貿易和技術引入獲得了食鹽。到 20 世紀中葉，只有亞馬遜雨林深處和太平洋個別小島還保留有不吃鹽的原始部落。

然而，將鹽加入食物徹底改變了人類的飲食結構。最顯著的變化就是，鈉攝入明顯增加，鉀攝入明顯減少。長期高鈉低鉀飲食勢必引起血壓升高，通過比較現代人和原始部落居民的血壓可充份驗證這一推測。

為了分析鹽與高血壓的關係，1981 年，國際高血壓學會（ISH，現已改為世界高血壓聯盟）發起了 INTERSALT 研究，對來自 32 個國家的 10,079 名成人進行了測試。結果發現，吃鹽多的人更容易發生高血壓，隨着吃鹽量增加，血壓隨年齡增加的趨勢更明顯。

亞諾瑪米人（Yanomami）居住在亞馬遜雨林深處，是目前少數與現代文明隔絕的原始部落。亞諾瑪米人沒有掌握製鹽技術，因此他們的食物中不可能加鹽。INTERSALT 研究發現，亞諾瑪米部落沒有高血壓患者，這些部落人的血壓也不隨年齡增長而升高。

人類吃鹽的歷史只有短短的幾千年。在學會製鹽之前的數百萬年進化歷程中，天然食物中鹽含量極低，每天飲食中鈉攝入量僅相當於 0.5 克鹽。長期低鹽飲食使人體形成了喜鹽的多重生理機制。含鹽食物之所以美味可口，就是為了引導人體極力發現鹽並盡可能多地攝入鹽。當人類能輕易獲得食鹽後，鹽產生的美味感並沒有絲毫減弱，味覺快感會誘使人類攝入過量的鹽。

為了防治高血壓和其他慢性病，世界衛生組織（WHO）推薦，成人每天吃鹽不宜超過 5 克（2000mg 鈉）。中國營養學會推薦，成人每天吃鹽不宜超過 6 克。然而調查發現，世界上大多數國家居民吃鹽量均超標，中國人吃鹽量居各國前列。

2012 年，中國居民營養與健康調查表明，按食物鈉含量計算的人均每天吃鹽量高達 14.5 克（5800mg 鈉），其中烹飪用鹽為 10.5 克（包括醬油中的鹽）。長期高鹽飲食導致高血壓盛行。最新的抽樣調查表明，中國成人高血壓患病率為 23.2%，高血壓患病人數高達 2.45 億；正常高值血壓患病率為 41.3%，患病人數高達 4.35 億。

高血壓盛行導致心腦血管病（冠心病和中風）高發。全球疾病負擔研究（GBD）發現，中國居民中風發病率位居世界各國前列，中國居民患中風的終生風險高居世界各國之首，中風是中國居民死亡的第一原因。高鹽飲食是導致中風發病率和死亡率居高不下的重要原因。

鹽是人類使用的第一個調味品，也是第一個食品添加劑。學會用鹽為人類帶來了美妙的味覺享受，但也使高血壓等慢性病在人間盛行。中國人崇尚美食，喜歡醃製食品，近年來加工食品、快餐食品和外賣食品消費量急劇增加，全民飲食模式的轉變更增加了吃鹽量。如果不改變這種趨勢，未來中國心腦血管病將變得更普遍。因此，在中國人口持續老齡化的大背景下，全民限鹽已成為刻不容緩的公共衛生任務。

聲明

本書所涉及的藥品使用和治療方法不能代替醫囑。

為了指導讀者選購低鹽食品，本書採集了部份食品營養數據作為範例，選擇這些食品完全出於隨機，而非有意針對某些企業或產品，希望相關方面給予理解。

目錄

吃鹽標準

隱藏的鹽

吃鹽來源

「鹽重」的危害

反鹽浪潮

減鹽對策

人為甚麼喜歡吃鹽？

在日常生活中，鹽一般指食用鹽，簡稱食鹽，能產生鹹味，是最古老和最常用的調味品。

鹽是甚麼？

鹽的化學成份是氯化鈉，由氯（Cl）和鈉（Na）兩種元素構成，其分子式為 NaCl，1 個氯化鈉分子含 1 個鈉原子和 1 個氯原子。1 摩爾鈉原子質量為 23.0 克，1 摩爾氯原子質量為 35.5 克，1 摩爾氯化鈉分子質量為 58.5 克。氯化鈉中鈉的比例為 39.3%，氯的比例為 60.7%。

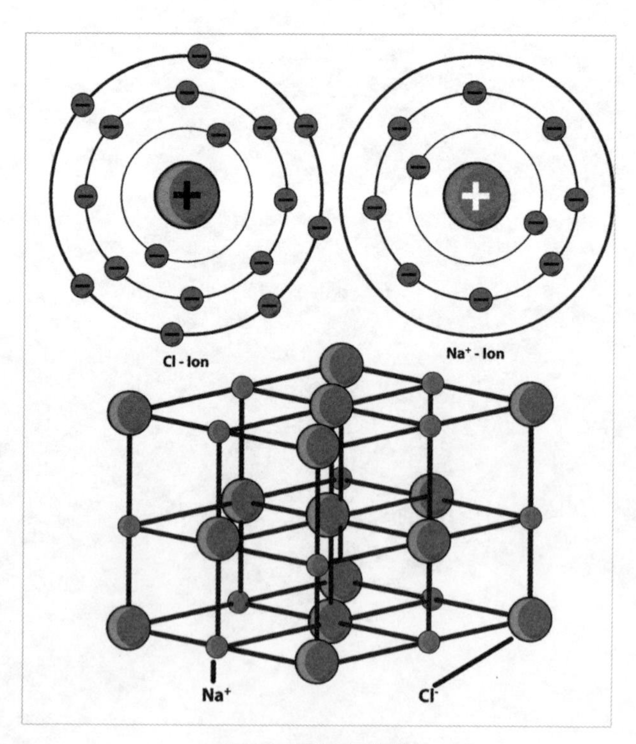

圖 1 氯化鈉分子結構

鹽易溶於水，在 20℃時溶解度為 36 克，即 100 毫升水最多可溶解 36 克鹽。海洋中儲存有大量鹽，地球表面的水有 96.5% 為鹹水，均含有較高濃度的鹽。世界四大洋海水平均鹽度為 3.5%。全球海水總量為 13.9 億立方公里，含鹽總量為 4.9×10^{16} 噸；另外還有 2.1×10^{16} 噸礦鹽深埋在地下，兩者合計高達 7.0×10^{16} 噸。若將這些鹽平均分配給全球 70 億人，每人可獲得 1,000 萬噸。這樣看來，地球上的鹽基本上取之不盡，用之不竭。

鈉和氯是人體必需品

鹽溶解在水中形成鈉離子和氯離子。鹽在人體內多以鈉離子和氯離子存在並發揮作用。鈉離子和氯離子有時各自發揮作用，有時協同發揮作用。在產生味覺效應方面，鈉離子可單獨產生鹹味；但當鈉離子和氯離子同時存在時，鹹味會更加明顯；僅有氯離子時不產生鹹味。

鈉是人體必需的宏量元素。人體中的鈉來源於飲食，尤其是鹽。胃腸對鈉的吸收率高達 95% 以上。成人體內鈉含量約為 1.38 克 / 公斤，一個體重 70 公斤的人，體內鈉總量約有 97 克。體內鈉約有 50% 分佈於細胞外液，10% 分佈於細胞內液，40% 儲存於骨骼中。骨骼中的鈉很少被釋放出來，這一點和鈣有本質區別。

鈉被人體吸收後只有小部份被利用，大部份會經腎臟隨尿液排出。當身處高溫環境或參加劇烈運動時，會有較多鈉經皮膚隨汗液排出。經糞便、淚液和呼吸排出的鈉基本可忽略不計，育齡婦女有部份鈉隨月經排出。對於參加一般日常活動的人，每天鈉攝入的 90% 經腎臟排出，這一比例相當穩定。因此，測定 24 小時尿鈉量就可獲知鈉攝入量，從而推知吃鹽量。

人體對水和鈉的調節相互關聯。當體內水份不足（如大量出汗）時，血鈉濃度和血漿滲透壓升高（超過 290 毫滲 / 公斤），下丘腦滲透壓感受器受到刺激，產生的神經信號傳遞到大腦皮質，形成口渴感，驅使人們找水並喝水，使體內水鹽平衡得以恢復。滲透壓感受器受到刺激還會促使下丘腦分泌抗利尿激素（又稱加壓素，ADH）並釋放入血。當抗利尿激素隨血液循環抵達腎臟時，會增加腎小管和集合管對水的重吸收，減少腎臟排水，從而將血鈉濃度和血漿滲透壓恢復到正常水平。相反，體內水份過多、血漿滲透壓下降時，下丘腦滲透壓感受器不受刺激，抗利尿激素分泌減少，多餘的水就會隨尿液排出體外。

人體中鈉的主要作用包括調節血容量，維持血壓穩定，保持細胞內外滲透壓平衡，使神經細胞、心肌細胞和骨骼肌細胞具有興奮性，參與調節酸鹼平衡等。人體血清鈉正常範圍在 135-145 毫摩爾 / 升之間。血清鈉濃度低於 135 毫摩爾 / 升為低鈉血症；血清鈉濃度高於 145 毫摩爾 / 升為高鈉血症。

氯約佔人體重量的 0.15%，體重 70 公斤的成人體內約含氯 105 克。人體中的氯也主要來源於食物中的鹽（氯化鈉）。氯在體內主要以氯離子形式存在，細胞外氯約佔 85%，細胞內氯約佔 15%。

在體內，氯離子、鈉離子和水共同維持體液平衡和血容量，保持血壓平穩。氯離子還有助於平衡細胞內外滲透壓。在腎臟，氯離子參與維持血液 pH 值穩定；在肝臟，氯離子參與有毒物質清除；在胃內，氯離子參與胃酸合成。紅血球中的氯還參與 CO_2 運輸。胃酸的主要成份是鹽酸，能消化食物，激活胃蛋白酶原，促進維生素 B12 和鐵吸收。胃酸生成障礙的人，維生素 B12 吸收減少，容易患巨幼細胞性貧血等疾病。

在現代飲食環境中，高鹽食品幾乎難以規避，成人基本不存在缺氯問題。因此，各國膳食指南均不強調氯攝入。嬰兒每天大約需要 0.2 克氯，氯的需求量隨年齡增長而增加，成人每日大約需要 1.5-2.5 克氯。要了解體內氯的營養狀況，可測定血氯水平；要了解氯攝入量，可採用膳食日誌法進行評估，也可測量 24 小時尿氯量。

鹽含有鈉和氯兩種元素。鈉和氯在高血壓發生中均起作用。其中，鈉起主導作用，氯起輔助作用。在日常飲食中，由於大部份氯離子是伴隨鈉離子共同存在的（以氯化鈉的形式），氯離子對血壓的單獨影響並未引起重視。對加工食品中鈉離子和氯離子含量進行測定發現，兩者並不完全配對存在。

過量的鈉危害健康

鹽對健康的危害主要源於其中的鈉。但鈉不僅僅存在於鹽中，很多化合物中都含有鈉。食品中碳酸氫鈉、穀氨酸鈉、磷酸二氫鈉、亞硝酸鈉等也能產生類似鹽的危害。目前，世界各國膳食指南均以鈉攝入量而非烹調用鹽為推薦指標，只有中國以烹調用鹽為推薦指標。《美國膳食指南 2015-2020》推薦，14 歲及以上居民每天鈉攝入量不宜超過 2,300 毫克（相當於 5.8 克鹽，一般用近似值 6 克）。世界衛生組織《兒童和成人鈉攝入指南》推薦，成人每天鈉攝入量不宜超過 2,000 毫克（約相當於 5 克鹽）。

採用鈉攝入的好處在於，這一概念不僅包括食鹽中的鈉，還包括其他化合物中的鈉。在加工食品消費量較高的西方國家，食鹽以外的鈉佔總鈉攝入量 20% 以上，由於食鹽以外的鈉同樣會產生健康危害，因此不應被忽略。在中國傳統飲食中，鈉攝入的主要來源是烹調用鹽。但隨着加工食品盛行，烹調用鹽之外的鈉正在成為中國居民鈉攝入的重要來源。在這種情況下，若仍以烹調用鹽為推薦指標，勢必會低估鈉的健康危害。

採用鈉攝入的缺點在於，相對於吃鹽量，普通民眾不太容易理解其含義。為了克服這一缺點，一些國家採用鈉—鹽換算法，將飲食鈉含量（不論是否來自食鹽）換算為鹽當量。這種方法既充份考慮了鈉的健康危害，又便於民眾理解。應當強調的是，這裏所指的「鹽」不僅包括食鹽，還包括其他含鈉化合物。因此，在很多指南裏，鹽和鈉是可以互換的概念，儘管這兩樣東西其實並非一回事。為了避免誤解，一些歐洲國家提倡在包裝食品上同時標示鈉含量和鹽含量。換算的方法是，鈉含量乘以 2.54 就是鹽含量，鈉和鹽均以克或毫克計算（表 1）。

表 1 鈉和鹽的換算 *

1 摩爾（mol）鈉＝ 23 克鈉
1 摩爾（mol）氯＝ 35.5 克氯
1 摩爾（mol）氯化鈉＝ 58.5 克氯化鈉（23 克鈉＋ 35.5 克氯）
1 克鈉＝ 2.54 克鹽
1 毫克（mg）鈉＝ 0.00254 克鹽
1 克鹽＝ 0.3937 克鈉＝ 393.7 毫克（mg）鈉
1 克鹽＝ 0.01712 摩爾（mol）鈉＝ 17.12 毫摩爾（mmol）鈉
1 摩爾（mol）鈉＝ 58.42 克鹽
1 毫摩爾（mmol）鈉＝ 0.05842 克鹽

* 在化學上，鹽和鈉是兩個不同概念。在醫學上，由於鹽（氯化鈉）的健康危害主要源自其中的鈉，氯的健康危害作用較小。因此，在評估鹽的健康作用時，鹽和鈉可以相互換算。

中國《預包裝食品營養標籤通則》（GB 28050-2011）規

定，預包裝食品必須強制標示鈉含量；而《中國居民膳食指南》推薦成人每天吃鹽不超過 6 克。衡量指標的不一致會導致困惑，妨礙居民利用營養標籤計算含鹽量，因為大部份居民並不知道鈉和鹽針對的其實是同一健康危害物，也不了解鈉和鹽的換算方法。曾有民眾甚至專家公開質疑，既然醬油是高鹽食品，為甚麼國家不在瓶裝醬油上標示含鹽量。事實是，中國所有包裝醬油均強制標示了鈉含量，只是這些質疑者不知道鹽和鈉的關係罷了。

不僅普通民眾弄不清鈉和鹽之間的關係，有些大眾媒體，甚至專業期刊也常將兩者混淆。曾有雜誌刊文評價中國各地居民吃鹽量，認為《中國居民膳食指南》推薦每天 6 克鹽遠高於美國標準，稱美國推薦成人每天吃鹽不超過 2.3 克，特殊人群（高血壓、老年人和黑種人）每天吃鹽不超過 1.5 克；並引述美國人均每天吃鹽量只有 3.4 克，比世界衛生組織推薦的 5 克標準還低。作者顯然將鈉攝入量誤為鹽攝入量。《美國膳食指南》推薦的吃鹽量是以鈉攝入為基礎，即推薦成人每天鈉攝入不超過 2.3 克（2300 毫克），相當於 6 克鹽，這與《中國居民膳食指南》推薦的吃鹽量完全一樣。而目前美國人均每天吃鹽量高達 8.6 克（3.38 克鈉），遠超世界衛生組織推薦的標準，這也是美國仍然在大力推行全民限鹽的原因。

人為甚麼喜歡吃鹽？

草食動物食物來源有限，樹熊以桉樹葉為主食，大熊貓以竹子為主食，山羊以青草為主食。因為素食中的鈉（鹽）含量低於肉食，草食動物體內更容易缺鹽。在進化壓力驅使下，草食動物形成了更強烈的嗜鹽習性（圖 2）。在人類漫長的進化歷程中，大部份時間以素食為主，經食物攝入的鈉（鹽）有限，體內長期處於缺鹽狀態，這是人類喜歡吃鹽的進化原因。

喜歡吃鹽的動物大多都存在「鹽飢餓」現象，這種機制驅使動物在體內缺鹽時想方設法尋找並攝入鹽，在體內鹽充足時減少或停止吃鹽。大鼠就具有明顯的「鹽飢餓」現象。當大鼠長期吃不到鹽（鹽剝奪），就會產生強烈的吃鹽慾望，這種慾望會使大鼠為鹽付出艱巨努力，甚至甘冒生命危險。當體內缺鹽狀態得到改善後，「鹽飢餓」隨之減弱或消失。在經歷多次鹽剝奪後，大鼠的嗜鹽習性會變得愈加強烈。這種「鹽飢餓」的產生與飢餓產生的機制非常類似。當體內血糖降低時，會產生飢餓感，驅使動物尋找食物並進食，進食後血糖升高，飢餓感隨之消失，動物停止進食。飢餓—飽食反射可避免攝入過多食物對機體造成危害。同樣，「鹽飢餓」可避免攝入過量鹽對機體造成危害。

遺憾的是，人類並不存在「鹽飢餓」。在農業社會之前，人類曾長期生活在缺鹽環境中，由於缺乏「鹽飢餓」這一調控機制，人類形成了無節制的嗜鹽習性。也就是説，在體內明顯缺鹽時（如低鈉血症），不會產生特別想吃鹽的感覺，在體內

圖2 羊車望幸

草食含鹽量低於肉食，所以草食動物更喜歡吃鹽。草食動物因此進化出了靈敏的鹽嗅覺，能在很遠的地方就感知鹽的存在。古人熟知動物這一習性，並常在捕獵和生活中加以利用。《晉書．胡貴嬪傳》中記載了「羊車望幸」的故事。晉武帝司馬炎後宮佳麗眾多，打敗東吳後，又全盤接納了孫皓的幾千名妃嬪和宮女。這樣，他後宮中有近萬名美女。由於受寵妃嬪太多，晉武帝自己都不知道該往哪個宮裏去。因此，他乘上羊車，羊走到哪裏，就在哪個宮裏宴寢。妃嬪們為獲得武帝寵幸，將竹葉插在宮門上，將鹽水灑在宮門前，以此引誘山羊。

鹽充足時，依然能從鹹食中獲得快感。在缺鹽環境中，這種鹹味快感有助於人體獲得足量鹽，提高個體生存概率。但在現代富鹽環境中，無節制的嗜鹽習性使鹽攝入遠超生理需求，導致高血壓和心腦血管病等慢性病盛行。

經歷過低鹽飲食的大鼠，「鹽飢餓」效應會明顯增強，並可維持終生。在人類，體內缺鹽的經歷並不引起吃鹽量明顯增加，也不改變鹽喜好的程度。例如，反覆捐血者、因高強度訓練多次出現脱水的戰士、多個孩子的媽媽、多汗症患者等吃鹽量都未見明顯增加。在人類唯一的例外就是，在出生後 60 天內缺鹽會增強鹽喜好。

在人類，能導致體內缺鹽的情況很多，如失血、腹瀉、嘔吐、大量出汗和腎上腺疾病等。有個別報道認為，在體內嚴重缺鹽時，人會出現想吃鹹食的衝動，但經過分析就不難發現，這些現象其實是一種後天學習效應，而非先天本能。

從詞源學角度來看，由於鹽是最常用的調味品，不論在東方語言，還是在西方語言中，都衍生出大量與鹽有關的詞語，但唯獨沒有描述「鹽飢餓」的專用詞語。在漢語中，描述想吃某種（類）食物的詞語很多，如餓（想吃飯）、飢（想吃飯）、饞（想吃肉）、渴（想喝水）等，也有些描述飯菜中鹽多鹽少的詞語，如鹹、淡、齁、寡等，但卻沒有專門描述想吃鹽的詞語。這也間接説明，人類並不存在「鹽飢餓」這種本能。

給正常人連續服用利尿劑，體內的鈉（鹽）會大量排出體外，同時減少飲食中的鹽，14 天後就會出現鈉（鹽）缺乏。這時，再詢問這些人喜歡吃甚麼食物，他們所列食物包括更多的高鹽食品。但讓這些人自由選擇食物，發現他們的鹽攝入並沒有增加。這一研究結果證實，人類並不存在「鹽飢餓」。

在生活中也沒有發現因體內缺鹽（鈉）而導致吃鹽增加的現象。即使在嚴重低鈉血症患者中，也不會出現特別想吃鹹食的感覺。在飲水不足而導致的死亡案例中，缺水直接導致的死亡遠少於缺水後低鈉血症導致的死亡。其原因在於，體內缺水時會產生難以忍受的口渴感，這種感覺會驅使人想方設法尋找飲水。極度口渴的人一旦獲得飲水，就會大量飲用。但當大量飲水稀釋了血鈉濃度後，並沒有一種類似口渴的感覺，提示人想要吃鹽。因此，脱水後大量飲水導致的低鈉血症是引發死亡的主要原因。就像以色列海法大學萊瑟姆（Micah Leshem）教授說的那樣，人類喜歡吃鹽更多是為了滿足味覺享受。

腎功能受損嚴重的患者，不能及時將體內多餘的鈉（鹽）和其他代謝產物排出體外。因此，腎功能衰竭者要定期進行血液透析治療。血液透析時，一般會將患者升高的血鈉濃度降低到正常值低限。經檢測發現，在血鈉濃度降低前後，患者對鹽的口味輕重並沒有明顯改變。

劇烈運動出汗後體內鹽份會大量流失，這時部份人會出現想吃鹹食的感覺，但這種感覺可能是由交感神經興奮所致，也可能是由運動後食慾增強所致，因為，在劇烈運動後很多人也想吃甜食。學習效應也可能增強出汗後想吃鹹食的慾望。大量出汗導致體內水鹽丟失，鹹味食物有助於水電解質恢復平衡，緩解頭暈、乏力、心慌等症狀。當再次發生這些症狀時，有經驗的人就知道用鹹食來緩解不適，這就是學習效應。

大鼠吃鹽的慾望在雌雄間存在明顯差異。雌鼠在生育期吃鹽慾望強烈，在哺乳期這種慾望更強烈。即使在生育間期，雌鼠吃鹽也遠超雄鼠。但在人類，並沒有發現吃鹽慾望隨生育週期而改變的現象，也沒有發現哺乳期婦女吃鹽增加的現象。在雌鼠中，隨着生育次數增加，其吃鹽量逐漸增加。而在人類沒有發現這種現象，多子女媽媽和獨生子女媽媽吃鹽量並無差異。

女性比男性吃鹽少是一個不爭事實。相對於男性，女性體重小、能量消耗少、食量（飯量）小，因此吃鹽也少。研究還發現，在不受約束時，女性給湯中加鹽明顯少於男性。女性最佳美味點的食物鹹度、最適口的鹽水濃度都明顯低於男性。同時，女性最佳美味點的食物甜度、最適口的糖水濃度也低於男性。這些研究結果說明，相對於男性，女性整體口味較淡，而不僅僅限於鹹味。女性口味較淡，可能是因為她們的味覺更敏感。

根據美國膳食營養調查，如果按體重計算吃鹽量，男性仍明顯高於女性。成年男性每天鈉攝入量為 45.4 毫克 / 公斤體重，成年女性每天鈉攝入量為 39.0 毫克 / 公斤體重，男性每公斤體重鈉攝入量比女性高 16.4%。以色列開展的膳食調查發現，成年男性每天攝入鈉 41.3 毫克 / 公斤體重，成年女性每天攝入鈉 33.9 毫克 / 公斤體重，兩者相差 21.8%。據此推算，對於體重都是 70 公斤的人，男性每天吃鹽比女性多 1.3 克（518 毫克鈉）。這種差異可能與男性運動量大有關。

人類喜歡吃鹽與維持體內水鹽平衡毫無關係。體內水鹽平衡主要靠腎臟維持，而不靠吃鹽多少來調控。吃鹽增多後，體內多餘的鹽很快經腎臟排出。運動員和重體力勞動者因出汗多，體內鈉鹽流失多，可能出現乏力、頭昏及四肢水腫等症狀，增加吃鹽可緩解這些症狀，而過多攝入的鹽，再經腎臟排出。經多次循環，這些人的喜鹽口味會有所增強。這種機制可以解釋中國北方農村居民普遍吃鹽多的現象，因為，他們勞動強度和出汗量都較大。

由於人體缺乏「鹽飢餓」機制，即使體內缺鹽明顯，仍然能表現得泰然自若，直到嚴重缺鹽危及生命。貝絲・戈德斯坦（Beth Goldstein）是美國著名自行車運動員，由於平時注重飲食健康和形體保持，她很少吃鹹食與油炸食品。在參加橫跨美國的自行車越野賽時，由於天氣炎熱、運動量大、出汗多，貝絲喝了很多水，而飲水後她出汗更多。快到終點時，她開始出現幻覺，感覺眼前事物變得遙遠而不真實，彷彿置身於電視裏。她認為這些都是缺水的結果，再次補水後她出現了劇烈嘔吐，之後就失去知覺。第二天隊友將昏迷的貝絲送到醫院，經檢查診斷為嚴重低鈉血症，經逐步補鈉後貝絲清醒過來。在回憶這一事件時，貝絲説她一直都沒有想吃鹹食的慾望。

人類喜歡鹽更多是出於美味享受，而不是出於身體需求。這一理論的另一證據就是，並非所有食物加鹽後都會變得更誘人。冰淇淋、甜點、醪糟、八寶粥等高糖食物加鹽後，可能會變得難以下嚥。與大鼠不同，絕大多數人反感直接飲用鹽水。但當鹽水中加入小量肉末或蛋白粉，湯就會成為誘人的美味。更沒有正常人會像山羊和麋鹿那樣，喜歡直接舔食鹽粒。這些現象説明，人類喜歡吃鹽，主要是因為鹽能帶來美味享受。

體內嚴重缺鹽的小孩

先天性腎上腺增生症（congenital adrenal hyperplasia, CAH）患者由於 21- 羥化酶活性降低，導致體內醛固酮（aldosterone）生成不足。醛固酮缺乏會使鈉經腎臟大量流失，引發嚴重低鈉血症。CAH 患兒因大量失鹽，會出現食慾下降、噁心嘔吐、嗜睡、體重不增等症狀。患兒會在出生 4 週內出現腎上腺危象，表現為低鈉血症、高鉀血症、高腎素血症和低血容量休克等。腎上腺危象若未及時救治會導致患兒死亡。隨着年齡增長，患兒體內醛固酮合成會有所增加，水鹽平衡能力會有所恢復。

由於長期缺鹽，CAH 患兒對鹽的喜好明顯增強，但對糖的喜好並不增強。一項調查 CAH 患兒吃鹽習慣的研究發現，在 14 名小患者中，1 名兒童在 2 歲就開始大量吃鹽，按其父母的説法，自 2 歲起患兒就開始飲用包裝鹽水；而 12 名兒童在 6 歲左右開始大量吃鹽。對於如何喜歡上鹽，7 名兒童回答是自己發現的。其中 1 名兒童能清晰地回憶當時的情景，在幼兒園開展的味覺實驗中，當她第一次品嘗鹽粒後，就深深愛上了這種神奇的食物。6 名兒童回答是受同胞或親朋提示喜歡上了鹽。從這些描述中發現，儘管 CAH 患兒體內嚴重缺鹽，但他們並不知道自己需要鹽，只是在嘗試之後才開始喜歡鹽，説明這是學習的結果。

> 敏敏（MM，患兒姓名首字母縮寫）受訪時年僅 12 歲，身體外形和生殖器均像男孩，一直被家人當作男孩撫養。但其染色體是 46XX，其實是遺傳學上的女孩。敏敏被診斷為 CAH，由於雄激素分泌多，其外生殖器呈兩性畸形（既像男孩，又像女孩）。在診斷明確後，醫生為敏敏實施了整形手術，使她成為表裏如一的女孩。敏敏非常喜歡鹽，但不喜歡甜食，她經常舔鹽瓶裏的鹽粒，並在食物中加入大量食鹽。敏敏喜歡吃醃橄欖、醬黃瓜和鹹芝士，連吃橘子和無花果都要加鹽，甚至把鹽和糖混在一起吃。敏敏的弟弟烏敏受訪時 9 歲，也是 CAH 患者。烏敏從敏敏那裏學會了吃鹽，姐弟倆有很多共同嗜好。在番茄湯鹹度測試中，烏敏最喜歡未被稀釋的高鹽菜湯，這種菜湯含鹽高達 3.3%，鹹度比海水還高。敏敏和烏敏的堂弟甯敏受訪時 6 歲，也是 CAH 患者，甯敏從烏敏和敏敏那裏學會了吃鹽。敏敏的另外三個同胞基因型為雜合子，鹽喜好測試均正常。可見，CAH 發病僅限於純合子基因型。

這些觀察表明，CAH 患兒吃鹽增加並非與生俱來，而是學習與嘗試的結果。他們第一次吃鹽往往是無意間發現，而一旦品嘗到鹽的滋味，這些體內嚴重缺鹽的小傢伙就會迷戀上鹽，從此大量吃鹽。

文獻中曾報道一名叫杜威（DW）的男孩，常被用來證明「鹽飢餓」的存在。

> 杜威從小時起就喜歡吃鹽，在被診斷為 CAH 後住進了當地醫院，被禁止吃鹽。這個 3 歲半的小傢伙最後發生了嚴重行為異常，開始出現嘔吐、厭食，最終在入院一週後死亡。杜威去世後，他的父母在一封信中描述了小傢伙的各種生活細節，一百年後重讀這封信，依然令人心碎。大約在 12 個月大時，小杜威發現了餅乾上的鹽粒，開始舔食這些美妙的顆粒。在 18 個月時，杜威學會了「鹽」這個詞，並認識了鹽瓶，此後就對鹽瓶愛不釋手，他會想盡辦法把鹽倒出來放進小嘴巴裏。從這封信中不難發現，杜威喜歡鹽並不是因天生的「鹽飢餓」，而是一個逐步學習過程。後天的經驗使杜威體會到，吃鹽能緩解身體不適，從而靠大量吃鹽活到住院那天。可惜的是，囿於當時醫學界對 CAH 的認識，醫生對他實施了錯誤的限鹽治療，沒能讓小杜威的生命奇蹟延續下去。

在人類，一種普遍存在的、天生的「鹽飢餓」並不存在。人類喜鹽的習性更符合追求享受模式，而不符合補充需求模式。也就是説，我們之所以吃了太多鹽，其實並非因為身體需要，而是為了滿足味覺快感。這種味覺快感是因人類祖先長期生活在貧鹽環境中，為了防止個體缺鹽而形成的一種固有神經反射。這種享受模式就恰如性交那樣，其實是為了維持種群延續，而賦予個體在性交時出現一種虛幻的美妙快感，這種快感誘導男女共同完成艱巨而危險的生殖任務，使種群得以延續。

鹽的歷史

在人類歷史上，鹽是第一個調味品，鹽是第一個保鮮劑，鹽是第一個大宗商品，鹽曾被用作貨幣，製鹽是農業社會開始的重要標誌。鹽貫穿了文明發展史，滲透到人類社會各個角落，融入政治、經濟、軍事、文化和宗教等諸多領域。

世上的鹽

文明建立在鹽的基礎上。舊石器時代，人類以狩獵和採摘為生，收穫隨季節更替和天氣變化波動。夏秋季食物充裕，但由於缺乏保存方法，裕餘的魚、肉、野菜和野果在炎熱天氣裏很快就腐爛了。冬春季食物匱乏，人們不得不忍飢挨餓，或以劣質食物果腹。新石器時代，人類在學會製鹽後開始醃製食物，寒冷的冬季不再挨餓。醃製食物使長途旅行更加便利，使人類能離開自己的棲息地，到更遠的地方謀生。鹽改善了人類的生存條件，促進了文明發展。

為了獲取鹽，早期人類常在海濱、鹽礦或鹽湖周邊定居，這些定居點逐漸發展為村落、集鎮、城市乃至國家。隨着農耕文明的出現，鹽成為第一個大宗商品。掌握鹽資源的部落往往能快速崛起，進而發展為強大國家。

古羅馬人發明了平鍋煮鹽法，提高了食鹽產量，降低了生產成本；他們在地中海沿岸修建了四通八達的運鹽大道，構築了橫跨歐亞非的食鹽貿易網。著名的薩拉莉亞大道（鹽大道，Via Salaria）就是為了將地中海的鹽運往羅馬。食鹽生產和貿易為古羅馬積累了巨額財富，為帝國五百年的輝煌奠定了經濟基礎。當時，發給士兵的津貼就包括一定量的鹽（或可低價購鹽的票券），這一典故是英語「工資」的最初來源（英語中 salary 和 salt 源於同一詞根）。

歐洲的食鹽貿易

羅馬帝國衰敗後，地中海始終維持着歐洲商貿中心的地位。為了控制食鹽貿易，1298 年，威尼斯和熱那亞兩個城邦爆發了曠日持久戰。曾遊歷中國的威尼斯商人馬可・波羅也參加了威熱戰爭，其著名的《馬可・波羅遊記》（*The Travels of Marco Polo*），近代有學者認為該書系杜撰，質疑他是否真正到過中國。2012 年，德國圖賓根大學（University of Tübingen）著名漢學家傅漢思（Hans Ulrich Vogel）教授列舉了《遊記》中的諸多細節，以事實證明馬可・波羅確曾來過中國。傅漢思列舉的證據就包括，馬可・波羅詳細描述了元代中國特有的製鹽方法和鹽稅徵收流程，沒有到過中國的人不可能了解到這些細節。《馬可・波羅遊記》第一次向西方展示了華夏文明的全景，引起歐洲人對中國的嚮往，並對 15 世紀地理大發現產生了深遠影響。馬可・波羅去世半世紀後，威尼斯最終於 1380 年擊敗熱那亞，獲得食鹽貿易控制權，從而攫取了巨額商業利益。

威尼斯人對歐洲食鹽的壟斷維持了上百年。1488 年，葡萄牙航海家迪亞士（Bartholmeu Dias, 1451-1500）發現了更為經濟的海上貿易航線。他的船隊從里斯本出發，繞過非洲南端的好望角進入印度洋。迪亞士的探險活動開啟了大航海時代，歐洲貿易中心也由地中海轉移到大西洋沿岸，各國派出一大批冒險家開闢海上新航線。隨着新世界的發現，鱈魚和動物毛皮成為海上貿易的重要物資。而鱈魚和毛皮都需鹽加工才能長途運輸，因此，海運繁榮促進了食鹽貿易。

1497 年，意大利航海家卡伯特（John Cabot, 1405-1499）遵照英王亨利七世的命令，尋找由大西洋通往中國的西北航線。雖然未能如願，返航途中卡伯特卻意外發現了紐芬蘭

（Newfoundland）漁場。由於位於拉布拉多寒流和墨西哥灣暖流交匯處，紐芬蘭漁業資源極其豐富，「踩着鱈魚群的脊背就能走上岸」。紐芬蘭漁場為飢餓的歐洲提供了充足食物，增加了居民蛋白質和碘的攝入，增強了他們的身體素質，提升了人群智商水平，為工業革命及西歐諸強輪番崛起提供了人力和智力支持。紐芬蘭漁場盛產鱈魚和鯡魚，用鹽醃製海魚既可改善口味，又能防止海魚在長途運輸中腐敗變質。當時的鹽比魚更為珍貴，因為只有歐洲南部的西班牙與葡萄牙擁有充足的陽光和乾燥的天氣，適合生產醃魚的海鹽。不久產魚國和產鹽國之間結成了魚鹽聯盟。

得益於先進的航海技術，西班牙和葡萄牙在 16 世紀建立了橫跨全球的商業帝國，壟斷了海上貿易，並通過魚鹽聯盟攫取了巨大利益。然而，荷蘭人最終瓦解了魚鹽聯盟，在短短幾十年間，導致西班牙經濟崩潰，如日中天的兩牙帝國很快衰落並被擊敗，海上霸主地位隨之易主。同時，隨着紐芬蘭漁場的大規模開發，英國和荷蘭海運業日益強大。因漁場路途遙遠，天氣反覆無常，海洋漁業為兩國培養了大批高素質海員，這些人後來成為英國和荷蘭艦隊的中堅力量，在擊敗兩牙、稱霸全球的戰爭中功勳卓著。

鹽促成美國統一

歐洲人到來之前，美洲食鹽由少數印第安部落掌控，如墨西哥的阿茲特克（Aztec）、中美洲的瑪雅（Maya）、秘魯的印加（Inca）、哥倫比亞的奇布查（Chibcha）等。歐洲殖民者的入侵使這些部落失去了食鹽控制權。隨着移民數量激增，加之擁有豐富資源，殖民地經濟迅速繁榮，但食鹽一直受英國控制，北美食鹽主要源自利物浦。美國宣佈獨立後，英國隨即中斷了食鹽供給，企圖通過食鹽封鎖，強迫獨立方屈服。華盛頓率領的軍隊確因食鹽匱乏，影響到軍火生產、馬匹飼養、後勤補給甚至傷員救治。在 1774 年召開的大陸會議（Continental Congress）上，殖民地決定建立自己的食鹽生產和供給體系。因此，在美國建國之初，有多位將軍和高官出身於鹽商。為了吸取食鹽斷供的歷史教訓，美國在 1795 年頒佈的《土地法》中明確規定，建立食鹽儲備體系，防止因食鹽短缺危及國家安全。

獨立後的美國經濟迅速崛起，而如何將鹽運往西部成為一大難題。為解決運鹽問題，19 世紀上半葉美國建立了縱橫交錯的運河系統。位於紐約州的伊利運河（Erie Canal）開通於 1825 年。伊利運河是人類工程史上一大奇蹟，它將五大湖和哈德遜河連接起來。當時，美國中西部以出產肉製品為主，而儲存和運輸肉製品需要大量食鹽。伊利運河解決了食鹽運輸問題，因此被稱為「因鹽而建的運河」（the ditch that salt built）。

美國南北戰爭期間，鹽也發揮了關鍵作用。1864 年 12 月，北方聯軍在長途奔襲後，經 36 小時激戰，攻克了維珍尼亞的鹽鎮，該鎮是南方聯軍的食鹽供給中心。鹽鎮的失陷迅速導致了南方各州食鹽短缺，儘管南方聯盟總統傑斐遜・戴維斯（Jefferson Finis Davis, 1808-1889）以豁免兵役等政策鼓勵食鹽生產和貿易，但仍無法破解食鹽匱乏的困局。除了食品用鹽不足，缺鹽還影響到皮革鞣化、軍服染色、馬匹飼養等。食鹽短缺也挫傷了士氣，最終導致南方聯盟失敗。從一定程度上說，鹽促進了美國統一。

鹽稅

法國自古就是產鹽大國。1246 年，路易九世（Louis IX,

1214-1270）在地中海沿岸建立了艾格莫赫特鹽場（Aigues Mortes），專門為十字軍東征募集軍費。1341 年，法國開始徵收鹽税，從此，鹽税在法語裏有了專用名稱，gabelle。除了設定固定税率，gabelle 的特別之處還在於，要求年滿 8 歲的公民每週必須購置大約 140 克鹽，相當於每人每年約 7 公斤鹽。而且個人購鹽不得加入銷售食品，否則與走私食鹽同罪，首犯將被投入監獄，再犯將被處以死刑。17 世紀，法國推出食鹽專營法，將食鹽銷售權轉讓給承包商。這些商人將專營權發揮到極致，利用食鹽瘋狂盤剝底層人民。據比利時學者拉茲洛（Pierre Laszlo）考證，從 1630 到 1710 年，法國鹽税增加了 10 倍，食鹽價格從生產成本的14倍猛增到140倍，鹽成為一種奢侈品。1789 年，對鹽税的憤怒終於點燃了法國大革命的熊熊烈火，摧毀了腐朽的波旁王朝。

鹽税曾經是維繫英國王室統治的經濟支柱，但高額鹽税也助長了食鹽黑市的瘋狂。根據鄧唐納德伯爵（Archibald Cochrane, 9th Earl of Dundonald, 1748-1831）記載，1785 年，僅英格蘭就有一萬人因走私食鹽被投入監獄。之後，英國還將高鹽税轉嫁到海外，鹽成為英國斷送其海外殖民地的肇因。1930 年，為抵制高鹽税，印度聖雄甘地（Mohandas Karamchand Gandhi, 1869-1948）長途跋涉 390 公里到阿拉伯海，自己取海水煮鹽，這一活動得到大批印度民眾響應和追隨。同年，英國政府迫於壓力廢止了高鹽税政策。甘地的非暴力不合作運動喚醒了南亞人民對民族獨立和國家自治的覺悟，最終導致英國殖民統治在全球土崩瓦解。在今天的印度，鹽作為好運的象徵，依然被當作禮品互相饋贈。

斯拉夫人（Slav）最初居住在現今波蘭東南維斯杜拉河

（Vistula）上游一帶。公元 1 世紀起，斯拉夫人開始向東遷徙擴張，逐漸形成了今日的中歐和東歐國家，包括俄羅斯、烏克蘭、保加利亞、克羅地亞、波蘭、捷克、斯洛伐克、塞爾維亞等。由於遠離海洋，境內沒有充足鹽業資源，缺鹽成為斯拉夫人東擴的一大阻礙。17 世紀上半葉，俄羅斯因連年天災和饑饉，國家財政陷入困境。為了化解危機，沙皇阿列克謝一世（Алексей Михайлович Тишайший,1629-1676）於 1648 年推出新鹽税政策，將按區徵收改為全國統一徵收。新鹽税加重了農奴和底層市民負擔，在莫斯科引發了大規模反鹽税暴亂，最終造成二千多人死亡，二萬四千多間房屋被焚毀。俄羅斯有句諺語：「我們同吃了一普特鹽。」（1 普特 =16.4 公斤）在俄羅斯，鹽被視為無價之寶，同吃一普特鹽比喻友誼深厚。

鹽享有崇高地位

鹽在宗教中享有崇高地位。在基督教中，鹽常用於聖潔的祭祀儀式。教徒洗禮時，會將鹽放入受洗者口中，以祈禱智慧將伴其一生。時至今日，西方傳統依然認為，打翻鹽瓶是不祥之兆，肇事者應在左肩夾一個夾子，以驅逐尾隨而至的魔鬼。在蘇格蘭，釀造啤酒要加鹽，以防啤酒被惡魔破壞。這一做法確實管用，研究證實，鹽會抑制過度發酵，從而防止啤酒腐敗變質。《聖經》中有三十多處提到鹽，耶穌曾對門徒説：「你們是世上的鹽」（Ye are the salt of the earth）。意在教導門徒要像鹽一樣聖潔，成為抵禦塵世中邪惡的中堅。

《自然史》是公元 1 世紀出版的一部百科全書，作者為羅馬帝國時期的普林尼（Pliny the Elder, 23-79）。書中記載，當時很多地區都流行把鹽敬獻給貴客以期加深友誼。這一傳統至今仍保留在俄羅斯等東歐國家，每有貴賓來訪，主人將盛鹽的器皿放在麵包上，由身穿民族服飾的兒童或少女用漂亮的方巾呈遞給貴賓。客人一般會掰一小塊麵包，蘸一點鹽吃下，以示接受主人的盛情。

鹽作為一種生活必需品，其生產和貿易曾在人類文明史中扮演重要角色。19 世紀以來，隨着鑽探技術的發展，先後在世界各地發現了巨型鹽礦。曾經認為稀缺珍貴的鹽，如今被證實幾乎無處不在。20 世紀以來，低壓蒸餾技術的應用使海水製鹽變得更加簡便經濟。根據 2016 年美國中央情報局（CIA）編製的全球物資生產儲備狀況列表，鹽已不再是美國的戰略儲備物資，因為，地球上的鹽儲量如此豐富、獲得如此容易，現在還想通過鹽控制某個國家，完全是不可能的事情了。

鹽與帝國興衰

在古代中國，食鹽主要產於山東半島和山西解池。鹽業資源高度集中使統治者能輕易控制食鹽生產及貿易，從中獲取巨額財富，以推動國家集權和對外擴張。因此，鹽在古代中國一直扮演着重要角色，是維持統治的經濟支柱。

中國最早的製鹽記載見於《世本》：「夙沙氏始煮海為鹽。夙沙，黃帝臣。」這一記載表明，黃帝時期，中國已開始規模化生產食鹽。夙沙（宿沙）和他的部族居住在膠東半島，世代與海為鄰，在長期生產實踐中，掌握了海水製鹽技術。夙沙也因煮鹽技藝精湛而名揚後世，被尊為「鹽宗」。

《史記》載：「（黃帝）與炎帝戰於阪泉之野，與蚩尤戰於涿鹿之野。」兩次大戰（註：錢穆等學者認為，阪泉之戰和涿鹿之戰為同一次戰爭，其戰場應在解池附近）的結果是形成中國（夏），兩次大戰的目的都是爭奪鹽池。黃帝之後，堯建都平陽（山西臨汾），舜建都蒲阪（山西永濟），禹建都安邑（山西運城），這些都城均在解池附近，可見鹽對於早期國家的建立具有決定性作用。解池也稱安邑鹽池、河東鹽池，是中國歷史上最著名的產鹽地，位於今天山西省運城市境內。

《左傳》記載：「晉人謀去故絳。諸大夫皆曰，必居郇瑕氏之地，沃饒而近盬，國利君樂，不可失也。」盬（音 gǔ）在古代專指解池或解池鹽。這一記載則更直接地説明，當時立國建都的主要考慮，就是必須臨近鹽池。解池產鹽無須煮熬，夏季將池水引至附近田地，一夜南風颫過，地上就長滿鹽花（圖3）。《洛都賦》曾盛讚解池：「其河東鹽池，玉潔冰鮮，不勞煮潑，成之自然。」

許慎《說文解字》記載：鹽，鹵也。天生曰鹵，人生曰鹽。古者夙沙初作鬻海鹽。鹵，西方鹹地也，安定有鹵縣。東方謂之㡿，西方謂之鹵。盬，河東鹽池。鹹，北方味也。

【語譯】鹽就是鹵。天然的稱為鹵，人工的稱為鹽。上古時期夙沙首創海水煮鹽。鹵，原是西部一個鹽鹼地區，在安定郡有一個鹵縣（註：漢武帝元鼎三年，從北地郡劃出部份區域設置安定郡，唐高祖武德元年廢除安定郡。秦始皇統一六國後設立鹵縣，漢順帝永和六年，因漢羌戰爭，境內居民內遷，鹵縣被廢置。古鹵縣在今天甘肅省崇信縣，該地在先秦時稱為鹵）。鹵，東方稱為㡿（音 chì），西方稱為鹵。河東鹽池稱為盬（音 gǔ）。鹹是北方的味道。

許慎（約 58-149），字叔重，東漢汝南召陵（今河南省漯河市郾城區）人，所著《說文解字》是中國第一部按部首編排的字典。《說文解字》對鹽字進行了詳細描述（圖 4），記載了上古時期兩處重要產鹽地，其一是海岱之間，其二是河東鹽池。目前一般認為，夙沙煮海開創了人工製鹽這一技術。夙沙是黃帝同時代人，大約生活在距今五千年前。河東鹽池利用南風蒸發這一天然優勢，無須蒸煮，其開發時間可能更早，至少在距今六千年前就已開始。鹹是北方的味道，這是因為「北方生寒，寒生水，水生鹹」。

圖 3 解池鹽場 圖片來源：宋．蘇頌《圖經本草》

圖 4 《說文解字》中的「鹽」

在古「鹽」字組成中，中間有一個鹵字，表示鹽來源於鹵水；鹵水旁有個人在彎腰勞動，表示製鹽要耗費大量人力；鹵字下有一個皿，也就是加熱器皿，表示製鹽需要煎煮鹵水；鹽字上部有一個臣，也就是跪着的人，表示製好的鹽是獻給王公貴族的，說明鹽在當時非常珍貴，製鹽的奴隸並沒有資格吃鹽。

對食鹽徵税，始於夏代。《尚書》記載：「青州厥貢鹽。」當時鹽税不以貨幣而以實物繳納，這是歷史上最早的鹽税。由於鹽資源分佈極不均勻，催生了以販運食鹽為業的鹽商。史書中最早的鹽商是殷商末年的膠鬲，他原為紂王的大夫，後隱身經商，販賣魚鹽，被文王發現並納為謀臣，在擊敗紂王的牧野之戰中發揮了關鍵作用。因此，膠鬲被孟子稱為「舉於魚鹽之中」。春秋時魯人猗頓和楚人陶朱（范蠡）也是富可敵國的鹽商，人們常用「陶朱、猗頓之富」形容潑天財富。

周朝建立後，太公望（姜子牙）被分封在營丘（今山東省昌樂縣），在此建立了齊國。齊國「地瀉鹵，人民寡」。齊國的土地含鹽鹼，人煙稀少。太公鼓勵人民發展紡織和製鹽，從而使齊國富甲天下，其他諸侯國臣民大批移居齊國。太公之後，另一位政治家管仲提出「海王之國，謹正鹽筴」的治國方針。鹽政改革的核心思想在於，實施食鹽專營，寓鹽税於專賣之中，使臣民在不知不覺間納税。管仲制定的另一政策就是，大量徵購其他產鹽國食鹽，進而壟斷梁、趙、宋、衛等無鹽國的供給。這一策略不僅能在經濟上獲利，而且能在政治和軍事上控制這些封國。食鹽專營為齊國帶來了滾滾財源，使齊成為東方強國，齊桓公成為春秋五霸之一。食鹽專營政策為此後歷朝所沿用，作為食鹽專營的創始者，管仲被尊為鹽政和鹽法的鼻祖。

戰國時期，秦國鹽業資源匱乏，食鹽供給仰賴他國。秦孝公三年（前 359），商鞅主持頒行《墾草令》，將山川湖澤收歸國有，禁止民間私自煮鹽。孝公十年（前 352），秦魏開戰，秦國將垂涎已久的解池（安邑鹽池）納入版圖。秦吞併巴蜀後，昭襄王五十二年（前 255），蜀郡太守李冰主持開鑿了第一口鹽井——廣都鹽井（位於今成都市雙流區）。之後，秦國開始了大規模井鹽生產，不僅解決了食鹽自給，還依靠食鹽貿易實現了國富民強，為統一六國奠定了經濟基礎。

公元前 221 年，始皇嬴政統一中國，建立了規模空前的秦帝國，同時也統一了全國鹽政。對食鹽生產和銷售實行集中管理。

西漢立國後，朝廷一度放鬆了對食鹽的管控，放任民間生產和銷售食鹽，鹽官只負責徵收小量鹽税。然而，放鬆鹽鐵管控導致權貴、豪強和富商趁機霸佔山澤，組織大批亡命之徒煮鹽冶鐵，獲取巨利。漢武帝掌控政權後，果斷採納東郭咸陽的建議，禁止民間私自煮鹽開礦，違反禁煮令者，處以斬腳趾。鹽鐵管制打擊了雄霸一方的富商大賈，使國家税收激增，有力支撐了對匈戰爭。

後元二年（前 87）武帝駕崩，年僅 8 歲的漢昭帝劉弗陵繼位，大將軍霍光輔政，朝野上下對鹽鐵管制議論四起。始元六年（前 81），霍光以昭帝名義下詔，召集全國各地「賢良文學」（民間學者）六十餘人，與御史大夫桑弘羊為代表的官僚集團展開論戰，辯論主題為鹽鐵管制的存廢，這就是中國歷史上著名的鹽鐵會議，桓寬的《鹽鐵論》詳細記錄了辯論經過。「賢良文學」提出，鹽鐵管制是民間疾苦的根源，要求徹底廢除專營政策。桑弘羊等官員則認為，鹽鐵是國民經濟的命脈，鹽鐵之利是抗擊匈奴和消除邊患的基本保障，一旦廢除勢必危及國家安全。由於霍光的支持，論戰中「賢良文學」佔盡上風，但會議結束後卻無法廢止鹽鐵專營，因為缺少鹽鐵之利，朝廷根本無法維繫對匈作戰的龐大開支。最終的結論是：「此（鹽）國家大業，所以制四夷，安邊足用之本，不可廢也。」

王莽篡位後，西漢走向滅亡。經過光武復興，國家元氣稍有恢復，但吏治腐敗使東漢帝國始終難以振作。各級官員與地主相互勾結，專斷鹽鐵資源，抬高鹽鐵價格，瘋狂盤剝底層人民。由於財富向官僚權貴高度集中，各種地方勢力野蠻生長，皇權萎靡不舉，為東漢的長期動亂和最終敗亡埋下了禍根。

魏晉南北朝時期，地方割據導致政權林立，食鹽運輸和貿易渠道不暢。各地被迫尋找鹽業資源，革新製鹽技術以化解缺鹽困局。其中，蜀國首先掌握了井火（天然氣）技術。採用井火煮鹽，火力持久而穩定，不僅能加快煮鹽速度，而且還能提高成鹽率。據《博物志》記載，蜀國丞相諸葛亮曾視察臨邛鹽井，指導井火煮鹽。據研究，這是世界上最早使用天然氣的記錄。

隋唐時期，國家再次實現了統一，食鹽貿易漸趨繁榮。為了將海鹽和糧食從江南運達人口密集的中原，隋唐兩代修建了四通八達的水陸運輸網絡。在長江、運河、黃河、渭河等水系銜接點建立了貨物接駁站和食鹽倉庫（鹽倉），使東南出產的食鹽、糧食、絲綢等物資能快捷運抵長安、洛陽等地。

唐代鹽政的一大創舉，是建立了國家食鹽儲備制度——常平鹽。在鹽價低平時，政府大量買入食鹽，儲存於長安、洛陽等大都市。當戰爭、內亂、天災等影響食鹽供給，導致鹽價高企時，政府向市場推出常平鹽。這一舉措不僅有利於平抑鹽價，打擊不法商人囤積居奇，緩解臨時性食鹽短缺，穩定民心，還能增加國庫收入。永貞元年（805），因長期陰雨導致交通不暢，長安鹽價騰貴，民心不穩，朝廷向市場推出常平鹽兩萬石，很快就平抑了市場鹽價。

安史之亂後，唐帝國為了紓解財政困局，加強了食鹽管控，在全國實行劃界銷售，為各地制定指導鹽價，並根據戶口強制推行食鹽配售。為了增加收入，朝廷在各地廣設鹽鐵院場，配備大量採收人員，官員考核提拔唯鹽利論成敗。這種急功近利的政策不僅沒有化解危機，反而使鹽鐵機構貪腐成風，弄虛作假，欺上瞞下，食鹽走私猖獗。白居易曾上書朝廷，直陳鹽鐵經濟衰落的原因：「臣以為隳薄之由，由乎院場太多，吏職太眾故也。」由於鹽價太高，貧苦人家只能無鹽而食：「鹽估益貴，商人乘時射利，遠鄉貧民困高估，至有淡食者。」黃巢等私鹽商販借機網羅無業遊民，不久坐大為武裝販運集團，最終公然對抗朝廷。唐末，地方藩鎮也加入到鹽利爭奪的行列中，設立「茶鹽店」，坐收「搨地錢」（過路費）。鹽井、鹽池為藩鎮霸佔，鹽利被豪強持留，唐帝國也在鹽稅枯竭的困境中分崩離析。

宋元之際，漢、蒙、契丹、党項和女真等民族在北方展開了長年混戰，鹽成為決定戰爭勝負的關鍵。北宋早期，偏居一隅的党項民族在西北建立了西夏政權。這一「旱海」小國因坐擁烏白鹽池，在宋夏貿易中獲利巨豐，很快崛起為威脅宋朝邊防的強鄰。但當宋朝斬斷食鹽貿易，西夏國勢逐漸衰微，最終為蒙古所滅。宋神宗熙寧年間，蔡京輔政，將「鹽鈔法」改為「換鈔法」，規定舊鹽鈔定期換為新鹽鈔，同時需貼納現錢，政府通過印製新鈔就可輕鬆獲利。「換鈔法」在短期增加了朝廷收入，但這種殺雞取卵式政策抑制了食鹽貿易，國力反而被削弱，最終釀成靖康之難。趙宋南渡之後，並未汲取這一慘痛教訓，依然沿用蔡京弊政，鹽法更是朝令夕改，百姓無所適從。鹽政失當導致食鹽走私猖獗，連理宗朝的宰相賈似道也參與其中。鹽政腐敗使南宋始終無法振興國勢，在對金、蒙戰爭中節節敗退，最終走向滅亡。

蒙元崛起於漠北，沒有自己的治國理念，行政架構完全照搬宋朝舊制。因此，元朝自開國就無法理順鹽政，後期鹽政更加混亂。無度徵斂導致民生困苦，權豪親貴大肆倒賣鹽引，推高鹽價，底層人民只能淡食。最終，鹽梟張士誠、方國珍揭竿一呼，強大的蒙元帝國土崩瓦解。

明朝開國後，對鹽政進行了徹底改革，推行御史巡鹽制，及制定開中法。鑒於宋元因鹽而亡的教訓，明永樂年間推出御史巡鹽制，對鹽官進行監督，御史出巡一般為期一年，期滿後返京彙報。在明朝前期，御史巡鹽有效遏制了鹽政腐敗，減少了私鹽販運，增加了朝廷收入。明成祖朱棣派遣鄭和率領龐大船隊七下西洋，使海上絲綢之路達到鼎盛，其浩大費用均出自鹽稅。到明朝中晚期，鹽稅已佔國家財政總收入的 60% 以上。

「開中法」是為了解決戍邊軍隊糧餉而推出的另一改革舉措。戶部出榜公示需要米糧的邊疆倉所及數額，商人將米糧運達指定地點，依據數量和路程遠近派發鹽引，憑鹽引到鹽場支取食鹽。早期，商人將米糧由內地運往邊疆以換取鹽引，後來發展為在邊疆開墾土地，僱用當地人耕種，以避免長途運輸的耗費。因此，開中法促進了邊疆開發，鞏固了邊防和海防。明晚期，太監干預鹽政，憑藉巡鹽和監稅搜刮鹽利，各級官吏參與食鹽走私，導致民不聊生，明帝國開始走向不歸路。

隨着經濟的發展和人口增加，清朝食鹽產銷規模逐漸擴大。根據清鹽檔案，道光年間全國食鹽產銷已達 40 億斤，僅鹽業一項就為清政府帶來了巨額收入。同時，鹽商也獲利巨豐，成就了徽州和晉陝兩大財系。鹽商資本有一部份通過報效捐輸給清政府，以獲得政治待遇。乾隆朝報効金額高達 3,866 萬両，嘉慶朝也有 2,663 萬両。鹽商資本第二個流向是購置田產，從而形成了大規模土地兼併。鹽商資本第三個流向是行賄和奢侈消費。僅有小部份鹽商資本流向生產領域，而且大多仍集中於鹽業生產和銷售。

清中期，通過食鹽、絲綢、瓷器、茶葉等生產貿易，政府和民間都曾積累了雄厚資本，具備了發展近代產業的外部條件。然而，自秦以來的重農輕商思想和閉關鎖國政策，使中國不具備產業革新的內在動力。通過食鹽貿易積累起來的巨額財富，使統治階層和民間都滋生了難以克制的自大情緒；加之五千年文化積澱激發的民族優越感，使那時的中國在面對噴薄而出的西方工業革命時，不可能保持接納和學習的態度，近代中國與工業革命擦肩而過，國家遂淪為列強瓜分的對象，民族生存陷入空前危機。

1937 年，抗日戰爭全面爆發，中國沿海一帶相繼淪陷，海鹽生產和運輸受阻，湖南、湖北等地食鹽匱乏。在這一危局下，川鹽供應迅速擴展到四川、西康、雲南、貴州、湖南、湖北、陝西等省，擔負起了七千多萬人的軍需民用。

新中國成立後，各地引入現代生產技術，使食鹽產量逐漸提高，解決了人民吃鹽問題，鹽在國民經濟中的地位也從支柱變為次要角色。近年來，隨着都市化、人口老齡化和飲食模式西化，居民吃鹽多導致高血壓、心腦血管病等慢性病盛行，鹽再次成為影響國家長遠發展的重大問題。

古人吃鹽知多少

「昔者先王未有宮室，冬則居營窟，夏則居橧（木構的巢）巢。未有火化，食草木之實、鳥獸之肉，飲其血，茹其毛。未有麻絲，衣其羽皮。」遠古時先人們沒有房舍，冬天掘地或累土為穴，夏天搭棚或築巢而居。當初不會用火，除了野菜野果，還連毛帶血生吃鳥獸之肉。沒有麻線蠶絲，只能用鳥毛獸皮當衣服。在舊石器時代，肉食能提供人體所需的鹽，吃鹽量與野生大猩猩相當，每天在 0.5 到 2.0 克之間。

進入農業社會，糧食取代肉食成為主要供能食物，飲食中的天然含鈉（鹽）量明顯下降，這種改變驅使人們尋求食物之外的鹽。中國是農耕文明的發祥地之一，華夏民族也最早學會了製鹽。史載炎帝部落的神農擅長耕種，所產糧食有餘，希望用穀米換取海鹽，以實現部落居民吃上鹽的願望。神農在曲阜建立了市場，想與東方產鹽部落開展糧鹽貿易，但手握海鹽資源的夙沙拒不從命，還殺死了主張貿易的箕文。這種做法激起了部落居民的不滿，推翻了夙沙的統治，開啟了內陸與沿海的糧鹽貿易。由此可見，原始社會製鹽技術落後、產量低，食鹽非常珍貴；加之交通不便，貿易渠道尚未建立，能夠吃上鹽的人其實很少。產鹽地附近居民吃鹽量可能超過 20 克；遠離產鹽地的部落居民仍維持着天然淡食，每天鹽攝入在 2 克以下。

到了商代，出現了專門管理鹽的人（鹵小臣），周代則有掌管鹽務的鹽官（鹽人）。行業分工與技術進步使食鹽產量逐漸提高，交通運輸發展促進了食鹽貿易。北宋時期在韓城出土了晉姜鼎，其銘文記載了春秋時食鹽貿易的盛況。晉文侯（前805—前746）派夫人晉姜押送一千車食鹽與糧食，到繁湯換取青銅。說明當時已有大規模跨區食鹽貿易，中原已基本普及食鹽。

齊桓公推行食鹽改革後，不僅解決了齊國食鹽供給，其他非產鹽國因跨區貿易也獲得大量食鹽，產鹽區和非產鹽區居民吃鹽量差距逐漸縮小。管仲曾向齊桓公進諫：「十口之家十人食鹽，百口之家百人食鹽。終月，大男食鹽五升少半，大女食鹽三升少半，吾子食鹽二升少半。」從這一記載不難看出，春秋時普通民眾已離不開鹽。根據度量衡考古，齊國量器1升約等於現在205毫升。淋煎法製作的粗鹽堆積密度較小、含水量較高，其堆積密度應介於現在的雪花鹽和細鹽之間，約為1,050公斤/立方米。因此，齊國1升鹽重約215克，五升半鹽相當於1,182.5克。根據管仲的進諫，齊國成人平均每天用鹽39.4克，這一水平遠高於現代人吃鹽量。究其原因，可能因為當時工藝簡陋，所製食鹽雜質含量較高。當時齊國製鹽採用淋煎法，將鹵水或海水淋在草木灰上，草木灰中含有碳酸鈉和碳酸鉀，能與鹵水中的鈣鎂離子反應，生成難溶的碳酸鈣和碳酸鎂，同時析出鹽花。將草木灰和鹽花掃起，再用鹵水灌淋，就獲得鹽濃度很高的鹵水，再煎煮成鹽。因此，淋煎法提取的粗鹽含有大量鉀鹽、鈣鹽和其他雜質。在山東壽光雙王城商周遺址出土的盔形器（盔形器是早期製鹽的工具）上殘留有當時製取的食鹽。經化學分析發現，這些粗鹽含有大量鈣鎂鹽雜質。另外，管仲所指成人每月五升半鹽是用鹽量，而非吃鹽量。其時，鹽已用於醃菜和醃肉，《管子》中記載：「桓公使八使者式璧而聘之，以給鹽菜之用。」説明當時鹽菜（鹹菜）已是日常食物，醃製蔬菜的鹵水並未被食用。另外，鹽還用於飼養動物、祭祀以及清潔等方面。綜合考慮食鹽雜質及食鹽的其他用途，齊人當時每天吃鹽可能在 26 克左右。

秦統一六國後中國進入封建社會，食鹽生產技術空前發展，食鹽產量大幅增加，食鹽純度得以提升。當時秦帝國建立了以咸陽為中心，通達全國的馳道（高速公路）和驛傳（郵遞系統）。「為馳道於天下，東窮燕齊，南極吳楚，江湖之上，瀕海之觀必至。」食鹽產量的增加和運輸系統的建立，保障了全國各地的食鹽供給。1975 年，湖北雲夢睡虎地發掘出大量秦墓竹簡，出土的《秦律十八種・傳食律》詳細記錄了官員及士兵因公出差期間的伙食標準。第 182 號竹簡記載：「上造以下到官佐、史毋爵者，及卜、史、司御、寺、府，糲米一斗，有採羹，鹽廿二分升二。」可見，秦軍上造（相當於現代軍隊的排長）和隨行人員出差，每天供給鹽廿二分升二。秦時每升約 200 毫升，一升鹽重約242克，廿二分升二相當於每人每天配給食鹽22克。若除去殘剩和損耗，秦人每天吃鹽應在 20 克左右。

兩漢時期，鹽作為國家經濟命脈而備受重視，「夫鹽，國之大寶也」。史書多處記載漢代軍民吃鹽情況，這些記載也被考古學所證實。《漢書・趙充國傳》記載：「合凡萬二百八十一人，用穀月二萬七千三百六十三斛，鹽三百八斛，分屯要害處。」根據這一描述，當時士兵每月配給食鹽 3 升。1926 年，中國和瑞典考古學者在額濟納河流域發掘出大量漢代木簡，即著名的居延漢簡。其中的《鹽出入簿》和《廩鹽名籍》分別是鹽倉出入管理記錄和士兵領取配給食鹽的登記冊，這兩份文物證實了漢代士兵食鹽定量為「月三升」。漢代每升約相當於現在 200 毫升，三升合 600 毫升。根據王子今先生的測量，當時西北出產的大粒鹽 600 毫升重約 726 克。因此，漢代戍邊士兵每天配給食鹽 24.2 克。為了保證士兵體能，這一配給量應該是每天吃鹽量的上限，對絕大多數士兵來説，應該有所結餘。若除去散耗、結餘和他用，每名士兵每天吃鹽量在 22 克左右。但應當注意，戍邊士兵體力活動強度較高，出汗量較大，其吃鹽量應高於普通居民，普通居民每天吃鹽在 20 克左右。

隋唐時鹽業進一步繁榮，人均食鹽消費趨於飽和。唐代食鹽不僅用於飲食，還用於飼養牲畜、祭祀、染織、製革、釀造、農業生產等。韓愈曾論述唐代家庭用鹽情況：「通計一家五口所食之鹽，平叔所計，一日以十錢為率，一月當用錢三百，是則三日食鹽一斤，一月率當十斤。」韓愈引用張平叔（戶部侍郎）的推算，一個五口之家，三天用一斤鹽。唐代每斤約為 667 克，這樣看來，即使將男女老幼一起計算，每人每天用鹽也高達 44.4 克。但在另一文獻中，卻給出了不同答案。《唐六典·司農寺》記載：「給公糧者，皆承尚書省符。丁男日給米二升，鹽二勺五撮。妻、妾、老男、小則減之。若老、中、小男無官及見驅使，兼國子監學生、針（生）、醫生，雖未成丁，亦依丁例。」這裏記錄的是給政府做雜役的人、國子監與太醫院的學生每天的官方飲食標準，其中成年男性每天配發食鹽二勺五撮（0.25 合，0.025 升）。唐代一升約 600 毫升，二勺五撮相當於食鹽 18.2 克。若除去殘剩和損耗，每天吃鹽應在 16 克左右。解釋這兩處記載的巨大差異，有必要再次強調用鹽量和吃鹽量的區別。韓愈描述的普通家庭用鹽量，可能還包括飼養牲畜、祭祀、釀造、醃製醬菜等其他用途。如《唐六典》記載：「凡象日給稻、菽各三斗，鹽一升；馬，粟一斗、鹽六勺，乳者倍之；

駝及牛之乳者、運者各以斗菽，田牛半之；駝鹽三合，牛鹽二合；羊，粟、菽各升有四合，鹽六勺。」可見很多動物的吃鹽量遠高於人類。對於國子監及太醫院的學生們，絕對不會用配發的食鹽去養動物，而對於普通人家，哪怕只養一頭牛或一隻羊，用鹽量也將明顯增加，何況鹽還有其他家庭用途。綜上分析，當時長安地區居民每天吃鹽應在 16 克左右。

宋元時期，製鹽技術持續改進，食鹽產量大幅提升，甚至出現了食鹽積壓現象。另一方面，食鹽運輸和銷售渠道不暢，底層人民購買乏力，大範圍食鹽短缺時有發生，以致「民苦淡食」。宋代鹽的用途進一步拓寬，出現了以醃製食品為業的「淹藏戶」。宋代官方對鹽的產銷量有詳細記載，從總產量和總人口可大致推測人均用鹽量。根據郭正忠先生統計，北宋乾道年間全國總人口約 1 億，食鹽年產量約 4 億斤，每人每年用鹽 4 斤（宋元時每斤約 650 克，每両約 41 克），相當於每人每天用鹽 7.1 克。若考慮食鹽的其他用途及損耗，實際吃鹽量應在 6 克左右。南宋紹興時期，統治人口縮小至 5,500 萬，江南年產鹽 3 億斤，人均 5.5 斤，相當於每人每天用鹽 9.7 克，考慮到食鹽的其他用途和損耗，人均每天吃鹽應在 8 克左右。據《元史》記載：「兩浙、江東凡一千九百六萬餘口，每日食鹽四錢一分八厘。」根據這一記載，元代平均每人每天用鹽 17.1 克。若除去損耗及食鹽他用，宋元時成人每天吃鹽當在 15 克左右。這樣看來，依據食鹽總產量和總人口推算的吃鹽量存在嚴重低估的可能。其主要原因在於，晚唐以降私鹽盛行，而自製土鹽在中西部地區相當普遍。

明清時期，「海勢東遷」，海水中含鹽量下降，海鹽生產由煎煮法改為日曬法。日曬法無須耗費柴薪，生產成本減少導致鹽價降低。為了避免宋代食鹽積壓的弊端，明朝實施「計口給鹽」，即按人口多少實施食鹽配給。在明初，「大口月食鹽二斤，小口一斤（明代 1 斤約 600 克）」。其中 15 歲及以上為大口，10 歲到 14 歲為小口，10 歲以下無配給。永樂七年（1409），都察御史陳瑛認為食鹽配給標準過高，奏請將配量減半，即「大口年支鹽十二斤，小口年支鹽六斤」。儘管其後不同時期與地區食鹽配給量稍有差異，但這一標準基本沿用到明末。依據陳瑛所定標準，明代成人每天消費食鹽 19.7 克。若除去殘剩和食鹽他用，成人每天吃鹽應在 17 克左右。

明清之際，北方地區大範圍引種玉米和番薯，糧食總產增加，人口快速增長，食鹽需求量也隨之增加。清政府實施嚴苛的食鹽專賣制度，食鹽生產成本和銷售價格差距拉大，導致私鹽氾濫。據許滌新和吳承明兩學者估算，鴉片戰爭前夕全國年產官鹽 24.2 億斤，私鹽約 8 億斤，總計 32.2 億斤，以 4 億人口計，全國範圍人均每年用鹽 8.1 斤（每斤約 600 克）。郭正忠先生認為這一數字明顯偏低，他估計鴉片戰爭前夕全國年產官鹽 26 億到 30 億斤，加上私鹽，年產食鹽超過 40 億斤，人均 10 斤左右。這一觀點被李伯重等學者的研究所證實。若取郭先生的估計數據，清代人均每天用鹽 16.4 克，實際吃鹽量在 15 克左右。

民國時期，已有研究實地調查了居民吃鹽量。中國經濟統計研究所在東南三地的調查表明，吳興成年男子每年消費鹽 9.3 斤，無錫成年男子每年消費鹽 11.9 斤，嘉興成年男子每年消費鹽 11.9 斤。三地成年男子年均消費食鹽 11 斤，平均每天用鹽 15.1 克，實際吃鹽量在 14 克左右。

中華人民共和國成立到改革開放期間，曾多次開展居民營養調查。遺憾的是，並未將鹽（鈉）攝入納入調查範圍。1958年全民大煉鋼鐵期間，曾對鋼鐵工人在高溫環境中的吃鹽量進行調查。根據顧學箕等人報道，當時上海一般工人每天吃鹽約13克（12.6-13.3克），而軋鋼工人經額外補鹽後，每天吃鹽高達26.7克。

中國人喜歡吃鹽，在漫長的農業社會歷程中，形成了以鹽為核心的飲食文化。鹽在中國的普及大約在秦代，之後一直維持着高鹽飲食。從秦代到清末的二千年間，中國人的吃鹽量基本維持在每天15-20克之間（表2）。進入民國後，吃鹽量有所降低，其主要原因是，商業興起與交通運輸業發展使鮮菜、鮮果、鮮肉和鮮活水產消費量增加，醃製品消費量開始減少，這一趨勢在江南經濟發達地區更為明顯。

表2 中國不同時期居民平均吃鹽量評估

時代	時間範圍	用鹽量（克/天）	人群	吃鹽量*（克/天）
舊石器時期	260萬-1.2萬年前	0	叢林中的原始人	0.5-2
新石器早期	12000-6000年前	0	採摘和漁獵部落居民	0.5-2
新石器晚期	6000-4000年前	0-20	農耕部落居民	2-20
商周	公元前1600-前256年	39.2	齊國普通居民	26
秦	公元前221-前207年	22.0	下層軍官和普通官員	20
漢	公元前202-公元220年	24.2	北方戍邊士兵	20
隋唐	581-907年	44.4	長安地區普通居民	16
		18.2	國子監和太醫院學生	
宋元	960-1368年	17.1	江浙地區普通居民	15
明	1368-1644年	19.7	南北方普通居民	17
清	1644-1912年	16.4	南北方普通居民	15
民國	1912-1949年	15.1	吳興、無錫、嘉興居民	14
中華人民共和國初期	1949-	13.0	上海普通工人	13

* 依據用鹽量估計的普通人吃鹽量。舊石器時期和新石器早期沒有烹調用鹽，所列僅指食物中天然含鹽。商周以後吃鹽量指烹調用鹽，不包括食物天然含鹽。

古代食鹽價格相對較高，底層人民吃鹽還受鹽價影響。因此，即使在同一朝代，居民吃鹽量也可能波動較大。史書中有多處記載，統治者為應付戰亂或天災而抬高鹽稅，加之食鹽生產及運輸受阻，導致鹽價高企，窮苦民眾被迫「淡食」。在部份西南少數民族聚居區，由於當地不產鹽，加之交通閉塞，居民曾長期處於淡食狀態。唐代醫藥家陳藏器曾記載：「惟西南諸夷稍少，人皆燒竹及木鹽當之。」這種以灰代鹽的做法，即使到了近現代，仍流行於西南部份山區。

中醫論鹽

有關吃鹽多是否危害健康，古代中醫曾長期存在正反兩種觀點。中國古代醫學對鹽的認識，一部份具有超越時代的先進性，時至今日依然有重要參考價值；但另一部份脱離不了當時整體認識水平落後的狀態，具有明顯的片面性和局限性。因此，對中醫典籍中有關鹽的論述，不可完全否定，也不可完全接受。

《尚書》記載：五行：一曰水，二曰火，三曰木，四曰金，五曰土。水曰潤下，火曰炎上，木曰曲直，金曰從革，土爰稼穡。潤下作鹹，炎上作苦，曲直作酸，從革作辛，稼穡作甘。

◎

【語譯】五行中的第一行是水，第二行是火，第三行是木，第四行是金，第五行是土。水具有向下滋潤的特性，火具有向上燃燒的特性，木具有可屈可伸的特性，金具有形狀可塑的特性，土可以種植莊稼。水向下浸潤產生鹹味，火向上燃燒產生苦味，木伸展彎曲產生酸味，金形態變化產生辣味，土種植莊稼產生甜味。

《尚書》又稱《書經》，是中國上古時期歷史檔案和傳説事蹟的彙編，所涉內容上自三皇五帝，下到春秋戰國，前後跨越兩千餘年。《洪範》一章闡述了五行和五味的關係，這一理論成為後世中醫解析藥性和辨證施治的重要理論依據。

故東方之域，天地之所始生也，魚鹽之地，海濱傍水。

其民食魚而嗜鹹，皆安其處，美其食。魚者使人熱中，鹽者勝血，故其民皆黑色疏理，其病皆為癰瘍，其治宜砭石。故砭石者，亦從東方來。（《黃帝內經》）

◎

【語譯】東方是天地間萬物開始生長的地方，由於瀕臨大海，靠近水邊，那裏盛產魚和鹽。當地人吃魚多，吃鹽也多。他們已經適應了那裏的環境，也喜愛那裏的飲食。吃魚多容易體內積熱；吃鹽多容易損傷血氣。所以，東方人面色黧黑，皮膚粗糙，容易患癰腫和瘍瘡等疾病，這些疾病適宜用砭石治療（註：用砭石擦摩或加熱患處）。因此，砭石療法起源於東方。

《黃帝內經》是現存最早的中醫典籍。相傳為黃帝所作，因此取名《黃帝內經》。今本《黃帝內經》成形於兩漢時期，作者也並非一人，而是由歷代醫家傳承增補發展而來。本節闡述了環境、飲食和疾病之間的關係，並提出了一個有趣觀點：吃鹽多的人面色黧黑，皮膚粗糙。

北方生寒，寒生水，水生鹹，鹹生腎，腎生骨髓，髓生肝，腎主耳。其在天為寒，在地為水，在體為骨，在藏為腎，在色為黑，在音為羽，在聲為呻，在變動為栗，在竅為耳，在味為鹹，在志為恐。恐傷腎，思勝恐；寒傷血，燥勝寒；鹹傷血，甘勝鹹。（《黃帝內經》）

◎

【語譯】北方生寒氣，寒氣產生水，水產生鹹味，鹹能養腎，腎能促生骨髓，骨髓又能養肝，腎氣主導耳。在天上五氣中的寒，在地上就變為五行中的水，在五體中相當於骨，在五臟中相當於腎，在五色中相當於黑，在五音中相當於羽，在五聲中相當於呻，在五動中相當於栗，在五竅中相當於耳，在五味中相當於鹹，在五志中相當於恐。恐傷腎，但思能克制恐；寒傷血，但燥能克制寒；鹹傷血，但甘能克制鹹。

本節應用五行相生相剋理論，闡述了鹹的來源，及其在人體各種生理機制和病理改變中的作用。儘管這些推論難以被現代醫學所證實，但鹹傷血的結論卻與現代醫學相吻合，即吃鹽多會增加血容量，升高血壓。

是故多食鹹，則脈凝泣而變色；多食苦，則皮槁而毛拔；多食辛，則筋急而爪枯；多食酸，則肉胝而唇揭；多食甘，則骨痛而髮落。此五味之所傷也。故心欲苦，肺欲辛，肝欲酸，脾欲甘，腎欲鹹，此五味之所合也。（《黃帝內經》）

【語譯】因此，鹹味食物吃得太多，就會血脈緩慢不暢，面色發生改變；苦味食物吃得太多，就會皮膚乾枯，毫毛消失；辣味食物吃得太多，就會筋脈縮緊，指甲枯萎；酸味食物吃得太多，就會皮糙肉厚，口唇皸裂；甜味食物吃得太多，就會骨骼疼痛，頭髮脱落。這些都是飲食中某些成份偏多所造成的損害。所以，心喜好苦味食物，肺喜好辣味食物，肝喜好酸味食物，脾喜好甜味食物，腎喜好鹹味食物，這是五臟與五味的對應關係。

「多食鹹，則脈凝泣而變色」是世界上最早關於吃鹽影響血液循環的論述。現代醫學證實，吃鹽多可導致高血壓、動脈粥樣硬化、心功能受損，這可能是引發「脈凝泣」的直接原因吧。

心病者，日中慧，夜半甚，平旦靜。心欲，急食鹹以之，用鹹補之，甘瀉之。（《黃帝內經》）

【語譯】患心臟疾病的人，正午時神清氣爽，夜半時症狀加重，清晨時漸趨好轉。如果要減弱太旺的心火，可臨時吃一些鹹味食物，（心病患者）吃鹹味食物可發揮補的作用，吃甜味食物可發揮瀉的作用。

本節描述的情況基本符合心臟衰竭，這類患者往往在午夜出現呼吸困難，患者難以平臥，現代醫學稱為夜間端坐呼吸，白天症狀好轉。其主要原因在於，午夜迷走神經興奮，氣管平滑肌收縮，加重呼吸困難；迷走神經興奮還會降低心率，減少左心排血量，加重肺淤血；平臥休息時回心血量增加，進一步加重肺淤血。鹹食是否有利於心臟衰竭的恢復呢？現代醫學一般認為，心臟衰竭患者應適當限制吃鹽量。另外，「心病用鹹補之」似與同書另一章節中「心病禁鹹」的觀點相矛盾。

肝病禁辛，心病禁鹹，脾病禁酸，腎病禁甘，肺病禁苦。

◎

【語譯】肝病患者應限制辛辣食物，心病患者應限制鹹味食物，脾病患者應限制酸味食物，腎病患者應限制甜味食物，肺病患者應限制苦味食物。

心病禁鹹，也就是説心臟疾病要限制吃鹽。這種觀點與現代醫學不謀而合。這種認識是古人基於長期觀察提出來的。但將所觀察到的現象都用定式化五行理論來解釋，進而予以推衍，難免產生矛盾和牽強之處。

黃帝曰：鹹走血，多食之，令人渴，何也？少俞曰：鹹入於胃；其氣上走中焦，注於脈，則血氣走之。血與鹹相得，則凝，凝則胃中汁注之，注之則胃中竭，竭則咽路焦，故舌本乾而善渴。血脈者，中焦之道也，故鹹入而走血矣。（《黃帝內經》）

◎

【語譯】黃帝問：鹹容易進入血，吃太多鹹味食物會使人口渴，（這是）為甚麼呢？少俞答：鹹味食物進入胃後，其中的營養成份（精微）會上升到中焦（被吸收），然後進入血液循環（血脈），通過血液循環運送到全身。鹹性成份與血液結合，就會產生凝滯作用。血液凝滯就需要胃內津液注入（稀釋），結果是胃中津液枯竭。胃內津液不足必然引起咽喉乾燥，所以舌根發乾並容易口渴。血脈與中焦相通，所以，鹹味成份先進入中焦，然後進入血脈。

本段描述了古人對吃鹹食後口渴這一現象的解釋。解答中既有細緻觀察：吃鹹食後，咽喉乾燥，舌根發乾，進而有口渴感；又有嚴謹推理：鹹入中焦，中焦通血脈，鹹味成份使血液濃縮，需要胃內津液輸注稀釋，胃內津液的枯竭導致咽喉乾燥，引起口渴感。儘管這一理論與現代生理學揭示的口渴機制相去甚遠，但在五千多年前科學認識水平普遍低下的情況下，這種基於觀察的推理（而不是轉求迷信）是難能可貴的。

五味之中，惟此不可缺。西北方人食不耐鹹，而多壽少病好顏色；東南方人食絕欲鹹，而少壽多病，便是損人傷肺之效。然以浸魚肉，則能經久不敗；以沾布帛，則易致朽爛，所施各有所宜也。（《本草經集注》）

【語譯】五味之中，只有鹹不能缺少。西部人和北方人吃飯時忍受不了鹹味（吃鹽少），所以生病少，壽命長，面色也姣好。東部人和南方人吃飯時越鹹越好，因而生病多，壽命短。這就是鹽損傷肺，危害健康的證據。用鹽醃製魚肉和豬肉，可長久保持不壞；而棉布和絲綢如果沾染上鹽，很快就會腐朽破爛，（這是因為）所作用的對象不同，效果也就不一樣。

陶弘景（456-536），字通明，南朝梁時丹陽秣陵（今江蘇南京）人，號華陽隱居，著名醫藥學家、道教思想家、文學家。當時，梁武帝多次聘請陶弘景出山為官，陶堅辭不受，隱居茅山。梁武帝曾向他請教國家大事，陶弘景因此被譽為「山中宰相」。在《本草經集注》中，陶弘景明確提出，吃鹽多對健康有害，並能減短壽命。自陶弘景之後，鹽是否有害健康成為醫家爭論的一個熱點。

鹽，不可多食，傷肺喜咳，令人色膚黑，損筋力。（《備急千金要方》）

◎

【語譯】鹽，不能多吃，（否則）就會損傷肺臟，引起咳嗽，使人面色和膚色變黑，削弱肌肉力量。

孫思邈（541-682），唐代耀州（今陝西省銅川市）人，著名醫藥學家，因醫術高明，被尊為「藥王」和「妙應真人」，相傳孫真人在142歲高齡上無疾而終。孫思邈所著《備急千金要方》是中醫經典，被譽為中國最早的臨床百科全書，對後世醫家影響巨大。在《備急千金要方》（後文簡稱《千金方》）裏，孫思邈沿襲了《黃帝內經》中吃鹽多會使面色變黑的觀點，同時指出吃鹽多會引起咳嗽，四肢乏力。現代醫學研究證明，吃鹽多會加重哮喘。

陳藏器云：鹽本功外，除風邪，吐下惡物，殺蟲，明目，去皮膚風毒，調和腑臟，消宿物，令人壯健。人卒小便不通，炒鹽納臍中，即下。陶公以為損人，斯言不當。且五味之中，以鹽為主，四海之內，何處無之。惟西南諸夷稍少，人皆燒竹及木鹽當之。（《證類本草》）

◎

【語譯】陳藏器曾說，鹽的主要作用在於外，可除風寒，經嘔吐或腹瀉排出有毒物質，殺蟲，明目，消除皮膚風疹，調和臟腑功能，消化隔夜食物，使人更健壯。但凡有小便不通的人，只需將炒鹽放在肚臍裏，小便就通了。陶先生（弘景）認為，（吃鹽多）對人有害，這種說法不正確。五味中鹽起主要作用，放眼天下哪裏沒有鹽？只有西南少數民族缺鹽吃，他們燒竹子和木頭（以灰）當鹽。

陳藏器（約 687-757），唐代四明府（今浙江寧波）人，是稍晚於孫思邈的醫藥大家。所著《本草拾遺》是頗具影響的一本中藥著作，可惜原書失傳。本節採自宋代唐慎微《證類本草》對《本草拾遺》的引用。在闡述了鹽的諸多好處後，陳藏器對吃鹽多有害健康的觀點進行了反駁。他的理由是，古往今來和普天之下的人都吃鹽，也沒發現甚麼害處。在現代社會，很多人都持有這種觀點。

喜鹹人必膚黑血病，多食則肺凝而變色。（《飲食須知》）

◎

【語譯】喜歡吃鹹味食物的人必然皮膚發黑，血液循環系統容易患病。吃鹹食過多可導致呼吸不暢（喘息），面色改變。

賈銘（約 1269-1374），字文鼎。元代海昌（今浙江海寧）人，養生家。明朝建立時，年逾百歲的賈銘受到朱元璋召見，向洪武皇帝進獻著作《飲食須知》。該書的特點是專論飲食禁忌，賈銘認為「物性有相反相忌」。《飲食須知》將飲食分為水火、穀、菜、果、味、魚、禽、獸等八大類，闡述了各類食物的相宜和禁忌。囿於當時認識水平，書中描述的很多相宜相克觀點都有悖於現代營養學理論，但賈銘提出的食物分類法與現代營養學非常相似。賈銘的另一重要觀點是，任何好吃的食物都不應過量。他認為，鹽吃多了就會呼吸不暢，膚色變黑，容易患血液病和血管病。

夫水周流於天地之間，潤下之性無所不在。其味作鹹，凝結為鹽，亦無所不在。在人則血脈應之。鹽之氣味鹹腥，人之血亦鹹腥。鹹走血，血病無多食鹹，多食則脈凝泣而變色，從其類也。煎鹽者用皂角收之，故鹽之味微辛。辛走肺，鹹走腎。喘嗽水腫消渴者，鹽為大忌。或引痰吐，或泣血脈，或助水邪故也。然鹽為百病之主，百病無不用之。故服補腎藥用鹽湯者，鹹歸腎，引藥氣入本臟也。（《本草綱目》）

【語譯】水在天地間循環，向下滋潤的特性使水無所不在。水在五味中屬鹹，凝結後形成鹽，（所以）鹽也無所不在。在人體中（鹽）對應的就是血脈。鹽的味道鹹腥，血的味道也鹹腥。鹹味入血，血液循環系統有病的人不宜多吃鹹食，吃多了就會血脈不暢，面色改變，（這是因為）同類東西容易聚在一起。煮鹽時用皂角收鹽（註：古代煮鹽時，將鹵水加熱至沸騰後，加入皂角碎末和粟米糠，這樣能加速鹽的析出，並使煮好的食鹽潔白晶瑩。詳見明宋應星《天工開物 · 作鹹》）。（因為皂角為辛味，）所以鹽有一些辛味。辛味入肺，鹹味入腎。鹽能增加痰量，使血脈不暢，導致水過多瀦留在體內。（因此）患有哮喘、咳嗽、水腫、消渴等病症的人，應嚴格控制吃鹽。然而，鹽是百病的主藥，治療這些病又離不開鹽。比如，服用補腎藥時要用鹽水，就是利用鹹味入腎，鹽水可引導補腎藥進入腎臟。

李時珍（1518-1593），字東璧，明代蘄州（今湖北省蘄春縣）人，著名醫藥學家，曾任明太醫院判，去世後敕封「文林郎」。李時珍歷二十七年編撰的《本草綱目》是一部藥學巨著，該書集歷代醫藥典籍之大成，採錄1,892種藥物，將其分為水、火、土、金石、草、穀、菜、果、木、服器、蟲、鱗、介、禽、獸、人共16部60類。對每種藥物的歷史、形態、產地、採集、炮製、性味、主治、方劑、配伍等進行了詳細闡述。在《本草綱目》中，李時珍首次闡述了鹽具有鹹味和辛味兩種特性的原因。他提出，吃鹽多會導致體內水瀦留，因此哮喘、咳嗽、水腫、糖尿病等患者不宜多吃鹽，這些論斷與現代醫學觀點完全一致。

> 酸甘辛苦暫食則佳，多食則厭，久食則病，病而不輟其食則夭。鹹則終身食之不厭不病。雖百穀為養生之本，非鹹不能果腹。（《調疾飲食辯》）

【語譯】短時間吃酸味、甜味、辣味和苦味的食物感覺良好，吃多了就會膩味，長期吃就會生病，病了仍然吃就會早死。只有鹹味食物吃一輩子也不會膩味，不會（因之）生病。雖説糧食是維持生命的根本，但飯菜裏沒有鹽就吃不飽。

章穆，字深遠，江西鄱陽人，清代名醫、養生家。《調疾飲食辯》是章穆在嘉慶年間的著作。在書中，章穆對「鹽多傷人」的觀點進行了嚴厲批駁，認為陶先生（弘景）有關東部人和西部人壽命長短不一的觀點「悖理之言，至於此極」，沒有比這更離譜的理論了。在他看來，沒有鹽根本就吃不飽飯。章穆生卒年代不詳，據《鄱陽縣誌》記載，「（穆）年七十餘暴歿」。根據這一記述不難推測，喜歡吃鹽的章穆，在七十多歲時死於突發的心腦血管病。

中醫用鹽古方

在悠久的文明發展史中，中華民族積累了豐富的用鹽經驗。在中醫典籍中，記載了大量以鹽防病和治病的方法。其中一些療法即使用現代醫學標準進行審視，依然令人拍案叫絕；但也有一些療法，帶有明顯的迷信色彩，不足為信。

凡積久飲酒，未有不成消渴，然則大寒凝海而酒不凍，明其酒性酷熱，物無以加。脯炙鹽鹹，此味酒客耽嗜，不離其口，三觴之後，制不由己，飲無度，咀嚼醬，不擇酸鹹，積年長夜，酣興不懈，遂使三焦猛熱，五藏乾燥。木石猶且焦枯，在人何能不渴？治之癒否，屬在病者，若能如方節慎，旬月而瘳，不自愛惜死不旋踵，方書醫藥實多有效，其如不慎者何？其所慎者有三，一飲酒，二房室，三鹹食及面，能慎此者，雖不服藥而自可無他，不知此者，縱有金丹亦不可救，深思慎之。（《備急千金要方》）

◎

【語譯】但凡常年飲酒的人，最後沒有不得消渴症（糖尿病）的。在嚴寒的冬季，即使海水結冰了，酒還沒凝固，這説明酒的性味非常熱，沒有比它更熱的東西了。醃肉鹹菜，尤為酒鬼所喜好，往往不離其口。酒過三巡後，（飲酒者）就不能把控自己，胡吃海喝，哪裏還能分辨出酸鹹苦辣。如果夜夜酣飲，要不了幾年，體內就會積熱，五臟就會乾涸。（這樣的話）即使木頭和石頭都會枯萎乾裂，人怎麼能不渴呢？（所以這個病）是否能治好，其實取決於患者本人。若能如法節制，十個月就能好轉；若不加自愛，絕路就在眼前。書上記載的方劑和藥物都是有效的，但對於那些不自愛的人能有甚麼用呢？應該節制的事情有三樣：一是飲酒，二是房事，三是吃鹽太多（以致）影響到面色。能恪守這些禁忌的人，就是不吃藥也壞不到哪裏去，不明白這個道理的人，縱然有金丹也救不了命，（這些道理）值得深思慎行。

孫思邈的著作有多處強調疾病預防的重要性，在《千金方》裏，他闡述了飲食與糖尿病的關係，強調糖尿病患者應限酒、節慾、少吃鹽。現代醫學證實，酗酒是糖尿病發生和惡化的重要誘因，而糖尿病患者吃鹽多，無疑會加重腎臟損害，也容易誘發心腦血管病。

此疾一得，遠者不過十年皆死，近者五六歲而亡。然病者自謂百年不死，深可悲悼。一遇斯疾，即須斷鹽，常進松脂，一切公私物務釋然皆棄，猶如脱屣。凡百口味，皆須斷除，漸漸斷穀，不交俗事，絕乎慶吊，幽隱岩谷，周年乃瘥。瘥後終身慎房事，犯之還發。茲疾有吉凶二義，得之修善即吉，若還同俗類，必是凶矣。今略述其由致，以示後之學人，可覽而思焉。（《備急千金要方》）

【語譯】一旦得了這種病（痲瘋），遠者不過十年，近者五六年就會死亡。但患者都自認能長命百歲，這種想法實在讓人悲嘆。一旦患痲瘋病，馬上就該停止吃鹽，經常服用松脂，並像脱鞋襪一樣，拋開一切公務和私事。各種美味佳餚都應斷絕，並逐漸停止吃糧食，不參與日常事務，更不能參與婚喪嫁娶活動，（而應）隱居在深山幽谷，滿一年才會好轉。病癒後應終身慎於房事，若不如此還會復發。這種病有吉凶兩種類型，患病後若斷惡行善就是吉；若還像低俗人那樣行事，那就必死無疑。（我）在這裏簡單闡述了痲瘋病的因由和結局，希望提醒後來學者，供他們在診治該病時參考。

宋代以前，痲瘋病多採用調理性方法進行治療，如斷鹽、節食、慎房事等，至於松脂的治療作用也並未被現代醫學所證實。因此，當時痲瘋病的療效可想而知，加之該病對面容和肢體具有嚴重損毀作用，往往在民間引起極度恐慌。孫思邈的偉大之處就在於，他將這些具有高度傳染性的患者集中起來，身處其中，仔細觀察病情，並親自施治，緩解患者的焦慮情緒，同時勸導患者停止一切社會交往，隱居深山，斷惡行善，積極向上。這些措施對於受到社會歧視、內心極度恐懼和自卑的痲瘋病人來説，無疑具有強大心理安慰作用，也有利於控制痲瘋病的傳播，這些策略完全符合現代公共衛生的理念。這是孫真人希望後世醫者深思的問題。

據《千金方》記載，孫思邈曾親手治療600名痲瘋患者，治癒率大約為一成。根據孫真人的經驗，患痲瘋病後最多能活十年，但患者都自認可長命百歲，這種錯覺主要源於葛洪撰寫的一則趣聞，講述了一個痲瘋患者因奇遇得到仙人贈藥，用松脂治癒了痲瘋病，活了三百歲後化仙而去。因收錄在道家經典著作《抱朴子》和《神仙傳》中，這則故事廣為傳頌，民間更是深信吃松脂可治癒痲瘋。

元和十一年十月，得霍亂，上不可吐，下不可利，出冷汗三大斗許，氣即絕。河南房偉傳此方，入口即吐，絕氣復通。其法用鹽一大匙，熬令黃，童子小便一升，合和溫服，少頃吐下，即癒也。（《傳信方》）

【語譯】唐憲宗元和十一年（816）十月，（我本人，註：柳宗元）得了霍亂病，想吐又吐不出來，腹脹又不能瀉，冷汗出了三大斗，眼看就要斷氣了。河南房偉先生傳授了這一藥方（霍亂鹽湯方），藥剛入口就引發了嘔吐，斷絕的氣脈得以再通。治療方法是：將一大勺食鹽（在鍋中）煎炒成黃色，取男童尿一升，這兩味藥混在一起，溫熱後服下，沒多久就出現嘔吐和腹瀉，病很快就好了。

唐順宗永貞二年（806），短暫的「永貞革新」失敗後，參與改革的「二王八司馬」遭到殘酷打壓和無情迫害，其中柳宗元被貶謫到永州，十年後再次被貶到更加荒涼的柳州擔任刺史。由於水土不服，柳宗元在柳州的最初兩年先後罹患疔瘡、腳氣和霍亂，三次都幾乎喪命，後因獲得民間奇方而獲救。為了使更多患者獲救，柳宗元將自己親身體驗的四個驗方總結為《救三死方》，寄給同樣被貶謫的官場盟友——連州刺史劉禹錫。劉喜好醫學，將柳宗元的驗方收錄於所著醫書《傳信方》中，名曰《柳柳州救三死方》，其中就包括上述霍亂鹽湯方。《傳信方》所收方劑多經驗證，而且藥物廉價易得，其內容被後世醫藥專著大量轉載。《傳信方》原書在元明之際散落佚失。本文所列霍亂鹽湯方轉錄自李時珍《本草綱目》。霍亂是因人體感染霍亂弧菌導致的一種急性傳染病。霍亂患者往往出現劇烈腹瀉、嘔吐、發熱、大汗，導致體內嚴重脱水，血液濃縮，血容量減少，血鈉血鉀降低，周圍循環衰竭，危及患者生命。現代醫學救治霍亂的一個原則就是迅速補充水和鹽，霍亂鹽湯方符合這一治療原則，童子尿不僅含鈉，還含有一定量的鉀。柳宗元所患為乾霍亂（不吐不瀉），口服童子尿後誘發嘔吐和腹瀉，還可促進病菌和毒素排出體外。

溺死：以灶中灰布地，令濃五寸，以甑側着灰上，令死人伏於甑上，使頭小垂下，炒鹽二方寸匕，納管中，吹下孔中，即當吐水。水下，因去甑，以死人着灰中擁身，使出鼻口，即活矣。（《備急千金要方》）

◎

【語譯】溺水瀕死（呼吸、心跳暫停）：將爐灶中的草木灰鋪在地上，厚約五寸，將甑（古代一種啞鈴樣的雙腹鐵鍋，用於蒸煮食物）側放在草木灰上，讓溺死者伏在甑上，頭微微垂下。將兩勺炒鹽裝入竹管，自肛門吹入體內，馬上就會吐水，水若流下來就將甑去掉，將溺死者放下，全身裹上灰，僅露出鼻子和嘴，（溺死者）就會活過來。

針對自縊、溺水、中毒、窒息、墜亡、中暑等急症，中醫典籍中有很多搶救記錄。《千金方》中記載的溺水急救措施尤其讓人稱奇。對照現代心肺復甦標準流程，才能體會到一千多年前中醫急救方法的合理性。對於心肺驟停患者，讓其伏於甑上，隨着甑的前後滾動，胸部會受到按壓，有可能使暫停的心跳和呼吸得以恢復。用鹽刺激肛門、用灰刺激皮膚和呼吸道都是為了促進溺死者心肺復甦，草木灰還具有保暖作用。《金匱要略》中曾記載類似心臟按壓的方法，以搶救自縊者，其操作法更接近現代心肺復甦的標準流程。

卒死：牽牛臨鼻上二百息。牛舐必瘥，牛不肯舐，着鹽汁塗面上，即牛肯舐。（《備急千金要方》）

◎

【語譯】猝死（呼吸心跳驟停）：牽一頭牛到溺死者旁，（牛鼻子）緊挨溺死者鼻子，呼吸兩百次。牛如果舔舐（溺死者的面部），就會醒過來；牛如果不舔，將鹽塗抹在（溺死者）面部，牛就會舔舐。

本方是搶救呼吸暫停的應急措施。牛鼻子緊貼着溺死者鼻子，而且用鹽誘導牛舔舐溺死者口鼻，可起到類似人工呼吸的作用。目前未見中醫典籍記載口對口人工呼吸，但《金匱要略》曾記載以竹管向雙耳吹氣，以搶救溺死者。

小便不通：取印成鹽七顆，搗篩作末，用青葱葉尖盛鹽末，開便孔納葉小頭於中吹之，令鹽末入孔即通，非常

之效。（《外台秘要》）

【語譯】尿道不通：取七顆印成鹽（天然或壓製的小鹽塊），搗碎為末，將鹽末裝在青葱葉管內，分開尿道口，將葱葉管的小頭插入尿道內，將鹽末吹入尿道內就會通暢，這一方法非常靈驗。

尿道阻塞的常見原因包括尿道狹窄、尿道內瓣膜形成、前列腺肥大、精阜肥大、尿道損傷、尿道異物、尿道結石、膀胱或尿道內血凝塊形成、神經性膀胱炎等。現代泌尿外科常採用導尿和手術等方法解決尿道的物理性阻塞。《外台秘要》裏描述的是一種類似現代導尿術的方法。將葱葉管插入尿道，可直接促使其再通；將鹽吹入尿道內，通過氣壓引導和刺激黏膜，均有利於促進尿道再通。

若腫從腳起，稍上進者，入腹則殺人，治之方：生豬肝一具細切，頓食，勿與鹽，乃可用苦酒耳。（《醫心方》）

◎

【語譯】如果浮腫從雙腳開始，逐漸向上發展，波及腹部（腹水）就會死人。治療方法：生豬肝一具（煮熟後？）切成小塊，一次吃完，不要加鹽，但可用醋作調料。

《醫心方》是日本現存最早的醫藥全書，薈萃了二百八十多部中醫典籍的精華，而這些典籍的大部份已在中國失傳。因此，《醫心方》是一部失而復得的集大成之作。《醫心方》在日本被視為國寶，也是中日醫學交流史上的一座豐碑。著者丹波康賴（912-995）是日本平安時代的著名醫藥學家，其家世可追溯到劉漢皇室。西晉太康年間，漢靈帝劉宏的五代孫高貴王劉阿知，率母子及族人避亂，經朝鮮赴日本，最後歸化日籍，被封為使主並行醫。丹波康賴是高貴王的第八代孫。《醫心方》中收錄的治療下肢水腫方劑，要求患者限制吃鹽，與現代醫學理論完全吻合。

暴心痛，面無色欲死方：以布裹鹽如彈子，燒令赤，置酒中消，服之利即瘉。（《千金翼方》）

◎

【語譯】突發心前區疼痛，面色蒼白，伴有瀕死感：用布裹住彈丸大小的鹽，在火上燒紅，放入酒中溶化，服用後馬上就會好。

《千金翼方》約成書於唐永淳二年（683），集孫思邈晚年行醫之經驗，是對其早期巨著《千金方》的重要補充，所以取名《翼方》。孫思邈認為，人命貴於千金，而一個處方能救人於危殆，以千金來命名最為恰當。這裏描述的症狀類似急性心絞痛發作。用酒加上鹽，是否有活血作用，尚待考證。部份現代醫學研究認為，適量飲酒有利於心血管健康。

大小便不通：關格，大小便不通，支滿欲死，二三日則殺人。方：取鹽，以苦酒和塗臍中，乾復易之。（《肘後備急方》）

◎

【語譯】大小便不通：關格，就是大小便都不通，腹部脹滿難以忍受，兩三天就會死人。治療方法：取小量鹽，用醋調和（呈膏狀），塗在肚臍內，乾了就更換。

葛洪（284-364），字稚川，號抱朴子，世稱小仙翁，丹陽郡勾容（今江蘇鎮江勾容）人，是東晉著名道學家、煉丹家和醫藥學家。葛洪著述豐富，代表作有《抱朴子》、《神仙傳》

和《肘後備急方》等。《肘後備急方》記載了當時常見急性病和傳染病的治療方法。20 世紀 70 年代，屠呦呦等人根據《肘後備急方》記載的一副方劑，發明治瘧新藥青蒿素，並因此榮獲 2015 年諾貝爾醫學獎。這裏記載的鹽灸，其機制是通過經絡刺激，促進胃腸蠕動，達到通暢大小便的目的。

病笑不休：滄鹽赤，研入河水煎沸，啜之，探吐熱痰數升，即瘉。《素問》曰：神有餘，笑不休。神，心火也。火得風則燄，笑之象也。一婦病此半年，張子和用此方，遂瘉。（《本草綱目》）

◎

【語譯】傻笑不止：將滄州赤鹽研磨加入河水煮開，（令患者）喝下，（刺激咽喉）誘導吐熱痰數升，病就會好。《素問》中說：神氣過盛，就會大笑不止。神氣就是心火。風邪入侵會使心火更旺，大笑不止就是其表現。有一名女子患傻笑病有半年時間，張子和（張從正，金代醫學家，河南蘭考人）用這種方法治好了她的病。

本處描述的症狀當屬精神心理疾病，類似癔症或強迫症。患者服下鹽水後好轉，其實是暗示治療的效果，在現代精神病學中，癔症常用暗示法進行治療。

魘寐不寤：以鹽湯飲之，多少約在意。（《肘後備急方》）

◎

【語譯】嗜睡或昏睡：給患者喝鹽水，喝多少依情況而定。

若昏睡或嗜睡是由於低血壓引起，臨時喝一些鹽水，有可能會緩解症狀。

動齒：以皂莢兩梃，鹽半両，同燒令通赤，細研。夜夜用揩齒。一月後，有動齒及血齒者，並瘥，其齒牢固。（《食療本草》）

◎

【語譯】牙齒鬆動：用皂莢兩條，鹽半両，一起（放在鍋內）燒紅，研成細末。每晚（用細末）刷牙。一月後，牙齒鬆動和牙齦出血都會好轉，而且牙齒會更牢固。

皂莢具有清潔作用，鹽具有消毒作用，用這兩樣東西製成的牙粉，可能是古人經常使用的「牙膏」。《紅樓夢》中也曾描述古人刷牙的細節：賈寶玉清晨來到林黛玉住處，用史湘雲用過的洗臉水洗了兩把臉，遭到丫鬟翠縷的揶揄，「寶玉也不理，忙忙的要過青鹽擦了牙，漱了口」。可見，清代富貴人家是用青鹽刷牙的，青鹽是出自西北的一種大粒鹽。記錄該方的《食療本草》是世界上現存最早的食療專著，作者孟詵（621-713）為唐代汝州（現河南省汝州市）人，被譽為食療鼻祖。《食療本草》除收錄驗證的藥物和單方外，還記載了各種藥物的功效、禁忌、形態和產地等。《食療本草》原書於宋元之際散落佚失，其零星內容僅見於其他醫藥專著的引用部份。清光緒三十三年（1907），英國人斯坦因（Marc Aurel Stein）在敦煌莫高窟發現該書古抄本殘卷（圖5），現存於倫敦大英博物館。1984年，中醫名家謝海州等人根據敦煌殘卷和其他資料，對該書重新進行了校輯和刊印。

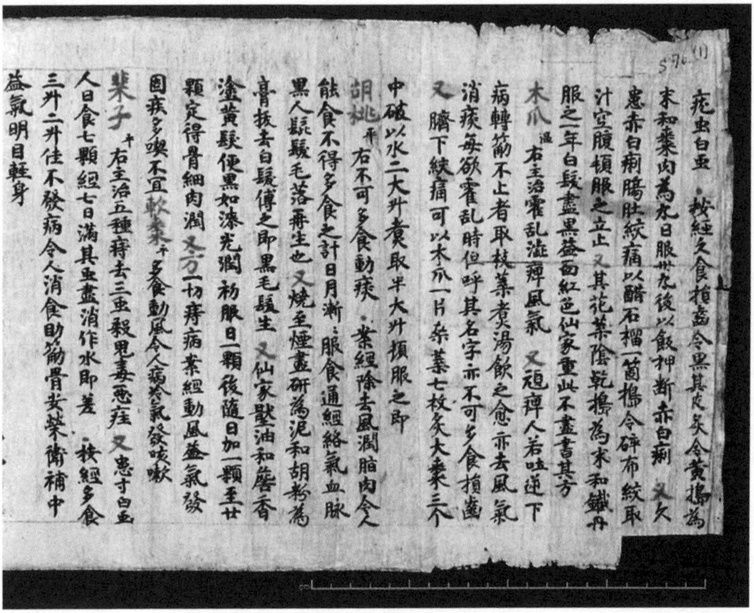
疝虫白虫　秋經久食損齒令黑其皮炙令黃擣為
末和棗肉為丸日服廿丸後以飯押斷赤白痢　又久
患赤白痢腸肚絞痛以醋石榴一箇擣令碎布絞取
汁空腹頓服之立止　又其花葉陰乾擣為末和鐵丹
服之一年白髮盡黑益面紅色仙家重此不盡書其方
木瓜　温　右主治霍亂澀痺風氣　又頑痺人若吐逆下
痢轉筋不止者取枝葉煑湯飲之愈亦去風氣
消痰每欲霍亂時但呼其名字亦不可多食損齒
又　臍下絞痛可以木瓜一片桑葉七枚炙大棗三个
中破以水二大升煑取半大升頓服之即
胡桃　平　右不可多食動痰　案經除去風潤脂肉令人
能食不得多食之計日月漸漸服食通經絡氣血脉
黑人鬚髮毛落再生也　又燒至煙盡研為泥和胡粉為
膏拔去白髮傅之即黑毛髮生　又仙家壓油和詹香
塗黃髮便黑如漆光潤　初服日一顆後隨日加一顆至廿
顆定得骨細肉潤　又方一切痔病案經動風益氣發
固疾多喫不宜　軟棗　平　多食動風令人病冷氣發咳嗽
榧子　平　右主治五種痔去三虫殺鬼毒惡疰　又患寸白虫
人日食七顆經七日滿其虫盡消作水即差　秋經多食
三升二升佳不發病令人消食助筋骨安榮衛補中
益氣明目輕身

圖5　敦煌《食療本草》殘卷（局部）

腋臭：以首子男兒乳汁浸鹽，研銅青，拔去毛使血出，塗瘥。（《外台秘要》）

◎

【語譯】腋臭：取頭胎生男孩的產婦乳汁，浸入鹽中（製成鹽乳膏），將銅綠研細為粉末（加入鹽乳膏），拔去腋毛使血液滲出，（將鹽乳膏）塗抹（在腋下），直到腋臭消失。

腋臭，也稱狐臭或臭汗症，是由於汗液有特殊臭味或汗液經分解後產生臭味所致。狐臭多見於腋窩、女性乳房下方、腹股溝、外陰等部位，以腋窩最常見。狐臭是令人尷尬的一種疾病，古人也積極尋求治療。《外台秘要》治療狐臭時，先拔除體毛使毛囊出血，再塗上銅綠鹽乳膏，其目的可能是破壞大汗腺，減少汗液分泌，鹽和銅綠都具有殺菌作用，可防止汗液成份被細菌分解產生異味。至於採用頭胎生男孩的產婦乳汁，多少帶有點迷信的思想。

黑髮：以鹽湯洗沐，以生麻油和蒲葦灰敷之，常用效。（《外台秘要》）

◎

【語譯】頭髮變黑：用鹽水洗髮，之後用芝麻油和蒲葦灰製成膏，塗抹在頭髮上，經常用就會有效。

古代洗澡或洗髮時常用澡豆，其主要成份是豆粉外加各種香料，其清潔作用遠遜於現代洗髮水或香皂。因此，採用鹽水清洗頭髮，除增強清潔作用外，還具有殺菌作用，有利於預防頭皮屑。另外，中醫認為黑芝麻具有烏髮作用，這是近幾年來很多品牌的洗髮水中加入黑芝麻提取物的原因。

妊婦逆生：鹽摩產婦腹，並塗兒足底，仍急爪搔之。（《備急千金要方》）

◎

【語譯】產婦逆生（足先露分娩）：用鹽擦摩產婦腹部，將鹽塗抹在新生兒腳底，並用手快速抓撓腳底。

產科是傳統中醫不擅長的一項。其中一個要害問題是，鑒於男女授受不親的傳統觀念，男醫生不能直接從事接生，古代女醫生又極少，接生只能請接生婆（產婆、穩婆、老娘、吉祥姥姥），不得已的情況下甚至自己接生。男醫生有關產科的論述，由於缺乏直接實踐經驗，只能依賴產婆的描述，這種狀況進一步阻礙了古代中醫產科的進步。接生產婆社會地位低下，沒有多少文化，開業前基本沒有培訓，很多產婆連應對難產的一般技術都不具備。每遇難產（足位、臀位、臍繞頸、產道狹窄、腹肌鬆弛、巨大胎兒等），不外乎用手強拉硬拽，甚至採用鐵鈎牽拉或剪刀碎裂，遇到新生兒窒息或產婦出血，也缺乏行之有效的急救措施，往往造成產婦和新生兒不必要的死亡，生孩子成為女性的「鬼門關」。中國最早的女醫學博士楊崇瑞在 20 世紀 20 年代開展的調查表明，當時中國產婦死亡率高達 15‰（英、法國家約為 3‰-5‰），出生嬰兒死亡率高達 250‰-300‰（英、法國家為 80‰-90‰），每年產婦死亡達 20 萬人，而這些觸目驚心的數字完全可通過簡單的助產士培訓得以大幅降低。在《千金方》中，孫思邈描述了足先露（逆生）的一個處置方法，用鹽塗抹在產婦腹部和新生兒腳底，用手快速抓撓新生兒腳底，其目的是讓先出來的腳縮回去，再次調整胎位，以達到頭位生的目的。

去胎：取雞子一枚，扣之，以三指撮鹽置雞子中，服之，立出。（《醫心方》）

◎

【語譯】打胎：取一個雞蛋，打開（一個小口），用三根手指捏一撮鹽放入雞蛋中，服用後很快就能排出胚胎。

用鹽和雞蛋打胎，這實在是件匪夷所思的事情。可能蛋清蛋黃從蛋殼中流出來，形態上更像流產吧！

子死腹中：三家雞卵各一枚，三家鹽各一撮，三家水

各一升，合煮，令產婦東向飲之。（《備急千金要方》）

◎

【語譯】清除死胎：從三家各要一個雞蛋，從三家各捏一撮鹽，從三家各舀一升水，將這幾樣東西放在一起煮，讓產婦面向東方飲用。

鹽和雞蛋不僅能打活胎，還能去死胎。只是這些雞蛋、鹽和水為甚麼要分別從三個鄰居家索取，而且要讓產婦面向東方喝下，實在讓人百思不得其解！

婦人陰痛：青布裹鹽，熨之。（《藥性論》）

◎

【語譯】女性陰部疼痛：用粗布裹上加熱的鹽，熨燙陰部。

中醫典籍中有大量鹽灸和鹽熨治療疾病的記載。例如，肚臍鹽灸常用於治療消化系統疾病。這主要是由於鹽的比熱容較大，加熱後能散發較多熱量，而且鹽呈細顆粒狀，放在肚臍等處能與皮膚完全貼附。女性外陰疼痛最常見的原因包括：心理緊張、肌肉痙攣、局部炎症、外傷、性交痛等。熱敷可改善局部血液循環，鬆弛肌肉和神經，因此，熱敷往往能緩解女性外陰疼痛。

婦人陰大：食茱萸三兩，特牛膽一枚，石鹽一兩。搗茱萸下篩，納牛膽中，又納石鹽着膽中，陰乾百日。戲時取如雞子黃末，着女陰中，即成童女也。（《醫心方》）

◎

【語譯】陰道鬆弛：取食茱萸三兩，公牛膽一枚，礦鹽一兩。將茱萸搗碎篩末，納入牛膽，再將礦鹽納入牛膽，在陰涼處乾燥一百天。性交前取雞蛋黃一樣的藥末，塗在陰道內，感覺就像少女那樣。

本方就是在中國佚失的古方，在日本《醫心方》中又被發現。《醫心方》除收錄經典方劑，還記載了大量房中術，因此一度被列為禁書。

飲酒不醉：凡飲酒，先食鹽一匕，則後飲必倍。（《儒門事親》）

◎

【語譯】飲酒不醉：飲酒前，先吃一小勺鹽，酒量就會增加一倍。

原來，千杯不醉也是古人的追求。高濃度鹽對胃黏膜有刺激作用，可能會減慢酒精在胃部的吸收速度，從而增加酒量。但一小勺鹽能否將酒量提高一倍，實在值得懷疑。另外，這種做法對身體有害無益，不應作為醫家推薦的方法。

飲酒大醉：取柑皮二両，焙乾為末。以三錢匕，水一中盞，煎三五沸，入鹽，如茶法服，妙。（《肘後備急方》）

◎

【語譯】飲酒大醉：取橘子皮二両，焙乾後研磨為粉。用藥匙取三錢，加入一中杯水中，加熱煮沸三五次，加入鹽，像喝茶一樣飲用，效果絕妙。

解酒藥中也會用到鹽。只是這種解酒藥製作實在煩瑣，若非提前準備，酒醉後臨時找藥材加工，等藥物製好，恐怕酒早就醒了。

鹽與味道的科學

美味的秘密

在複雜的生存環境中，人類進化出靈敏的味覺和嗅覺以引導食物選擇。富含蛋白質、氨基酸、脂肪的食物能產生香味和鮮味，富含礦物質的食物能產生鹹味，富含糖類的食物能產生甜味，這些美妙的味覺誘導人們發現、選擇和攝入有益食物。相反，有害或有毒物質往往會產生苦味，發酵和腐敗食物會產生酸味和臭味，這些不良的味覺能防止人們攝入有害物質。因此，口腔中的味蕾不僅是美味的起點，也是防範有害物質進入人體的衛兵。

美味始於味蕾

美味起始於口腔中的味蕾。味蕾（taste bud）是一種乳頭狀小凸起，主要分佈在舌表面、咽部、軟齶、口腔黏膜等處。味蕾上有密集的味覺細胞，能感知致味物質（氫離子、糖、鹽、蛋白質、氨基酸等）並產生神經衝動，不同部位的神經衝動經面神經、舌咽神經和迷走神經傳入腦幹，在延髓孤束核跨越突觸（神經細胞間的聯繫結構），最終抵達大腦形成各種味覺印象。

人的基本味覺包括酸、甜、苦、鹹、鮮五種。一般來説，甜味、鹹味和鮮味屬於良性味覺，人們喜歡帶甜味、鹹味和鮮味的食物；苦味和酸味屬於不良味覺，人們不喜歡帶苦味和酸味的食物。五種基本味覺由不同細胞感知，經各自神經纖維傳遞入腦，在大腦皮質匯總後產生整體味覺感受。

辣味其實並非一種味覺，而是一種帶有灼熱感的痛覺。辣椒中的辣椒素能刺激口腔黏膜上的痛覺感受器，產生的神經衝動沿三叉神經傳遞入腦，最終形成灼痛樣感覺。伴隨着灼痛感，中樞神經會產生內源性止痛物質——內啡肽。這種類似嗎啡的物質除了發揮止痛作用，還能產生欣快感，這就是喜歡吃辣的人會有「辣得過癮」這種感覺的原因。

食物在口腔中咀嚼時，其中的香味物質會揮發出來。隨着呼吸運動，香味分子由口腔後部進入鼻咽部，刺激鼻黏膜上的嗅覺感受器，產生的神經衝動經嗅神經傳遞入腦，最終形成香味感。進餐時，香味物質也會經鼻孔進入鼻咽部，刺激鼻黏膜產生香味，但由於外部空氣的稀釋效應，由前部產生的香味要弱很多。嗅覺和味覺信息在大腦整合後形成食物的整體口感。

口腔中除了味覺細胞，還有豐富的觸覺和冷熱覺細胞。進食時，這些細胞能感知食物的質地及溫度，所產生的衝動經三叉神經傳遞入腦，形成硬度、粗糙度、柔韌度、滑爽度、黏稠度、冷熱度等感覺印象。這些感覺與味覺和嗅覺一起，形成食物的整體口感。

鹽能產生美味，這一點古人也深有體會。王莽在《罷酒酤詔》中說：「夫鹽，食肴之將。」《尚書》中也記載：「若作和羹，爾惟鹽梅。」想要烹製美食，必須有鹽和梅。民諺「好廚師，一把鹽」則高度概括了鹽在產生美味中的關鍵作用。

鹽能產生美味與多種機制有關，但核心作用仍然是產生鹹味。鹽（氯化鈉）溶解後產生鈉離子和氯離子，味蕾上的味覺細胞接觸鈉離子後立即產生鹹味感，並在 0.3 秒達到高峰，然後迅速消退。正是這種短暫的味覺快感使人們對含鹽食物喜愛有加。舌尖上的味蕾對鹹味感知最敏銳，舌後部和口腔其他部位對鹹味感知相當遲鈍。

鹹味

鹹味與鹽濃度有關。食物中鹽濃度很低時，味蕾感知不到鹹味，當鹽濃度達到一定水平時，味蕾才能感知到鹹味，這種剛剛能被感知到的鹽濃度稱為「鹹閾值」（或稱鹹味臨界值）。成人感知鹽溶液的鹹閾值約為 0.2%。隨着鹽濃度增加，鹹味感會不斷增強，但當鹽濃度增加到一定程度，鹹味感就不再增強。對大多數人而言，鹽溶液濃度超過 3%（大約相當於海水鹽濃度），鹹味感就不再增強。因此，若加工食品含鹽超過 3%，根本就起不到改善口味的目的。這是給食品設立最高含鹽量的一個依據。設立含鹽高限，可防止出於增加牟利目的，給食品中加入過量食鹽，因為鹽比大多數食材都便宜。

食物中加入適量鹽能增強美味感，但加鹽太多反而降低美味感，甚至產生苦澀味。因此，食物含鹽量和美味感之間呈拋物線樣或倒 U 型關係，食物口味最佳時的含鹽量稱「美味點」，或稱最佳含鹽量。發現美味點是食品企業孜孜以求的目標，因為處於美味點的食品最能贏得消費者青睞。確定美味點的通常做法是，讓一群消費者品嘗不同含鹽量的某種食品，根據他們的評價確定美味點。

在測試中發現，各人評價的美味點差異很大。平常吃鹽多的人美味點偏高，平常吃鹽少的人美味點偏低。這一結果説明，逐步調整吃鹽量能改變人們的美味感知。也就是説，經過一段時間低鹽飲食，可以使口味變淡，並逐漸喜歡上低鹽飲食，這一機制為制定逐步限鹽策略提供了依據。美味點並非一個精確含鹽量，而是一個含鹽量範圍。對多數食物而言，含鹽量變化在 15% 以內，並不影響美味感。基於這一現象，可在不影響美味享受的前提下，小幅減少烹調用鹽或加工食品含鹽量。

鹽改善食物口感

除了產生鹹味，鹽還能發揮其他作用，進而改善食物的整體口感。鹽可以增加湯類食物的黏稠感，增加含糖食物的甜度，掩蓋加工食品的金屬味和化學異味，增強油脂類食物的香味，使食物味道更加豐富，使各種味道（酸、甜、鮮）更趨均衡。鹽具有這些作用的機制目前尚不完全清楚，尤其是鹽如何增加湯的黏稠感，依然是學術界一個不解之謎。

食物中的水可分為自由水和結合水。自由水是指沒有被膠體顆粒或大分子吸附、能起溶劑作用的水。自由水可溶解致味成份和香味成份，減弱食物的美味感和香味感。因此，改善食物口味的一個有效方法，就是將自由水轉化為結合水。在食物含水總量不變的情況下，加鹽能減少自由水的比例，這是鹽增強食物美味感的一個原因。香味是美食的重要特徵。要產生香味，食物中的香味分子首先要揮發出來，再沿着口腔後部進入鼻咽部，刺激鼻黏膜產生神經衝動。鹽能減少食物中自由水的比例，增加香味分子的揮發量，從而使食物的香味更濃郁。

大多數天然食物都具有苦澀味，尤其是蔬菜，只是有些苦味較淡，不易被察覺。鹽能抑制天然食物的苦味，在烹製苦瓜、黃瓜、芹菜、苦菜等蔬菜時，加入鹽會抑制其中的苦澀味，使之變成美味佳餚。在農業社會初期，人類學會製鹽後拓寬了食物範圍，一個原因就是鹽能掩蓋食物的苦澀味。

鹽能增強含糖食物的甜味，給蔗糖和尿素混合液中加入小量鹽，可抑制尿素的苦味，同時增強蔗糖的甜味。為了增強甜味、抑制苦味，含糖飲料（果汁、汽水等）都會加入微量鹽。

食品加工過程中，會產生金屬味和化學異味，鹽能抑制這些異味，這是即食麵等加工食品含鹽高的一個原因。

鹽不增強辣味，但鹽能使辣椒的味道變得柔和而內斂，辣味不那麼粗糙和狂野。辣椒中除了辣椒素，還含有很多香味物質，辣椒食品加鹽後會變得香氣四溢。因此，很多辣椒食品暢銷的秘訣其實就是高鹽。

鹽可以消除芝士中多餘的水份，使芝士吃起來更筋道。鹽能促進鮮奶生成奶皮，含鹽奶皮咀嚼起來更鮮香，因此奶皮中往往含鹽較高。奶皮是蒙藏等少數民族的日常食品，這是他們吃鹽多的一個原因。

鹽能改變食物的硬度、脆度、粗糙度、滑爽度、柔韌度等，從而改善食物的整體口感。鹽能增加食物脆度，使榨菜和泡菜吃起來鮮脆爽口。鹽能增加食物含水量，加鹽的紅燒肉吃起來軟嫩多汁。鹽能促進蛋白質發生凝膠，增加食物凝聚性，加鹽的肉凍、果凍和香腸吃起來富有彈性和韌性。鹽還能使肉製品顏色鮮豔誘人，從而增加食慾。

鹽能讓食材變成美味，鹽本身卻並非美味。即使長時間不吃鹽，直接飲用鹽水或食用鹽粒也不會產生美味感。高濃度鹽水或鹽粒會在口腔產生刺激反應，從而導致不適感。鹽（鈉）是人體新陳代謝的一種輔助物，在缺乏蛋白質、脂肪和糖等供能物質時，只補充鹽對人體有害無益。因此人體長期進化的結果是，只有當食物中的多種營養素比例適宜時才會產生美味感。《百喻經》中的愚人食鹽故事，是對這一現象的絕佳解釋。

> 昔有愚人，適友人家，與主人共食，嫌淡而無味。主人既聞，乃益鹽。食之，甚美，遂自念曰：「所以美者，緣有鹽故。」薄暮至家，母已具食。愚人曰：「有鹽乎？有鹽乎？」母出鹽而怪之，但見兒惟食鹽不食菜。母曰：「安可如此？」愚人曰：「吾知天下之美味鹹在鹽中。」愚人食鹽不已，味敗，反為其患。

這則寓言中的傻子之所以可笑，其原因大家都明白，鹽可以將平淡的食物轉變為誘人的美味，但鹽本身並不是美味，直接吃鹽不僅有苦澀感，還會損害味覺，滋生疾病。

舌尖上的鹽

從食物中的鹽到腦海中的鹹是一個複雜過程。固體食物經牙齒咀嚼和舌頭攪拌，其中的鹽溶解到唾液中形成鈉離子和氯離子，並傳送給舌尖上的味蕾；味蕾上的味覺細胞接觸到鈉離子後產生神經衝動；神經衝動沿味覺神經傳送到大腦；大腦對神經衝動進行整合分析，最終形成鹹味感。因此，牙齒、舌頭、唾液、味蕾、神經、大腦等都會影響鹹味感知，從而影響吃鹽量。

舌尖上的味蕾

味蕾主要分佈在舌面、軟齶和會厭等處，舌尖上味蕾最豐富。味蕾上有味覺細胞，味覺細胞上有上皮型鈉離子通道。這種特殊通道可允許鈉離子通過，鈉離子進入味覺細胞會激發神經衝動，當衝動沿神經通路傳遞到大腦皮質，就產生鹹味感。

多數人有 2,000 到 5,000 個味蕾，但有些人味蕾多於 20,000 個，有些人味蕾少於 500 個。每個味蕾上大約有 50 到 100 個味覺細胞。通過電子顯微技術可計數舌尖上的味蕾。美食家因味蕾數量遠超常人，能辨識食物、酒和飲水味道的細微差別。人的味蕾數量並非一成不變，隨着年齡增加，味蕾數量會減少，有些疾病會損害味蕾。

味蕾多的人，對鹽和其他致味劑辨識能力強。味蕾多的人往往喜歡多吃鹽，因為他們能從鹽中獲得更強烈的美味感。另外，味蕾多的人對苦味更敏感，鹽能抑制苦味，所以味蕾多的人會用鹽掩蓋食物中的苦味。

採用等級濃度鹽水試驗發現，體型肥胖的人（BMI>30）對鹽的敏感度高於體型苗條的人（BMI<25）。肥胖者能感知鹽水的最低濃度為 0.0676%，苗條者能感知鹽水的最低濃度為 0.1294%。兩者相差一倍左右。

吸煙會損害味蕾上的味覺細胞，長期吸煙會降低味覺敏感性。吸煙可引起黏膜白斑、口腔念珠菌感染、牙周病，這些都會降低味覺敏感性。吸煙還會引起口臭，進一步降低味覺和嗅覺敏感性。吸煙者有重鹽口味的比例是非吸煙者的 2.3 倍。

酒精會損害味蕾上的味覺細胞，長期酗酒會降低味覺敏感性。長期酗酒還會影響腸道對鋅和維生素 A 的吸收。鋅和維生素 A 缺乏都會降低味覺敏感性。飲酒還會引起口腔念珠菌感染和慢性胃病，從而加重味覺障礙。長期酗酒者有重鹽口味的比例是不飲酒者的 2.9 倍。

男性味覺敏感性低於女性，男性辨別五味（酸甜苦鹹鮮）的能力弱於女性。女性味覺更敏感的原因在於，女性口腔衛生狀況較好，女性吸煙者較少，女性飲酒者較少。男女味覺差異在老年人中更明顯。

老年人舌尖上味蕾數目減少，味覺敏感性下降。隨着年齡增加，唾液分泌量也會減少，老年人發生口乾症的比例可高達 37%。固體食物中的鹽需要溶解在唾液中才能被味蕾感知，因此口乾症會明顯降低味覺敏感性，從而增加吃鹽量。

法國開展的調查發現，飲酒者、吸煙者、老年人往往有重鹽口味。採用全口腔味覺測試發現，老年人可感知的最低鹽濃度高於年輕人。老年人味覺障礙的原因很多，其中藥物導致的味覺障礙佔 21.7%，鋅缺乏導致的味覺障礙佔 14.5%，口腔疾病導致的味覺障礙佔 7.4%，全身疾病導致的味覺障礙佔 6.4%。老年人經常患牙齒脱落、口腔感染、口腔潰瘍和口乾症，老年人也容易出現口腔衛生惡化及舌苔過厚，很多老年人佩戴假牙，這些病症會影響牙齒咀嚼、舌頭攪拌、唾液分泌、鈉離子與味蕾接觸等生理機能，從而導致味覺障礙，增加吃鹽量。

除了口腔疾病，高血壓、糖尿病、腎臟病、肝臟病、甲狀腺疾病、乾燥綜合症等也會影響味覺敏感性。在實施頭頸部放射治療時，射線會損害味覺細胞，導致味覺障礙。慢性阻塞性肺病患者和心腦血管病患者對鹹味感知能力也會有所下降。周圍性面癱或鼓索神經損傷患者，會出現損傷一側舌部味覺障礙。這些患者因味覺障礙，吃鹽可能增加，應注意監控吃鹽量。

鋅是人體中多種酶的組分，其中碳酸酐酶是第一個發現含鋅的酶。碳酸酐酶在唾液合成、分泌、酸鹼度調控等過程中都發揮着重要作用。因此，鋅缺乏會導致味覺障礙，味覺障礙的人補充鋅劑會促進味覺恢復。鋅缺乏還會出現脂溢性皮炎、脱髮、腹瀉等症狀。綠茶、鯖魚子、杏仁、柿子等食物含有豐富的鋅。

2003 年開展的調查表明，日本患有嚴重味覺障礙並尋求治療的人約有 24 萬。據此推算，中國味覺障礙患病人數應在 250 萬以上（中國目前尚未開展味覺障礙人群調查）。味覺障礙不僅影響美味享受，降低生活質量，還會導致營養不良，誘發多種慢性疾病。因此，應積極預防和治療味覺障礙。預防味覺障礙的措施包括，改善口腔衛生，避免過度使用口腔清潔劑，避免粗暴刷牙，含服無糖含片或冰塊，咀嚼口香糖等。治療味覺障礙常使用鋅劑和 α - 硫辛酸。

藥物對味覺的影響

血管緊張素受體抑制劑（ARB）是臨床上常用的一類降壓藥，其作用機制是阻斷血管緊張素 II 與受體結合，引起動脈血管舒張，從而降低血壓。但這類藥物也會阻斷味蕾上的血管緊張素受體，因此在服用血管緊張素受體抑制劑時，有些人會感覺吃飯沒味道。味覺細胞在感受鈉離子時，神經衝動受血管緊張素 II 受體調節。味覺細胞上有血管緊張素 II 受體，當血管緊張素 II 與受體結合後，味覺細胞的感知能力增強，反之，當血管緊張素 II 受體被阻斷，味覺細胞感知能力減弱。所以，血管緊張素受體抑制劑會影響鹹味感知。

血管緊張素轉換酶抑制劑（ACEI）也是臨床常用的一類降壓藥，其作用機制是抑制血管緊張素 I 轉換為血管緊張素 II，使循環中的血管緊張素 II 減少，從而發揮降壓作用。由於循環中血管緊張素 II 減少，味覺細胞也不能結合血管緊張素 II，因此，血管緊張素轉換酶抑制劑也會影響鹹味感知。

阿米洛利（Amiloride）也是一種常用降壓藥物，其作用是阻斷動脈血管上的鈉離子通道，使血管舒張，從而發揮降壓作用。味覺細胞上感知鹹味的也是鈉離子通道，當味覺細胞上的鈉離子通道被阻斷後，味覺感受可能會受到影響。從這一分析來看，阿米洛利也能導致味覺障礙，但服用阿米洛利的人味覺障礙並不多見，而且主要影響甜味感知，對鹹味感知影響並不大。臨床上還有其他藥物對味覺也有影響（表 3），正在服用這些藥物的人應監測吃鹽量，防止因味覺障礙導致吃鹽過多。

表 3 可引起味覺障礙的常用藥物

藥物種類	藥物舉例
抗菌藥	青霉素、氨芐青霉素、阿奇霉素、卡拉霉素、替卡西林、四環素、環丙沙星、伊諾沙星、氧氟沙星、乙胺丁醇、甲硝唑、磺胺甲基異惡唑
抗真菌藥	灰黃霉素、特比萘芬
抗病毒藥	阿昔洛韋、更昔洛韋、吡羅達韋、奧塞米韋、扎西他賓、金剛烷胺、干擾素
支氣管擴張藥	比托特羅、吡布特羅
抗組胺藥	朴爾敏、氯雷他定、偽麻黃鹼
抗高血壓藥	阿米洛利、呋塞米、氫氯噻嗪、倍他洛爾、普萘洛爾、拉貝洛爾、卡托普利、依那普利、氯沙坦、坎地沙坦、纈沙坦、地爾硫卓、硝苯地平、氨氯地平、尼索地平、安體舒通（螺內酯）
抗心律失常藥/冠心病用藥	胺碘酮、妥卡尼、普羅帕酮、硝酸甘油、苄普地爾
抗血小板藥	氯吡格雷
降脂藥	阿托伐他汀、瑞舒伐他汀、洛伐他汀、普伐他汀、氟伐他汀
抗炎藥	布洛芬、雙氯芬酸、金諾芬、布地奈德、秋水仙鹼、地塞米松、氟尼縮松、丙酸氟替卡松、倍氯米松、青霉胺
偏頭痛用藥	甲磺酸雙氫麥角胺、那拉曲坦、利扎曲坦、舒馬曲坦
抗癲癇藥	卡馬西平、苯妥英鈉、托吡酯
抗躁狂藥	鋰劑
抗抑鬱藥	阿米替林、氯丙咪嗪、地昔帕明、多慮平、丙咪嗪、去甲替林、帕羅西汀、氟伏沙明、氟西汀、舍曲林、西酞普蘭
抗焦慮藥	阿普唑侖、丁螺環酮、氟西泮
帕金森病用藥	左旋多巴、安坦
抗精神病藥	氯氮平、氯丙嗪、三氟拉嗪、奧氮平、米氮平、氟哌啶醇、喹硫平、利培酮
中樞興奮藥	苯丙胺、右旋苯丙胺、利他靈
安眠藥	右佐匹克隆、唑吡坦
肌鬆藥	巴氯芬、丹曲林
降糖藥	二甲雙胍
抗腫瘤藥	順鉑、卡鉑、環磷醯胺、阿霉素、氟尿嘧啶、左旋咪唑、甲氨蝶呤、替加氟、長春新鹼
甲狀腺用藥	卡比馬唑、左旋甲狀腺素、丙基硫氧嘧啶、甲巰咪唑
抗青光眼藥	乙醯唑胺
戒煙藥	尼古丁

進餐習慣

鹽的鹹味在整個口腔都能被感知，但最敏銳的部位在舌尖和舌兩側，舌後部和口腔其他部位對鹹味感知相當遲鈍。對食物中鹽的感知有兩種策略，一種是全口腔感知，一種是舌尖感知，前者見於一口吞食較大量食物或大口喝湯時，後者見於小量咀嚼食物或品酒時。當口腔中滿佈食物時，鹹味感會減弱，這是因為口腔後部對鹽不敏感。固體食物中的鹽溶解在唾液中，水解為鈉離子和氯離子後，才能被舌尖上的味蕾感知。口腔中食物過多會影響咀嚼和攪拌，食物中的鹽不能完全溶解，不能充份發揮美味效應。因此，吃飯時應小口進食、細嚼慢嚥，每口飯菜最好不超過口腔容量的 20%。成年男性口腔容量平均為 70 毫升，每口進餐量不宜超過 15 毫升，也就是一湯勺的量；成年女性口腔容量平均為 55 毫升，每口進餐量不宜超過 12 毫升。

小口進餐時，口腔中留有較大空間（80%），食物中的香味物質會隨咀嚼運動揮發到口腔後部，沿着鼻咽部傳遞到鼻黏膜，被嗅覺細胞感知後產生香味。若大口進食，因口腔內殘餘空間小，香味物質無法揮發和傳輸，香味感就會明顯減弱。因此，美食家在品酒或鑒定菜餚時，每次只攝取小量酒水或食物。另外，小口進餐能充份咀嚼食物，有利於消化吸收。

對於含水少或比較堅硬的食物，只有反覆咀嚼，鹽才能充份溶解並發揮鹹味效應。唾液的分泌量與咀嚼時間成正比，多次咀嚼才能產生足量唾液，從而完全溶解食物中的鹽。因此，吃飯狼吞虎嚥的人，口味往往較重。原因就在於，食物中的鹽並未完全溶解。

人體有視覺、聽覺、嗅覺、觸覺、本體覺等五種感覺，各種感覺在形成過程中會相互影響。視覺、聽覺、觸覺都會阻礙味覺感知。《論語》中記載：「子在齊聞《韶》，三月不知肉味。」這句話是説，孔子在齊國聽到美妙的韶樂，有三個月都嚐不出紅燒肉的味道。可見，當注意力集中在另一感覺上，味覺感知力會明顯減弱。因此，進餐時不宜看電視、聽音樂、閱讀、按摩、泡澡、鍛煉，因為這些活動會影響食物的美味感，並增加吃鹽量。

吃飯時講話會影響食物咀嚼和攪拌，減少唾液分泌，影響美味感。吃飯時講話，食物中的香味物質會自口中揮發而出，降低香味感。這是因為，食物中揮發的香味氣體沿着口腔後部傳遞到鼻咽部，為嗅覺細胞所感知，才能產生明顯香味；從口腔揮發而出的香味氣體，在外部空氣中稀釋後，再經鼻孔吸入所產生的香味感會明顯減弱。

食物的特性

進餐時，飯菜過冷或過熱都會影響味蕾對鹹味的感知，可能使含鹽很高的食物吃起來並不那麼鹹，進而增加吃鹽量。過熱或過冷食物還會對食道和胃腸產生不良影響。韓國學者開展的研究發現，在 40-60℃時進食，味噌湯和雞湯味道最鮮美。溫度超過 70℃或低於 40℃，美味感都會下降。不過，最佳進餐溫度與個人偏好有關，喜歡熱食的人，在較高溫度感知的鹹味更濃；喜歡涼食的人，在較低溫度感知的鹹味更濃。因此，從限鹽角度考慮，飯菜最好在適宜溫度下食用。

堅韌食物中的鹽不易析出和溶解，即使含鹽高，鹹味也較弱。酥鬆食物中的鹽容易析出和溶解，即使含鹽低，鹹味也較強。液體食物中的鹽直接以鈉離子形式存在，能夠被味覺細胞直接感知，但含水太多又會稀釋鈉離子，反而使鹹味減弱。一般來説，含鹽量相同時，膠狀食物和固體食物鹹味弱於液體或半液體食物。因此，香腸和麵條等膠狀食物即使含鹽很高，鹹味也不明顯。

鹽的特性

在食物表面（如薯片和鍋巴）撒鹽時，鹽粒大小會影響鹹味強度。由於食物在口腔中停留時間很短，普通食鹽顆粒在口腔中並不能完全溶解，尤其是夾裹在固體食物中的鹽粒。降低鹽粒大小或改變鹽晶結構，可加快鹽在口腔內溶解，提高鈉離子濃度，從而增強鹹味感。一般來説，同等大小的鹽顆粒，其表面積越大（如雪花鹽），在口腔中溶解越快，產生的鹹味感就越強烈。根據這一原理，可通過增加鹽顆粒表面積，提高其鹹味感，從而發揮降鹽作用。

在歐美國家，正在研究各種模擬鹽以增強鹹味效應。其中一種模擬鹽由包着一薄層鹽水的澱粉顆粒組成。由於具有較大表面積，這種模擬鹽顆粒能增加味蕾周圍的鈉離子濃度，增加鹹味效應，從而減少用鹽量。另一種模擬鹽將小水滴包於脂肪顆粒中，外層再覆蓋一薄層鹽水。位於脂肪層內的水顆粒不含鹽，其作用是擴大顆粒體積，使外層鹽水層變得菲薄。進食時，這種顆粒表面的鹽水層首先與味蕾接觸，可產生明顯鹹味感，從而減少用鹽。

心理因素

比利時學者開展了一項有趣的研究。將成份完全一樣的芝士分為兩組，一組在包裝上標示低鹽芝士，另一組不做標示，讓受試者品嘗後對其口味進行評分，結果大部份受試者將標示低鹽的芝士評為口味較淡。可見，對食物口味預先的判斷，會影響鹹味感知，進而影響吃鹽量。

鹽喜好的改變

有的人口味重吃鹽多，有的人口味淡吃鹽少，口味的鹹淡偏好稱為鹽喜好（salt preference）。鹽喜好是決定個人吃鹽量的重要因素。

鹽喜好部份源於先天本能，部份源於後天習得。先天性鹽喜好也稱固有性鹽喜好，這種本能編碼在基因中，能遺傳給後代。固有性鹽喜好的生理基礎是味蕾、味覺神經通路和味覺中樞（圖 6）。在進食含鹽食物時，通過神經通路和味覺中樞產生愉悅的味覺快感。這種快感驅使人尋找鹽，盡可能多地攝入鹽，以幫助個體化解生活中隨時可能出現的缺鹽危機。固有性鹽喜好是人類長期在貧鹽環境中進化的結果。

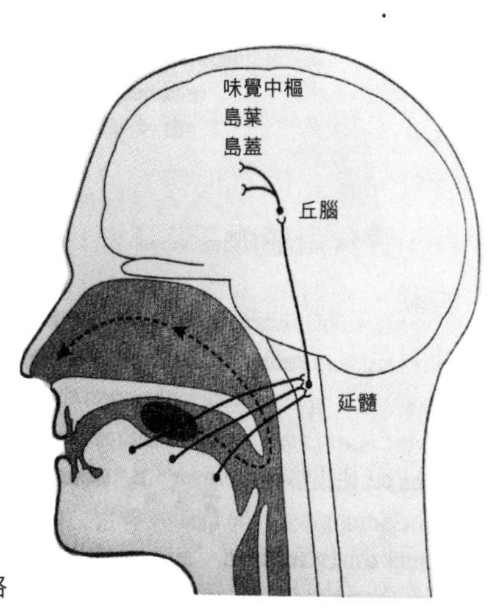

圖 6 味覺神經通路

後天性鹽喜好也稱習得性鹽喜好，或條件性鹽喜好，是指早年吃鹽經歷改變了成年後的喜鹽程度。也就是說，一個人在兒童時期吃鹽越多，成年後就越喜歡吃鹽。習得性鹽喜好建立在固有性鹽喜好的基礎之上，是對固有性鹽喜好的強化。固有性鹽喜好無法改變，習得性鹽喜好受家庭環境、飲食習慣、膳食結構等因素影響，可通過適應而逐漸改變。

在人的一生中，鹽喜好是一個不斷變化的過程。研究發現，當用不同濃度鹽溶液接觸舌尖時，剛出生的寶寶對低濃度鹽水（0.4%）和高濃度鹽水（0.8%）都沒有反應，但對糖水卻流露出愉悅表情。僅僅 4 天後，就有一半寶寶開始喜歡高濃度鹽水，而對低濃度鹽水依然沒有反應。兩個月後，約有一半寶寶開始喜歡低濃度鹽水，而這時卻不再喜歡高濃度鹽水了。這些研究結果表明，寶寶在成長過程中，對鹽的感知能力逐漸增強。產生這種變化的原因是，味覺細胞和神經通路逐漸發育成熟。用小鼠開展的研究也證實，味覺細胞發育在出生時並未完成，在出生後仍在繼續，固有性鹽喜好正是隨着神經發育日臻成熟而逐漸固化。

固有性鹽喜好大約在寶寶 4 月齡時完全形成，説明這時味覺神經已發育完整。固有性鹽喜好形成後，通過對飲食中鹽的感知及學習，寶寶對鹽的喜好逐漸增強。到兩三歲時，小傢伙對食物中的鹽，也就是鹹度，已經非常在意了，而且討厭純鹽水。有意思的是，4-60 天的寶寶喜歡純鹽水。不喜歡純鹽水是人類獨有的味覺特徵，而草食動物和雜食動物都喜歡飲用純鹽水。人類不喜歡純鹽水可能是進化的結果，因為鹽（鈉）在體內主要參與能量代謝，在缺少蛋白質、糖和脂肪等供能物質時，單純吃鹽於人體有害無益，所以，只有當鹽和能量食物一起享用，才會產生美妙的味覺感受。

根據鹽喜好形成理論，低齡兒童鹽喜好形成時間短，尚未完全固化，可能更容易改變。荷蘭瓦格根大學（Wageningen University）蓋萊伊恩斯（Geleijnse）博士曾開展過一項有趣的研究，他將 6 月齡寶寶隨機分為兩組，一組給予常規配方奶粉餵養，另一組給予低鹽奶粉餵養，儘管這種差異飲食只維持到一歲，之後兩組寶寶都不再限制飲食中的鹽。十五年後，兩組兒童血壓出現了明顯差異，曾經用低鹽奶粉餵養的兒童血壓明顯低於常規奶粉餵養的兒童。蓋萊伊恩斯認為，幼年時短暫的低鹽飲食，不可能直接影響十五年後的血壓，但幼年時低鹽飲食減弱了寶寶的鹽喜好，這種喜好將維繫終生，從而對血壓產生長久影響。

母乳餵養的初生兒，每天鈉攝入量約相當於 0.5 克鹽，這種天然吃鹽量為定制嬰兒配方奶粉提供了依據。但對於早產兒，由於腎臟功能發育尚不完全，可能需要進一步調降配方奶粉中的含鹽量。1980 年以前，配方奶粉含鹽量大約是母乳的三倍，自從蓋萊伊恩斯和達赫等學者的研究結果發表後，西方國家嬰兒配方奶粉就不再額外加鹽，因為牛奶本身含有一定量的鈉鹽。

中國傳統家庭餵養的寶寶，多數在 3 到 6 月齡就開始接觸餐桌食物，之後吃鹽量逐漸增加。根據鹽喜好形成理論，寶寶過早過多接觸高鹽食物，會導致他們長大後更喜歡吃鹽，這可能是中國人吃鹽多的根源之一。因為在相同家庭環境中成長，導致同一家族成員普遍吃鹽多；因為有相似的嬰兒餵養習慣，導致同一地區居民普遍吃鹽多。

兒童與青少年的鹽喜好強於成人，鹽喜好大約在 10 到 16 歲時達到一生巔峰（圖 7），這種味覺特徵使兒童與青少年吃鹽量明顯增加。兒童與青少年鹽喜好增強的可能原因包括，兒童對鹽的感知與成人不同，青春期代謝旺盛導致鹽需求量增加，快速發育階段開始在骨骼儲備鈉鹽，以及青少年經常接觸高鹽食品。當然，更可能是多種因素綜合作用的結果。20 世紀 90 年代，在陝西省漢中市展開的調查發現，當地中學生吃鹽量高達 12-14 克 / 日。與中國兒童吃鹽多相對應的是，近年來兒童高血壓發病率明顯上升。

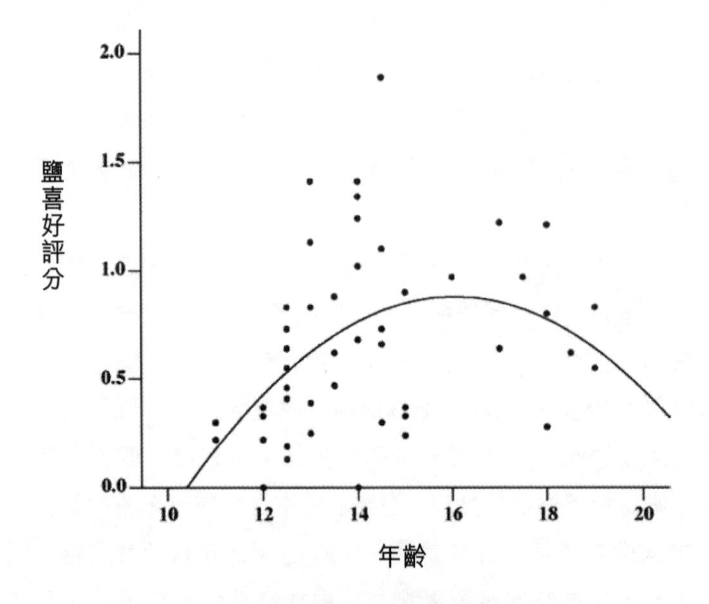

圖 7 鹽喜好與年齡的關係

在兒童與青少年時期，對鹽的喜好程度隨年齡增長而逐漸增強，大約在 10-16 歲時達到頂峰。
數據來源：Leshem M. Biobehavior of the human love of salt. Neurosci Biobehav Rev. 2009; 33:1-17.

相對於成人，兒童鹽喜好更容易改變。通過味覺學習和適應，兒童會逐漸喜歡上某些食物。荷蘭人和瑞典人喜歡吃鹹糖，原因是他們從小就嘗試鹹糖，長大後就喜歡鹹糖。但對於從未吃過鹹糖的成人，這種食物實在令人反胃，即使反覆嘗試也無法適應。在年少時，子女和父母鹽喜好差異較大，隨着年齡增長，子女和父母鹽喜好趨向一致，這些都是學習和適應的結果。所以，兒童期控制吃鹽對於減弱成年鹽喜好、減少吃鹽意義重大。

鹽喜好是在先天本能基礎上，經後天習得不斷強化而形成的。研究表明，即使是成人，鹽喜好也可以改變。堅持一段時間低鹽飲食後，就會逐漸適應甚至喜歡上低鹽飲食。加拿大傳奇探險家斯蒂芬森（Vilhjalmur Stefansson, 1879-1962）的經歷證實了這種理論。1906 到 1918 年間，斯蒂芬森三度深入北極地區，與因紐特人（Inuit，因紐特人也稱愛斯基摩人，主要生活在北極地區，屬黃種人）共同生活了五年之久。在那個年代，因紐特人過着與世隔絕的生活，沒有掌握製鹽技術，飲食中從不加鹽。斯蒂芬森在這種無鹽環境中長時間生活，並未發現身體有任何異常。他最初感覺食物索然無味，非常想吃鹽。然而幾個月後，對鹽的渴望逐漸消失，並開始喜歡上無鹽飲食。數年後，當斯蒂芬森返回加拿大，他感覺很多食物都太鹹，以至難以下嚥。

美國明尼蘇達大學埃爾默（Elmer）教授所做的研究也證明，成人鹽喜好完全可以改變。埃爾默教授為受試者定制了低鹽飲食，鹽含量比常規飲食低一半。維持低鹽飲食三個月後，這些受試者逐漸喜歡上了低鹽飲食。這時，再讓他們品嘗常規飲食，他們反而覺得太鹹，不好吃。

同樣，鹽喜好也可以增強。長期吃鹽多的人，會逐漸喜歡高鹽飲食，使吃鹽量呈螺旋式上升。在中國和肯尼亞開展的移民研究發現，飲食清淡的原始部落居民遷徙到城市後，都喜歡上了高鹽飲食，這樣就很難再回到以前的淡食狀態了。研究還發現，鹽喜好的改變是由於鹽的感知經驗發生了變化，而不是由於味蕾或神經通路發生了變化。

鹽喜好還受飲食文化影響，不同文化背景的人，即使生活在相同環境中，鹽喜好也差異巨大。另一方面，有些特殊人群由於環境所迫，形成了高鹽飲食文化，但當他們脱離這種環境後，依然會長期維持高鹽飲食。貝都因人（Bedouins）是以氏族部落為單位而生活的阿拉伯人。貝都因人曾長期在內蓋夫沙漠（Negev Desert）中過着遊牧生活，炎熱的沙漠會增加出汗，食物需要鹽保存，遊牧生活無法保證穩定的食鹽供給，過量鹽消耗和貧鹽環境使貝都因人形成了以高鹽為特徵的飲食文化，吃鹽量明顯高於其他人群。隨着社會經濟發展，貝都因人逐漸在都市定居下來。原先保存食物的醃製法也被家庭冰箱取代。但幾十年過去了，貝都因人依然維持着高鹽飲食。

鹽喜好可以改變，利用這一點能夠為家庭制定階梯式減鹽計劃。研究表明，當兩份相同食物含鹽量差異不太大時，人們剛剛能感知到兩者鹹味的差異，這種差異稱為可感知的最小差異（just noticeable difference, JND）。不同食物 JND 可能會有所不同，有的高達 25%，有的低至 5%，但大部份食物 JND 在 15% 左右。也就是説，食物含鹽量降低不超過 15%，進餐者就覺察不到口味差異。所以能在不影響美味的情況下，減少個人或家庭吃鹽量。採用這一策略，應首先評估家庭烹調用鹽量，以此為基礎，每半年將烹調用鹽減少 10%，兩年就有望將烹調用鹽減少 34.4%。當然，實施階梯式減鹽計劃的條件是，家庭成員外出就餐不能太多。

鹽與食品安全

鹽能產生鹹味，並發揮其他味覺效應，這些作用使鹽成為製造美味的核心要素。追求美味是人類給食物加鹽的主要原因，但鹽的作用並非僅限於製造美味，在食品防腐和保鮮等方面，鹽也具有不可替代的作用。

食物並非隨時隨地都能獲得，但肚子隨時隨地都會餓。在原始社會，保存食物是一項關乎個體存亡和種群斷續的關鍵技能。開始製鹽後，原始人很快就學會了用鹽保存食物，尤其是醃製肉食。直到 19 世紀後期，冰箱使鹽在食物保存中的作用退居其次。在後工業化時代，隨着加工食品的興起，鹽在食品保存中的優勢再次展現出來。

食物會發生腐敗變質，主要原因是微生物滋生。因此，微生物生長情況是決定食品保質期的關鍵因素。鹽能抑制微生物生長繁殖，因此可延長食品保質期。鹽抑制微生物生長繁殖的機制包括：降低水活性，增加微生物耗能，產生滲透性休克，降低氧溶解度（斷氧效應）等。具備多重抗微生物機制使鹽成為一種理想的防腐劑。

微生物生長繁殖必須有充足的自由水。衡量食品中自由水含量的指標為水活性（water activity）。純水活性為 1.0，食品水活性介於 0 到 1.0 之間。若食品水活性低，自由水含量少，微生物將難以生存，食品就不易腐敗；反之，食品就容易腐敗。一般而言，普通細菌生長繁殖需要水活性大於 0.94，霉菌生長繁殖需要水活性大於 0.80，耐鹽菌生長繁殖需要水活性大於 0.75，耐鹽酵母菌生長繁殖需要水活性大於 0.60。生鮮食品水活性可高達 0.99，這類食品極易滋生細菌。鹽溶解後產生的鈉離子和氯離子能與水分子結合，降低食品水活性。因此，食品中加鹽越多，水活性就越低，細菌就越不易生長繁殖，食品保質期就越長，安全性也就越高。

鹽溶解在水中產生鈉離子和氯離子，鈉離子進入微生物細胞後，可抑制多種生物酶的活性，將鈉離子搬運出細胞需要消耗能量，這樣就會抑制微生物生長繁殖。當食品含鹽量達到一定水平，因微生物細胞外離子濃度過高，細胞內水份大量滲出，最後會導致微生物壞死，這種現象稱為「滲透性休克」。微生物生長繁殖大都需要氧氣，鹽會降低氧的溶解度，因此食品中的鹽可阻礙微生物獲取氧氣，從而抑制其生長繁殖。

現代食品工業常採用多重技術來控制微生物，以確保食品安全。除加鹽外，還可能採用高溫處理、低溫儲藏、酸鹼調控、加入氧化劑或還原劑等技術方法。食品在生產、儲存、運輸和銷售過程中會遇到各種極端情況，單一防腐技術可能無法確保食品安全，聯用多種技術才能做到萬無一失。另外，多重防腐技術有利於減少鹽和添加劑的用量。

採用多重防腐技術的食品，降低含鹽（鈉）量一般不會危及食品安全或明顯改變食品保質期，例如冷凍食品、高溫加工食品、酸性食品（pH<3.8）、乾燥食品、高糖食品（高糖也可降低水活性，抑制細菌生長繁殖）等。但對於醬類和醃製食品，如牛肉醬、辣椒醬、鹹菜、醃肉等，大幅降低含鹽量勢必會危及食品安全，因為高鹽是此類食品抵抗微生物的主要防線。另外，減少用鹽還會降低食品新鮮度。因此，如何降低醬類和醃

製品含鹽量目前仍是一個技術難題，可能需要調整配方、改良工藝、優化存儲和運輸條件，以確保減鹽後仍能安全地維持食品保質期。可以預見，完成這些轉變所需花費將是巨大的，將會增加生產成本，抬高銷售價格，最終招致生產商和消費者兩方面的反對。在中國，尤其在北方地區，醬類和醃製品是居民吃鹽多的重要原因，如何減少這些食品中的鹽，將是一個巨大挑戰。

在限鹽活動中爆發食品安全事件並非只是假想。在英國開展全民限鹽早期，曾大幅降低兒童食品含鹽量，由於沒有及時引入替代防腐技術，導致兒童李斯特菌（listeria monocytogenes）感染劇增。隨後展開的調查證實，食品減鹽是兒童李斯特菌感染暴發的主要原因。李斯特菌具有超強耐熱性，常規加熱不能將之殺滅；李斯特菌具有超強耐寒性，在4℃環境中仍能生長繁殖，甚至在0℃也能緩慢生長，所以儲藏在冰箱中的食品也會滋生李斯特菌。另外，自然界中廣泛存在李斯特菌，即使高溫處理的食品，仍可造成二次感染。因此，要防止李斯特菌感染，有必要在食用前再次加熱熟食。兒童李斯特菌感染暴發後，英國朝野震驚，食品標準局（FSA）緊急發佈公告，要求企業在降低食品含鹽量的同時，採取其他措施確保食品安全。

降低食品含鹽量的另一威脅就是，增加肉毒桿菌（clostridium botulinum）感染和肉毒毒素（botulinum toxin）中毒的風險。如果食品未經充份加熱，肉毒桿菌芽孢就難以被滅活；如果真空包裝食品中存有小量空氣，肉毒桿菌就會滋生，食用者就可能中毒，高鹽是消除這種風險的最後一道防線。肉製品、芝士、真空低溫加工食品含鹽量降低後，更容易滋生肉毒桿菌，食用後引發肉毒毒素中毒，嚴重者導致死亡。在美國開展的研究表明，降低含鹽量後，肉醬即使儲藏在冰箱裏也會產生肉毒毒素。當含鹽量為 1.5% 時，接種肉毒桿菌芽孢的肉醬儲藏 42 天仍未產生肉毒毒素；當含鹽量降為 1.0% 時，接種肉毒桿菌芽孢的肉醬儲藏 21 天就產生肉毒毒素。

除了李斯特菌和肉毒桿菌，鹽還能抑制蠟樣芽孢桿菌（*bacillus cereus*）、耶爾森氏菌（yersinia）和弓形桿菌（*toxoplasma gondii*）等細菌。由於鹽在維持食品安全方面發揮着關鍵作用，在開展限鹽活動時，必須研發和引入替代技術，以確保食品安全。中國食品企業具有小而散的特點，大部份中小企業或個體生產者根本不具備這種安全意識和技術能力。在這種狀況下，若一味依靠行政力量，強令生產者降低食品含鹽量，而不重視替代技術的研發和引進，極易釀成大規模食品安全事件。

西方國家在限鹽活動中，研發出多種食品安全技術，用於在食品減鹽情況下防範微生物感染。其中高壓處理、電子束照射等技術已在食品工業廣泛應用。改變食品物理和化學特性也能抑制微生物生長繁殖，非熱處理是一類很有前景的食品安全技術。在肉製品中加入蛋白質、樹膠和藻酸鹽能減少用鹽量，而不明顯改變食品安全特性。由氯化鉀、乳酸鉀和雙乙酸鈉組成的混合物能在很大程度上替代食鹽，抑制有害微生物的滋生。但這種替代鹽對不同細菌的抑制作用差異較大，總體抗菌效果弱於食鹽。理想的食鹽替代品既要保持食品安全性，又要維持食品原有的風味。因此，開發食鹽替代品需要投入大量資金，只有在政策支持和擁有強大市場需求的情況下方可實現。很多加工食品使用替代鹽也存在技術問題。

鹽具有食品保鮮作用。鹽能保持食物中的水份，遏制或減緩氧化反應和酶促反應，這些作用都有利於食品保鮮。除食鹽外，其他一些含鈉化合物也常用於食品保鮮。有些含鈉保鮮劑還能抑制食品中的有害化學反應，如脂質氧化反應和黃變反應，從而發揮食物保鮮作用。

發酵是保存食物的一種常用方法。發酵不僅可使生鮮食材轉化為美食，發酵過程中刻意催生的特殊微生物及其產物，能使發酵食品比新鮮食品保存更長時間。在泡菜、酸菜、芝士、酸奶、香腸等發酵過程中，乳酸桿菌大量繁殖並產生高濃度酸性物質；醪糟、饅頭、麵包等在發酵過程中，酵母菌大量繁殖並產生酒精和酸性物質，這些發酵產物都能延長食品保存時間。適宜濃度的鹽能促進發酵微生物（往往是耐鹽菌）生長繁殖，抑制有害微生物生長繁殖。在泡菜發酵過程中，鹽能促進水份和糖份析出，釋出的水份可填充食品內的潛在空隙，降低食品氧含量，有利於厭氧乳酸菌生長，進一步促進發酵。但過量鹽會抑制發酵菌生長，因此，在發酵過程中，控鹽是技術成功的關鍵。

食品中的鹽具有多重作用，尤其在保障食品安全方面發揮着關鍵作用，在開展限鹽活動時，不宜簡單粗暴地強令企業降低食品含鹽量，而應對相關問題進行深入研究，投入資金展開技術革新，通過試點逐漸降低食品含鹽量，在降鹽的同時確保食品安全。

不一樣的鹽

在日常生活中，鹽一般指食用鹽，簡稱食鹽，其化學成份是氯化鈉，是最常用的調味品。在化學中，鹽是指金屬離子和酸根離子組成的化合物，這類化合物很多對人體都有毒。區別鹽的這兩種概念很有必要，家庭、餐館或食堂將工業鹽（亞硝酸鈉）誤作食鹽，導致中毒甚至死亡的事件時有發生。

食用鹽的分類

2016 年 9 月 22 日開始實施的《食品安全國家標準—食用鹽》（GB2721-2015）規定，食鹽中氯化鈉含量應 ≥ 97.0 克 /100 克；鋇含量應 ≤15 毫克 / 公斤。可見，食鹽中除了氯化鈉外，還含有小量雜質。中國食用鹽標準參考了國際食品法典委員會（Codex Alimentarius Commission）《食用鹽法典標準》（CODEX STAN 150-1985），對食用鹽雜質和添加劑含量進行了嚴格限制。

古代鹽的分類

古代食鹽種類繁多，有時依據來源或產地進行分類，有時依據顏色或形態進行分類。《天工開物》是一部百科全書式科學巨著，記載了明中期前中國各種科學技術，作者是明清之際學者宋應星。《天工開物》中詳細描述了鹽的類別。

凡鹽產最不一，海、池、井、土、崖、砂石，略分六種，而東夷樹葉，西戎光明不與焉。赤縣之內，海鹵居十之八，而其二為井、池、土。或假人力，或由天造。總之，一經舟車窮窘，則造物應付出焉。

鹽的來源大不相同，大致可分海鹽、池鹽、井鹽、土鹽、崖鹽和砂石鹽六種，這還不包括東部少數民族吃的樹葉鹽，西部少數民族吃的光明鹽。在神州大地上，人們所吃的鹽有 8/10 為海鹽，其餘 2/10 為井鹽、池鹽和土鹼鹽。

有些鹽是人工製造的，有些鹽是天然生成的。總之，凡是車船無法通達的地方，一定能通過其他方法獲得鹽。

李時珍將鹽分為大鹽、食鹽、戎鹽和光明鹽四大類。大鹽主要產於河東解池，因鹽粒粗大而得名。食鹽是指日常海鹽和井鹽。戎鹽產於西北鹽礦（胡鹽山）及鹽湖（烏池和白池），因最初由胡人和羌人開採，因此也稱胡鹽或羌鹽，其中花馬池（唐宋時稱烏池，在今寧夏鹽池縣境內）所產鹽色澤烏青，稱為青鹽。光明鹽為大塊晶體，因外觀晶瑩剔透而得名光明鹽。光明鹽有山產和水產兩種，山產者為崖鹽，水產者出自西域各湖泊。

李時珍認為，各類鹽的藥用功效相當，但是，「凡鹽，人多以礬、硝、灰、石之類雜之。入藥須以水化，澄去腳滓，煎煉白色，乃良」。鹽中有人為摻雜的明礬、硝石、灰土、砂石等物質。因此，鹽入藥時要先化入水中，澄去沉渣，煎煉為白色，這樣才能發揮良好藥效。從這段記述可看出，古代食鹽含雜質較多，以致影響到藥用效果。李時珍認為，鹽中雜質是人為添加。但根據考古研究，由於當時製鹽技術粗糙，大部份雜質是鹵水本身所含，或煎煉過程中加入的其他成份殘留在成品鹽中，而非營銷者刻意添加，私鹽含雜質更高。

原鹽與精鹽

原鹽（crude salt）有時也稱工業鹽，是指初級曬製的海鹽或湖鹽，或直接開採出來未經提純的礦鹽。海水中含量最多的離子是鈉離子和氯離子，水份蒸發後就形成氯化鈉（鹽）；但海水中還含有鉀、鈣、鎂、鋰、銣、鍶等陽離子，含有溴、氟、碳酸根、硫酸根等陰離子。這些離子在海水蒸發後，會形成文石、石膏、瀉利鹽、鉀石鹽、光鹵石、水氯鎂石等成份。因此，原鹽中氯化鈉含量一般低於 94%，遠達不到現行食用鹽國家標準。原鹽中還含有鋇、鉛、砷、鎘、汞等對人體有害的成份，食鹽精製就是為了去除雜質，使有害成份降低到人體可耐受水平。因此，食用原鹽無疑會危及健康。醃製食品使用原鹽還會衍生出其他有害成份。《中華人民共和國鹽業管理條例》（GKYWJ-2015-0042）明文規定，禁止在食鹽市場銷售原鹽、加工鹽、土鹽、硝鹽和工業廢鹽。企業或個人在食品加工過程中使用原鹽代替食鹽者，應依《生產銷售有毒有害食品罪》追究刑事責任。

精製鹽簡稱精鹽（refined salt），是將原鹽溶入水中，採用真空蒸發、熱壓蒸發和洗滌乾燥等工藝，再次結晶析出的鹽。相對於原鹽，精鹽雜質含量明顯減少，氯化鈉含量可提高到 99% 以上。為了滿足純度標準，除少數特製原鹽（如雪花鹽）和礦鹽，絕大部份食鹽都是經二次提純精製而成。

粗鹽與細鹽

根據顆粒大小，鹽可分為粗鹽和細鹽。粗鹽顆粒較大，又稱大粒鹽。消費者應特別留意，一些粗鹽或大粒鹽並不是食品級鹽，可能含有鉛、砷、鎘、鋇等有害成份，氯化鈉含量也達不到 97%，因此，不能用於烹調，也不能用於食品醃製。但也有部份特製大粒鹽能達到食用鹽標準，如歐美人喜歡的猶太鹽（kosher salt）就是一種大粒鹽。

猶太鹽的名稱源於其在清潔肉食中的突出作用。根據猶太教律法，肉食在烹製前必須充份去除血液。猶太鹽為扁平而不規則片狀晶體，將其塗抹在肉塊表面能充份吸附並去除鮮肉中的血液。由於鹽粒粗大而不規則，猶太鹽撒在餅乾表面不易脫落，也不會快速融化。進食時，餅乾表面的鹽粒首先接觸舌尖上的味蕾，可增強味覺效應。

中國西北出產的湖鹽因顆粒粗大、色澤烏青而稱大青鹽。大青鹽在歷史上曾發揮過重要作用。北宋年間，西夏仰仗大青鹽貿易使國力大振，一度威脅宋帝國邊防。自宋以降，大青鹽在北方銷量大增，直到 20 世紀七八十年代仍見於市場。以前，當地居民直接從鹽湖採撈原鹽，用湖水簡單清洗、曬乾粉碎即為大青鹽。因此，大青鹽是原生態鹽（原鹽），含有較多雜質。隨着中國食鹽衛生標準的提高，大青鹽退出了食鹽市場。近年來，鹽業公司採用真空蒸發工藝對大青鹽進行二次提純和精製，重新將大青鹽推向市場。但經過溶解、過濾、沉澱、再結晶、脫水等加工處理，鹽的顏色更潔白，顆粒更細小，單從外觀上已很難認出「大青鹽」了。

顆粒細小的鹽通稱細鹽。由於具有良好流動性，餐桌鹽一般會採用細鹽。將細鹽裝入帶孔鹽瓶，擺放在餐桌上，就是西方人所謂的餐桌鹽。使用時倒置鹽瓶，鹽粒就會流暢地噴撒在食物上。為了防止板結，餐桌鹽中需加入抗結劑。常用抗結劑包括亞鐵氰化鉀（鈉）、碳酸鈣（鎂）、硬脂酸鹽等。

亞鐵氰化鉀（potassium ferrocyanide）也稱黃血鹽，在國際上被廣泛用作食鹽抗結劑。根據《食品添加劑使用標準》（GB2760-2014），在食鹽中使用亞鐵氰化鉀不應超過 10 毫克 / 公斤，同時應在包裝上標識「亞鐵氰化鉀」或「抗結劑」。亞鐵氰化鉀在日常烹飪時不會轉變為氰化鉀。小劑量亞鐵氰化鉀是無毒的，在小鼠的致死劑量高達 6,400 毫克 / 公斤。

海鹽與礦鹽

根據來源，鹽可分為海鹽（sea salt）和礦鹽（halite）。海鹽產自海水蒸發，礦鹽採自地下鹽礦。海鹽顆粒有大有小，是各種食用鹽的主要來源。海鹽依據生產工藝分為蒸發鹽、洗滌鹽和日曬鹽。蒸發鹽是採用真空蒸發或熱壓縮蒸發等工藝生產的食鹽；洗滌鹽是將原鹽粉碎，洗滌並乾燥後獲得的鹽；日曬鹽是通過日曬蒸發獲得的鹽，傳統雪花鹽就是一種典型日曬鹽。

礦鹽一般從地下鹽礦開採，有時也稱岩鹽、石鹽或崖鹽。世界上有七十多個國家開採礦鹽，其中礦鹽產量較大的國家有美國、加拿大、巴基斯坦等。波蘭的維利奇卡鹽礦（Wieliczka）和博赫尼亞鹽礦（Bochnia）均有超過八百年的開採歷史。礦鹽形成的主要機制是，古代淺灘海水蒸發留下鹽層，後因地殼運動被埋入地下，在億萬年高溫高壓作用下形成了特殊鹽結晶，其間，周圍環境中的成份會溶入或滲入礦鹽。由此可見，礦鹽的最初來源也是海鹽。有些礦鹽晶瑩剔透，宛若水晶，這就是古人所說的光明鹽。礦鹽中含有各種金屬元素，使其呈現不同顏色。

不管是光明鹽還是彩色鹽，絕大部份礦鹽都含有害的雜質，達不到現行食鹽衛生標準。歐美國家大量開採礦鹽，主要用於除雪（deice）和化工業，有時也用於傳統手搖式冰淇淋機的溫度控制（請注意：這些彩色鹽並未加入冰淇淋中）。近幾年來，有營銷商將各色礦鹽以保健品名義引入國內，這些礦鹽一般僅限於鹽浴、按摩、熱敷等用途，應嚴禁食用，除非明確標註為食品級用鹽。在網絡上經常見到不法商販將非食用礦鹽推薦給消費者，以天然、無污染、無添加、微量元素含量豐富等誘惑性描述，刻意誤導消費者購買並食用這些礦鹽。管理部門應加大對這種違法行為的查處力度。

喜馬拉雅鹽是一種典型礦鹽，因採自喜馬拉雅山南麓而得名。巴基斯坦旁遮普省（Punjab）境內的凱沃拉鹽礦（Khewra Salt Mine）也稱梅奧鹽礦（Mayo Salt Mine），是喜馬拉雅鹽的主產地。凱沃拉鹽礦延綿 300 公里，年產礦鹽 35 萬噸，是全球第二大鹽礦。凱沃拉鹽礦開採歷史悠久，發現者是馬其頓帝國的亞歷山大大帝（Alexander the Great，前 356- 前 323）。公元前 326 年，亞歷山大發起印度戰役，在攻克傑赫勒姆（Jhelum）後發現了鹽礦。有意思的是，發現這個大鹽礦的並非亞歷山大本人，也不是他的將士，而是他們的戰馬。將士們在行軍途中發現，戰馬喜歡舔舐路邊的石頭，而且很多病得奄奄一息的戰馬在舔舐石頭後居然康復了。經分析後發現，這些石頭其實是純度很高的礦鹽。

喜馬拉雅鹽純度可高達 95%-98%，個別高品質礦鹽氯化鈉含量甚至超過 99%。因雜質含量低，精選喜馬拉雅鹽成為行銷世界的食品級礦鹽。因含有多種金屬元素，喜馬拉雅鹽可呈現無色、白色、淡紅色、粉紅色、深紅色。其中，色彩淡紅或粉紅的礦鹽被稱為玫瑰鹽。

玫瑰鹽之所以呈現粉紅色，是因為含有鐵和銅等金屬元素。除氯化鈉外，玫瑰鹽含 2%-5% 的其他成份，如雜鹵石［polyhalite, $K_2MgCa_2(SO_4)_4 \cdot 2H_2O$］、氟、碘和多種微量元素。食品級玫瑰鹽在西方主要用於餐桌鹽。基於美麗的色彩和多種微量元素，商家聲稱玫瑰鹽具有特殊營養價值，但經分析，這些所謂的功效根本沒有科學依據。目前，中國已開放了食鹽市場，將有更多礦鹽被引入國內。消費者應特別留意，在向食品中添加礦鹽時，一定要確保這些鹽是食品級的。非食品級礦鹽有害成份含量高，只能用於融雪、洗浴、洗滌、燈具、按摩等。有些礦鹽看似晶瑩剔透，色彩誘人，其實對人體是有害的。

中國四川等地開採的井鹽也是一種礦鹽。礦鹽經地下水或人工注水溶解形成鹵水，由豎井被提取到地面，經煎煉蒸發就形成了井鹽。在古代，井鹽生產主要依靠溶解和蒸發，這些簡單工藝很難完全去除其中雜質，因此，古法生產的井鹽往往品質低劣。民國初年開始有化學分析後，發現井鹽氯化鈉含量只有 80% 左右，其餘成份為硫酸鈣、氯化鈣、氯化鎂、氯化鉀、氯化鋇等。

粗製井鹽一個致命成份就是氯化鋇。1941 年，在川南多個地區爆發流行性「軟病」，導致多人死亡，引起群體性恐慌。當時因抗日戰爭內遷的同濟大學對該病進行調查，發現罪魁禍首竟是井鹽中的氯化鋇，樂山五通橋地區生產的井鹽中鋇含量高達 1.06%。鋇中毒可引起低鉀血症，出現肌張力下降、進行性肌麻痹，最後完全癱瘓，中毒者常因呼吸麻痹和惡性心律失常而死亡。同濟大學隨即上書當時鹽政機關，建議採用鹵水製鹽時必須除鋇。在五通橋鹽井開展試驗的基礎上，1942 年冬開始推廣井鹽除鋇技術。1943 年 4 月 13 日頒行的《檢查食鹽規劃》，首次提出食鹽中鋇含量不得超過 5‱。現在，國家制定了更加嚴格的食鹽衛生質量標準。目前《食品安全國家標準—食用鹽》（GB/T5461-2016）規定，食鹽中氯化鈉含量不得低於 97%，鋇含量不得超過百萬分之十五（≤15 毫克 / 公斤）。隨着真空蒸發、洗滌乾燥等現代製鹽技術的應用，井鹽質量已大幅提升。

雪花鹽與顆粒鹽

雪花鹽是一種晶體顆粒特殊的鹽。雪花鹽製作流程複雜，將海水引入海灘上的蒸發坑或大平鍋，經風吹日曬，就會有鹽結晶沉澱到水底，這就是普通海鹽；同時在水面形成薄薄一層鹽結晶，將鹽晶用篩子撈起，平鋪在特製木盤內曬乾，就成為雪花鹽。雪花鹽晶體顆粒呈不規則錐狀體，因而極易吸附水汽，較高的含水量和較強的黏附性使小晶體團聚成雪花狀大晶體，因而得名雪花鹽，法語稱 fleur de sel，英語稱 flower of salt，西班牙語、葡萄牙語和加泰羅尼亞語稱 flor de sal。

在歐洲，雪花鹽的傳統產地主要在法國西北部的布列塔尼（Brittany），其中最負盛名的就是蓋朗德雪花鹽（fleur de sel de Guérande）。布列塔尼地區還出產其他海鹽，統稱凱爾特鹽（Celtic salt），這是因為該地是凱爾特人傳統聚居區。據説，只有在颳東風的日子裏，才會有雪花鹽生成。這是因為，東風來自歐洲大陸，可能更為乾燥；西風來自大西洋，可能更為潮濕，不利於海水蒸發。法國南部臨近隆河（Rhône）河口的卡馬格也盛產雪花鹽（fleur de sel de Camargue）。1955 年，法國政府在隆河河谷修建第一批核電站（馬爾庫爾核電站，Marcoule Nuclear Site）。鹽場位於核電站下游附近，卡馬格雪花鹽的聲譽因此受到影響。

雪花鹽必須由人工採收，產量很低，被認為是鹽中精華。獨特的採撈工藝可顯著降低雪花鹽的雜質，使之成為少數能達食品級標準的原鹽。另外，根據法國人的説法，雪花鹽具有淡淡的紫羅蘭香味（可能是海鮮味吧），因此，西方美食家極力推崇雪花鹽。在雪花鹽生產過程中，在海水表面形成的薄層鹽晶極易破碎消融，採收時須僱用專業女工，使用專門工具，小心翼翼地撈取，正是這些因素導致雪花鹽價格不菲。

由於雪花鹽價格高昂，世界各地鹽場開始嘗試用其他方法生產雪花鹽。例如用大型平鍋煮熬海水、鹽湖水或鹵水，當鹵水加熱到一定程度，鹽晶會沉澱到鍋底，同時會有鹽花懸浮於水面，在鹽花下沉到鍋底之前，迅速撈起尚未完全結晶的鹽花，乾燥後就形成雪花鹽。中國科研單位還開發出更加便利的生產技術，例如用控制結晶溫度和控淋時間來生產雪花鹽。這些改良工藝增加了產量，降低了價格，使雪花鹽更為普及。

在歐美國家，雪花鹽是珍貴的鹽，尤其是蓋朗德雪花鹽。普通家庭捨不得用雪花鹽烹飪和醃菜，只是在飯菜做好後小量加一點雪花鹽提味，或用於拌製涼菜或沙拉。由於複合晶體較大，而且外形不規則，相對於細鹽，雪花鹽堆積密度要小很多（堆積密度是指散粒材料或粉狀材料在自然堆積狀態下單位體積的質量，所指體積包括顆粒體積和顆粒之間空隙的體積，因此堆積密度往往小於該材料密度。食鹽的晶體密度為 2,165 公斤 / 立方米，遠大於其堆積密度）。衡量雪花鹽好壞的關鍵指標就是堆積密度。堆積密度越小，雪花鹽質量越上乘。常見雪花鹽堆積密度在 700-800 公斤 / 立方米之間，而細鹽堆積密度高達 1,400 公斤 / 立方米。因此，同樣是一小勺鹽，雪花鹽的重量（約 3 克）明顯低於細鹽（約 6 克）。當然，其產生的鹹度也會低於一小勺細鹽產生的鹹度。

雪花鹽的製作方法並非法國人首創，中國古代早就有雪花鹽的記載，當時這種鹽被稱為花鹽。成書於北魏時期的《齊民要術》記載：「造花鹽、印鹽法：五、六月中旱時，取水二斗，以鹽一斗投水中，令消盡；又以鹽投之，水鹹極，則鹽不復消融。易器淘治沙汰之，澄去垢土，瀉清汁於淨器中。鹽滓甚白，不廢常用。又一石還得八斗汁，亦無多損。好日無風塵時，日中曝令成鹽，浮即接取，便是花鹽，厚薄光澤似鐘乳。久不接取，即成印鹽，大如豆，正四方，千百相似。成印輒沉，漉取之。花、印二鹽，白如珂雪，其味又美。」從這一描述不難看出，中國古代花鹽製作與蓋朗德雪花鹽完全一樣。儘管花鹽味道鮮美，可能由於價格過高，花鹽似乎並未在古代中國廣泛使用。

除了雪花鹽，其他海鹽多為顆粒鹽，只是顆粒大小有所不同。大部份食品級鹽，因經過粉碎和洗滌，顆粒細小，色澤潔白。雪花鹽未經二次提純，含小量雜質，色澤稍灰暗。鹽的顆粒越小，其堆積密度越大。各類鹽堆積密度差異很大，若採用統一量器（如限鹽勺或限鹽罐）控制用量，結果會產生差異。在家庭使用限鹽勺和限鹽罐時，應留意鹽的種類和堆積密度。

鹽粒大小和形態會影響鹽的溶解速度。雪花鹽顆粒表面積大，溶解速度快，因此，非常適用於菜做好後的提味。將雪花鹽塗撒在食物表面，進食時會在口腔中快速溶解，產生濃郁的鹹味快感，加之傳統雪花鹽具有淡淡海鮮味，加入後會使食物異常鮮美。烹製菜餚時，一般主張晚加鹽，為了推遲鹽的溶解，減少鹽向食材內部滲入，可選用顆粒較大的鹽。

醃製鹽與調味鹽

醃製鹽是用於醃製蔬菜和肉類的鹽。中國很多地區居民喜歡自製醃菜和醃肉，在醃製蔬菜和肉類時，選擇食鹽至關重要。有些人錯誤地認為，醃製品所用鹽大部份保留在鹵水中，因此可選用品質較低的鹽。其實，醃製鹽對純度要求更高，不宜使用含雜質較高的原鹽、大粒鹽、土鹼鹽等。另外，醃製鹽最好不要添加碘、抗結劑、微量元素、維生素或其他調味品。碘劑和抗結劑會使鹵水渾濁，使醃製品色澤發黑，增加亞硝酸鹽含量。同樣，也不宜用低鈉鹽醃製蔬菜和肉製品。醃製鹽雜質含量越少越好，西方大型食品企業使用的醃製鹽氯化鈉含量往往接近 100%，這主要是因為，高純度鹽能減少醃製過程中亞硝酸鹽的生成量。製作芝士和發酵食品時，也應使用這種無添加高純度鹽。目前，中國食鹽市場上專用醃製鹽還比較少，很多居民使用碘鹽或含抗結劑的餐桌鹽作為醃製鹽，甚至使用非食品級原鹽或大粒鹽作為醃製鹽，這些做法不一定合理。

調味鹽則是加入了一種或多種調味料的鹽，常加的調味料包括味精、花椒、辣椒、孜然、茴香、芝麻、蝦粉等。國外還有將切碎烘乾的大蒜、洋葱、生薑等加入食鹽，製成草本鹽。日本將各種水果提取物加入食鹽，製成果鹽。使用調味鹽存在的一個問題就是，難以估計用了多少鹽。從限鹽角度考慮，最好將鹽和其他調味品分開使用。

竹鹽與烤鹽

竹鹽（bamboo salt, jukyeom）是源於韓國的一種特殊海鹽，相傳一千多年前由僧人在修行時發明，其後傳入民間，用於醫治各種疾病。1980 年，韓國科普作家金一勛在《宇宙與神藥》一書中描述了竹鹽製作過程：將海鹽裝入三年生竹子製成的竹筒中，兩端用黃土密封，在土窖中以松木為燃料燒製九次，鹽的顏色就會變為紫色，因此稱為紫竹鹽。

近年來，韓國商界和學界聯手，有意將傳統竹鹽包裝成不僅可醫治百病，而且還能美容健身的神藥，進而向全球推銷。據初步統計，竹鹽聲稱能治療的疾病包括：細菌感染、病毒感染、真菌感染、炎性疾病、過敏性疾病、口腔疾病、中耳疾病、咽喉疾病、消化系統疾病、心血管系統疾病、關節炎、高血壓、糖尿病、高血脂、腫瘤、化療併發症等。另外，商家還聲稱竹鹽具有美容和減肥作用。韓國學者針對竹鹽開展了大量研究，但所有研究均停留在動物實驗階段，除韓國外，其他國家鮮有學者開展類似研究。

儘管韓國商界在對外宣傳中，聲稱竹鹽包治百病，但在國內，韓國政府卻對竹鹽使用設置了嚴格限制，服用竹鹽限於每人每天 1 克以內，兒童、育齡婦女和孕婦嚴禁服用竹鹽。這些限制一方面由於竹鹽所聲稱的功效缺乏科學依據，另一方面由於竹鹽含有多種有害成份。

竹鹽中的一個潛在有害成份就是砷。燒製竹鹽的原料為粗製海鹽，本身就含有砷、鉛、鎘、鋇等成份，而封閉竹筒的黃土也含有砷。在高溫作用下，有毒成份部份揮發，但仍有部份殘留在成品竹鹽中；黃泥中有害成份在煅燒過程中也會溶入竹鹽。在燒製竹鹽時，竹筒經高溫燃燒還會產生多氯代二苯並二噁英（PCDD）和多氯代二苯並呋喃（PCDF）。PCDD 和 PCDF 統稱二噁英（dioxins），屬於劇毒物質，會引起生殖和發育異常，損害免疫系統，干擾正常激素分泌，並增加癌症風險。韓國學者也曾報道，有年輕女性為了美容大量食用竹鹽，結果引起致命性高鈉血症。

近年來，經銷商以保健鹽的名目將竹鹽引入中國。應該強調的是，傳統竹鹽不能用作食鹽。以保健名義進口的竹鹽僅限於鹽浴、按摩、熱敷、刷牙等用途。若要口服竹鹽，應嚴格控制劑量，兒童和青年女性應禁止服用竹鹽。部份經銷者沿襲韓國商界的不實宣傳，聲稱竹鹽可防治各種疾病。鹽（氯化鈉）是非常穩定的化合物，即使煅燒千遍，其化學組分和物理特性也不會有任何改變。廣大消費者只要了解竹鹽的來龍去脈，就能避免被這些誇大之詞所誤導。

烤鹽（roasted salt）是最近幾年從韓國引入的另一種海鹽。有關這種鹽的製作方法和成份信息非常有限。根據包裝上的介紹，烤鹽是原鹽經高溫烤製而成，目的是去除其中雜質，其間還會加入小量其他調味料。這種鹽能否達到食用鹽衛生標準，也值得高度懷疑。

五彩鹽與黑鹽

五彩鹽（colored salt）是將食用色素加入鹽中，使其呈現不同顏色，這些色素不會影響食物味道，但能豐富食物顏色。五彩鹽的另一作用是，可根據顏色深淺判斷食物中加了多少鹽，有利於控制用鹽量。

黑鹽（black lava salt）是將活性炭加入鹽中，使鹽呈現閃亮黑色。黑鹽主要用於食品裝飾。另外一種黑鹽（black salt，烏爾都語稱為 kala namak）是產自尼泊爾的礦鹽，這種礦鹽因含硫化鐵而呈紅黑色。較高的硫含量使黑鹽具有獨特香味，類似炒雞蛋味道。黑鹽是尼泊爾、孟加拉、印度等南亞居民喜愛的調味鹽。

最新的國家標準為食鹽制定了嚴格衛生標準，氯化鈉純度和各種雜質含量都必須達標。在購買食鹽時，首先要確保所選鹽是食品級的。目前，中國已停止將食鹽作為各種微量元素和維生素的添加載體，這就是説，除了鉀、碘和抗結劑，禁止向食鹽中添加任何其他物質。因此，食鹽中除碘、氯化鉀和抗結劑外，其他天然或人工添加的成份，包括商家聲稱的微量元素和礦物質，一律應視為雜質。

強化鹽

強化鹽是以食鹽為載體，加入微量元素、維生素、氨基酸等營養素。適合以食鹽為載體進行強化的營養素應具備一定條件：需補充的量不大；與鹽混合後不發生反應；鹽不降低該營養素效能；較長時間存放不變質；不影響鹽的外觀和口味；具有較大安全劑量範圍；目標人群廣泛缺乏該營養素。人體必需的微量元素有 14 種：硼、矽、礬、鉻、錳、鐵、鈷、鎳、銅、鋅、砷、硒、鉬、碘。其中碘、鐵、鋅、硒最易缺乏，是食鹽強化的主要對象。氟並非人體必需元素，但適量氟有利於骨骼和牙齒健康，也常作為強化對象加入食鹽。

加碘鹽

碘（iodine, I）是人體必需的微量元素，碘在體內主要參與合成甲狀腺素。人體中的碘有 95% 來源於飲食，有 5% 來源於空氣（經呼吸吸收）。碘缺乏病是指因碘攝入不足所導致的各種疾病。地方性甲狀腺腫是最常見的碘缺乏病，克汀病（呆小病）是最嚴重的碘缺乏病。孕婦缺碘會導致胎兒流產、早產、死產、先天畸形、智能障礙等。嬰幼兒缺碘會影響智力和身體發育，即使輕度缺碘也會影響學習能力，碘缺乏是導致人類智力流失的最主要飲食因素。各年齡段缺碘都會引起甲狀腺功能低下，導致黏液性水腫並損害心臟。另外，缺碘還會使甲狀腺對射線更敏感，增加核污染時患甲狀腺癌的風險。

加碘鹽也稱碘鹽或碘化鹽，是為了防止碘缺乏病而在食鹽中加入碘劑。中國食鹽碘化採用碘酸鉀，美國等少數國家食鹽碘化採用碘化鉀。碘酸鉀比碘化鉀穩定，在高溫烹飪時不易揮發，更適合中國國情。美國碘鹽主要用於餐桌鹽，很少用於烹飪，因此食鹽碘化採用碘化鉀。

加硒鹽

硒（selenium, Se）是人體必需的微量元素，飲食是體內硒的唯一來源。硒的主要生理作用包括，參與合成和分解甲狀腺素、輔助清除自由基和脂質過氧化物。含有硒半胱氨酸或硒甲硫氨酸的蛋白質統稱硒蛋白，硒蛋白缺乏會導致精子數量減少及質量下降，引起男性不育。硒蛋白能結合進入人體的汞、鉛、錫、鉈等重金屬，形成金屬硒蛋白複合物，從而發揮解毒和排毒作用。嚴重缺硒可誘發心肌病、大骨節病和克山病。針對硒與癌症之間的關係，國際學術界曾經歷一個曲折的認識過程。1940 至 1960 年，研究發現硒是一種潛在致癌物，攝入過量硒會導致多種腫瘤。1960 至 2000 年，研究提示硒可預防癌症。2000 年以後，學術界又恢復了補硒可能有害的觀點，這是因為更大規模的研究並未發現硒的防癌作用，反而增加糖尿病風險。

根據中國營養學會制定的微量元素推薦攝入量（RNI），18 歲以上成人每天應攝入硒 60 微克，最高限量為 400 微克。2012 年中國居民營養與健康狀況調查發現，城鄉居民平均每天攝入硒 44.6 微克，其中城市居民 47.0 微克，農村居民 42.2 微克。總體而言，中國居民硒營養處於輕度缺乏狀態。中國曾於 20 世紀 90 年代推行加硒鹽。加硒鹽的一個缺點是，由於少有居民了解自己日常飲食中硒的水平，因此很難確定哪些人需要補硒，以及合理的補硒劑量。中國東南和西北地區均屬富硒地帶，居民飲食中硒含量本已很高，大範圍無差異補硒可能會導致硒過量，增加糖尿病等疾病風險。2012 年修訂的《食品營養強化劑使用標準》（GB 14880-2012）停止了將鹽作為營養強化劑的載體，自 2013 年起中國全面停止生產和銷售加硒鹽，但仍然允許在麵粉、大米、米麵製品和乳製品中加硒。

加鋅鹽

鋅（zinc, Zn）是人體必需的微量元素，在人體中參與一百多種酶的組成，因此作用廣泛。鋅指蛋白是結合了二價鋅，可折疊形成「手指」狀的蛋白質。作為一種轉錄因子，鋅指蛋白在基因表達、細胞分化、胚胎發育等方面發揮着重要作用。成人體內大約有 2-4 克鋅，主要分佈於腦、肌肉、骨骼、腎臟、肝臟和前列腺等組織。鋅可調節神經興奮性，影響神經元突觸可塑性，因此在學習和記憶中發揮着重要作用。另一方面，過量鋅可誘導線粒體氧化應激，產生神經毒性。鋅作用的兩重性説明，將體內鋅維持在合理水平才是關鍵所在。

中國營養學會推薦，成年男性每天攝入鋅 12.5 毫克，成年女性每天攝入鋅 7.5 毫克。飲食正常的人一般不會缺鋅。食品加工會使鋅大量流失，因此，長期以加工食品為主食的人容易出現鋅缺乏。中國曾於 20 世紀 90 年代推行加鋅鹽。鋅的安全劑量範圍相對較高，開展人群廣泛補鋅一般不會引起不良反應。隨着《食品營養強化劑使用標準》（GB 14880-2012）的實施，加鋅鹽已停止生產和銷售。農產品的鋅含量與土壤鋅含量有關，中國約有 1/3 耕地位於低鋅地帶。在低鋅土地上種植莊稼，施用適量鋅肥不僅能增強作物抗病力，增加產量，而且可提高農產品鋅含量，有利於消費者健康。因此，西方大型農場會根據土壤化學制定配方肥料。

加鐵鹽

鐵（ferrum, Fe）是人體必需的一種微量元素。成人體內有 4-5 克鐵，主要分佈於血液和肌肉。鐵能轉運電子，在亞鐵狀態（二價鐵）下可釋放出電子，在正鐵狀態（三價鐵）下可接受電子。鐵在人體內參與多種氧化還原反應和物質運輸。食物中的鐵主要在十二指腸吸收，鐵的吸收率在 5%-35% 之間。鐵的吸收受腸道酸鹼度、離子狀態（二價鐵還是三價鐵）、來源及體內鐵豐缺度等因素影響。人體鐵流失主要是因胃腸出血、皮膚和黏膜細胞脱落等。健康成年男性每天流失鐵約 1 毫克，月經正常的女性平均每天流失鐵約 2 毫克。缺鐵導致的最常見疾病是貧血。嚴重缺鐵還可影響兒童身體和智力發育，降低免疫力，因此必須積極防治。

缺鐵性貧血、碘缺乏病和維生素 A 缺乏曾被世界衛生組織（WHO）與聯合國兒童基金會（UNICEF）列為重點防治、限期消除的三大營養不良性疾病。20 世紀 90 年代，中國曾推出加鐵鹽，隨着《食品營養強化劑使用標準》（GB 14880-2012）的實施，加鐵鹽已完全退出市場。《食品營養強化劑使用標準》允許通過麵粉、大米、米麵製品、奶粉、豆製品、醬油、飲料和果凍等載體添加鐵。對於普通健康人，維持均衡而多元化的飲食，一般不會出現缺鐵。缺鐵的人很容易通過血液檢查而診斷。對於嚴重缺鐵的人，應在醫生指導下調整飲食結構，必要時服用鐵劑。

加鈣鹽

鈣（calcium, Ca）是人體必需的宏量元素。鈣缺乏可引起骨質疏鬆症等疾病，中國人因奶製品消費少，缺鈣比例較高。人體對鈣的需求量較大（1000 毫克），不同人需要補鈣的劑量差異較大，鈣劑還可能與食鹽中的成份發生反應，因此，以鹽為載體補鈣並非理想方法。除中國外，世界上鮮有國家以鹽為載體實施鈣強化。隨着新修訂《食品營養強化劑使用標準》（GB 14880-2012）的實施，加鈣鹽退出了中國食鹽市場。

加氟鹽

氟（fluorine, F）是一種非金屬化學元素，是鹵族元素之一。按照美國醫學研究所（IOM）的標準，氟並非人體必需元素，但適量氟有利於骨骼和牙齒健康，因此也可作為食鹽強化對象。適量氟可預防齲齒，強化骨骼，但過量氟會導致中毒或引發慢性疾病。長期攝入過量氟會引起氟斑牙和氟骨症。氟斑牙表現為牙面失去光澤，牙斑形成，牙齒變黃變黑，牙齒脱落斷裂等。氟骨症表現為疼痛、骨骼變形、骨質疏鬆、骨疣形成、容易骨折等。氟攝入過量還會損害神經系統，影響兒童智力發育，導致甲狀腺腫等疾病。

食鹽氟化常採用氟化鈉等化合物，劑量一般在 100-250 毫克 / 公斤（100-250ppm）。加氟鹽僅限於飲用水含氟低的地區，若飲用水含氟超過 0.5 毫克 / 升，就不應食用加氟鹽；飲用水含氟超過 0.7 毫克 / 升的地區，應嚴禁銷售加氟鹽。中國不同地區飲用水含氟量差異很大，加之飲用水來源多樣，這使得在大範圍推行加氟鹽存在潛在公共衛生風險。隨着新版《食品營養強化劑使用標準》（GB 14880-2012）的實施，加氟鹽退出了中國食鹽市場。

核黃素鹽

核黃素（riboflavin）也稱維生素B2，是一種水溶性維生素。核黃素、磷酸和蛋白質共同組成黃素酶（脫氫酶），參與糖、脂肪和氨基酸代謝。作為一種有機物質，維生素 B2 並不適合添加到食鹽中，因為長期放置可能會使其變質失效。

維生素 B2 缺乏的常見症狀有陰囊炎、脂溢性皮炎、結膜炎、黏膜潰瘍、口角糜爛等。富含維生素 B2 的食物包括奶、禽蛋、綠葉蔬菜、動物內臟、豆類、蘑菇和堅果等。在經濟發達地區，飲食正常的人極少缺乏維生素 B2；但在流浪者、乞丐和難民中，維生素 B2 缺乏的發生率可高達 50%，這些人才是補充維生素 B2 的適宜對象。

亞鐵氰化鉀

食鹽、麵粉、咖啡、糖等粉狀食品長期放置後容易板結。板結的原因在於，吸收空氣中的水蒸氣後，食品顆粒之間相互聯結，最終形成塊狀結構。發生板結的粉狀食品失去流動性，與空氣接觸的面積降低，容易發生變質。抗結劑（anti-caking agents）可包裹在食品顆粒表面，改變顆粒的結構，或本身可吸收水蒸氣，因此能防止食品板結。

在現代家庭，食鹽一般裝在帶孔小瓶或帶蓋小罐中。鹽一旦發生板結，就很難從小瓶或小罐中傾倒出來。正是在抗結劑發明之後，餐桌鹽瓶才有了用武之地。另外，食鹽板結後，不容易分裝和抓取，也無法將鹽均勻撒佈在食物上。食鹽板結還影響加碘效果。

古代由於製鹽技術粗糙，食鹽中雜質較多。除了氯化鈉，粗鹽中還含有一定量碳酸鈣、碳酸鎂等成份，而碳酸鈣和碳酸鎂可發揮抗板結作用。另外，粗製鹽粒呈不規則形，顆粒間不易聯結，因此古代食鹽反而不易板結。現代食鹽精製技術建立後，食鹽中氯化鈉的含量接近 100%，雜質明顯減少，鹽粒呈規則的正方體形，食鹽板結就成為一個突出問題。

1911 年，美國鹽業巨頭莫頓公司（Morton）首創食鹽抗結劑。在食鹽中加入小量碳酸鎂，能使鹽粒保持良好的流動性，便於包裝、運輸和使用。莫頓鹽的經典廣告詞就是「When it rains, it pours（雨天也流暢）」。在莫頓公司的經典商標上，一個漂亮的小姑娘右手握傘，左手抱着一罐莫頓鹽，天上下着瓢潑大雨，因無法兼顧雨傘和鹽罐，雨傘滑落得很低，鹽罐也橫抱在懷裏，鹽粒像小瀑布一樣在她身後傾瀉下來（圖 8）。這一場景暗示，莫頓鹽即使在潮濕環境下也不板結，能像水一樣流動。莫頓女孩位列美國十大著名商標，引入抗結劑曾使莫頓鹽長期暢銷。

繼碳酸鎂之後，磷酸鈣、矽酸鈣、矽酸鎂、矽酸鋁鈣、矽酸鋁鈉、硬脂酸鈣、硬脂酸鎂、丙二醇、二氧化矽、檸檬酸鐵銨、酒石酸鐵、亞鐵氰化鉀、亞鐵氰化鈉等幾十種化合物被用於食鹽抗結劑。其中，亞鐵氰化鉀因抗結效果好、安全性高、價格低廉、性質穩定、不影響口味，而被世界各國廣泛用作食鹽抗結劑。亞鐵氰化鉀可將鹽粒由正方體狀結晶轉變為星狀結晶或樹枝狀結晶，而後兩種結晶都不易板結。

圖 8 莫頓鹽的經典商標

中國《食品安全國家標準—食用鹽》（GB 2721-2015）規定，可添加到食鹽中的抗結劑有五種：二氧化矽、矽酸鈣、檸檬酸鐵銨、酒石酸鐵和亞鐵氰化鉀（鈉），食鹽中添加亞鐵氰化鉀（以亞鐵氰根計）不得超過 10 毫克 / 公斤（10ppm）。美國《聯邦管理法》（*Code of Federal Regulations*, 21CFR172）規定，黃血鹽（亞鐵氰化鉀）可作為抗結劑添加到食鹽中，食鹽中添加黃血鹽不得超過 13 毫克 / 公斤（13ppm）。歐盟委員會法律（EC Regulation No 1333/2008）規定，亞鐵氰化鈉（E535）、亞鐵氰化鉀（E536）、亞鐵氰化鈣（E538）可作為食品添加劑加入食鹽或替代鹽中，食鹽中添加亞鐵氰化鉀不得超過 20 毫克 / 公斤（20ppm）。日本《食品衛生法》第 10 條規定，亞鐵氰化鹽可用於食鹽抗結劑，食鹽中添加亞鐵氰化鹽不得超過 20 毫克 / 公斤（20ppm）。

迪佩爾（Johann Conrad Dippel）是 18 世紀德國著名哲學家和煉金術師。他的主要研究興趣是從動物骨頭和血液中提取骨焦油，夢想能找到傳說中的長生不老藥，有人認為他就是瑪麗．雪萊小說《科學怪人》的原型。1706 年，迪佩爾和他的學徒迪斯巴赫（Johann Jacob Diesbach）發現，用血液、碳酸鉀和硫酸鐵反應，會產生一種藍色染料，這種染料也稱普魯士藍（柏林藍）。後來的研究發現，普魯士藍的化學成份為亞鐵氰化鐵。因來源於血液，其中間產物亞鐵氰化鉀被稱為黃血鹽（yellow prussiate of soda）。

亞鐵氰化鉀（potassium ferrocyanide）是一種淺黃色結晶或粉末，無臭，略帶鹹味，易溶於水。在現代，亞鐵氰化鉀由氫氰酸、氯化亞鐵、氫氧化鈣和碳酸鉀等經多重反應生成。常溫下，亞鐵氰化鉀性質相當穩定。高溫下，亞鐵氰化鉀可分解生成氰化鉀。由於氰化鉀是一種劇毒物質，添加到食鹽中的亞鐵氰化鉀是否安全，曾引起部份消費者擔憂。

亞鐵氰化鉀確實可分解為氰化鉀。20 世紀以前，生產氰化鉀的主要方法就是高溫分解亞鐵氰化鉀。將乾燥的亞鐵氰化鉀密封於陶瓷坩堝中煆燒，經過一段時間就會有氮氣釋放出來，這時也就產生了氰化鉀。其反應方程式為：

$$K_4[Fe(CN)_6] \longrightarrow 4KCN + N_2 + FeC_2$$

這一反應發生的條件是高溫高壓，只有在 650℃左右時才產生氰化鉀。溫度過高或過低，都會改變反應方向。而且應使用高純度亞鐵氰化鉀，加入其他雜質都會阻礙反應進行。

那麼，食鹽中的亞鐵氰化鉀會不會轉變為氰化鉀呢？首先，在常規烹飪條件下，鹽是添加到食物中的，食物中含有水和碳水化合物，所以在烹飪過程中亞鐵氰化鉀不可能被加熱到 650℃的高溫。其次，即使在極端條件下，如個別人可能會爆炒食鹽、密封加熱食鹽或過度加熱食物直到碳化，這時溫度可能一過性升高到 650℃。但反應體系中存在着大量其他物質（氯化鈉、食物成份），微量亞鐵氰化鉀（10ppm）根本無法產生毒性劑量的氰化鉀。最後，食品中所用亞鐵氰化鉀為水合物，亞鐵氰化鉀要發生分解必須先去水合，這等於又增加了一道防線。

經系統檢索，目前全球報道的亞鐵氰化鉀中毒共涉及 4 人。這些人都是直接服用亞鐵氰化鉀，其中 3 人症狀輕微，一人在服用大量亞鐵氰化鉀後死亡。死亡病例於 2008 年 9 月 30 日發生在法國里昂。一位 56 歲的退休藥劑師在家嘗試釀酒，（可能因失誤）飲用了 2 杯亞鐵氰化鉀溶液。在出現嘔吐後他迅即報警求救（西方國家急救、火災和報警使用同一電話號碼）。在向接線員陳述事件經過時，患者出現了四肢癱軟和昏迷。1 小時後急救人員抵達現場，發現患者心跳和呼吸已經停止，經 10 分鐘心肺復甦後心跳和呼吸恢復。患者入院後開展的檢查發現，血液中氰化物濃度為 0.7 毫克 / 升（正常值為 <0.1 毫克 / 升），但明顯低於最小致死劑量 2.5 毫克 / 升。心電圖檢查提示高鉀血症，化驗發現血鉀為 6.5 毫摩爾 / 升（血鉀超過 5.5 毫摩爾 / 升時可診斷為高鉀血症），血液乳酸濃度也升高。經血液透析、解毒和降血鉀等治療，患者昏迷程度不斷加深，終於 4 天後死亡。事發時患者身旁擺放着玻璃容器，經檢測其殘留物為亞鐵氰化鉀。

該例中毒事件發生後，里昂當地的中毒和藥物反應監控中心和接診醫院對患者死因進行了徹底調查和分析。最初懷疑該患者死於氰化物中毒，因為血液乳酸水平升高，這符合氰化物中毒的特徵。

亞鐵氰化鉀口服後在胃腸道的吸收率極低，約在 0.25%-0.42% 之間。即使有小量亞鐵氰化鉀被吸收入體內，在血液等組織中也無法轉變為氰化鉀。經靜脈給狗注射大量亞鐵氰化鉀後，亞鐵氰化鉀全部以原形從尿液中排出，而不會在體內轉變為氰化鉀。在體外開展的研究發現，在強酸中亞鐵氰化鉀可小量分解為氰化鉀。因此，研究者認為，服用大量亞鐵氰化鉀後，在胃和十二指腸中（酸性環境）會有小量氰化鉀生成。

研究人員給 3 名男性健康志願者每人口服 500 毫克亞鐵氰化鉀（相當於 50 公斤食鹽的添加量），發現約有 0.03 毫克 / 公斤體重的氰化鉀（以氰根離子計算）進入體內，這是最小致死劑量（0.5-3.5 毫克 / 公斤體重）的 1/100 到 1/20。服用者未出現任何不適，各項化驗檢測也正常。根據這一結果推算，一次服用 10 克以上亞鐵氰化鉀（相當於 1 噸食鹽的添加量）才可能產生危害。

里昂中毒患者估計服用了 20 克以上的亞鐵氰化鉀，患者在 1 小時後就出現了昏迷和心跳停止。據推算，20 克亞鐵氰化鉀在胃中停留 1 小時，可釋放大約 0.56 毫克氰化物，這一劑量遠達不到中毒水平（50 毫克以上）。要達到氰化物急性中毒，需要一次口服至少 1,795 克亞鐵氰化鉀（相當於 180 噸食鹽的添加量），這在現實中是不可能發生的。

患者不是氰化物中毒，死亡原因會是甚麼呢？研究者將目標指向了亞鐵氰化鉀中的另一組分——鉀。服用大量亞鐵氰化鉀後，其中的鉀會在胃腸液中分離出來，並迅速被吸收入血，引起高鉀血症。這一推測被當時的心電圖檢查和血液化驗所證實。在患者出現高血鉀後，心臟驟停，呼吸也隨之停止。雖經搶救心跳呼吸得以恢復，但腦組織因長時間缺血缺氧，發生了大範圍壞死，最後導致腦死亡。

從這一病例報道中不難發現，亞鐵氰化物本身是一種相對安全的食品添加劑。動物試驗證實，亞鐵氰化物沒有遺傳毒性，也沒有致癌性。臨床實踐表明，亞鐵氰化鹽可用作重金屬的解毒劑。美國食品藥品管理局（FDA）已批准 Radiogardase（亞鐵氰化鐵）用於驅除體內的鉈和銫。在使用亞鐵氰化鐵（普魯士藍）治療急性鉈或銫中毒時，每天用量可高達 20 克（分 4 次服用），患者並未出現氰化物中毒的情況。按照中國標準，20 克亞鐵氰化鹽相當於 2 噸食鹽的添加量。

因能與多種金屬離子發生沉澱反應，亞鐵氰化鉀可去除溶液中的鐵、銅和鉛等。因此，亞鐵氰化鉀常用於去除葡萄酒中的鐵，一些葡萄酒中含有小量亞鐵氰化鉀。大部份國家允許在酒類中使用亞鐵氰化鉀，但也有一些國家（如日本）只允許將亞鐵氰化鉀添加到食鹽中。

世界糧農組織和世界衛生組織發起的食品添加劑聯合專家委員會（JECFA），曾於 1969、1973 和 1974 年對亞鐵氰化鹽的安全性進行系統評估。在大鼠中開展的研究發現，長期攝入亞鐵氰化鉀每天劑量低於 25 毫克 / 公斤體重時，不會產生明顯毒副作用。JECFA 按照這一劑量的 1‰ 制定了人體長期攝入亞鐵氰化鉀的安全劑量，即每天不超過 0.025 毫克 / 公斤體重。1994 年，英國消費品和環境化學中毒委員會（COT）重新評估了亞鐵氰化鉀的安全性，制定了亞鐵氰化鉀長期攝入的安全劑量，即每天不超過 0.05 毫克 / 公斤體重。也就是說，體重 60 公斤的人亞鐵氰化鉀的安全劑量是，每天不超過 3 毫克，相當於 300 克鹽的添加量。

2018 年，歐洲食品安全局（EFSA）再次評估了亞鐵氰化鈉（E535）、亞鐵氰化鉀（E536）和亞鐵氰化鈣（E538）的安全性。其發佈的研究報告認為，亞鐵氰化物吸收率低，在人體中沒有蓄積效應。亞鐵氰化物沒有遺傳毒性和致癌性。專家委員會確定了每天 0.03 毫克 / 公斤體重的亞鐵氰化鈉最高安全攝入量。最終結論是，在目前法定使用水平，亞鐵氰化物不存在任何安全問題。

歐洲於 1969 年批准亞鐵氰化鉀作為食鹽添加劑，美國食品藥品管理局（FDA）於 1977 年批准亞鐵氰化鉀作為食鹽抗結劑。在此之前，亞鐵氰化鉀曾長期被添加到葡萄酒中。截至目前，大規模人群使用亞鐵氰化鉀已超過五十年，全球還沒有因吃鹽而導致亞鐵氰化鉀中毒的報道。

2002 年，日本拒絕了一批產自中國四川的醃菜，其原因是醃製過程使用了含亞鐵氰化鉀的食鹽。經媒體報道後，這一消息在民間急劇發酵。據此滋生的謠言最後演變為，「亞鐵氰化鉀有劇毒，日本等西方國家禁止添加這種抗結劑，而中國仍在使用，無疑會因此而亡國滅種」。其實，亞鐵氰化鉀作為食鹽抗結劑正是源於西方國家，而非中國發明。日本、美國和歐洲至今也沒有禁止在食鹽中添加亞鐵氰化鉀。問題的關鍵在於，用於醃製泡菜的鹽有特殊要求，原則上氯化鈉純度越高越好，不宜添加任何其他成份。醃製食鹽中添加氯化鉀、亞鐵氰化鉀、碘酸鉀、碳酸鈣、碳酸鎂等，都會改變亞硝峰出現的時間，增加醃製品中亞硝酸鹽的含量，從而帶來潛在健康危害。

在西方發達國家，同樣有人質疑食鹽中添加亞鐵氰化鉀的安全性。為此，FDA、EFSA、FSA 等機構在其網站上提供了大量相關資料，還定期發佈各種食品添加劑的安全報告。這些措施加上廣泛的科普宣傳，使個別人的懷疑不至於轉變為群體性恐慌。

2017 年，中國開放食鹽市場，延續了二千多年的食鹽專賣政策就此終結，食鹽市場的競爭隨之急劇升溫，各式各樣的鹽包括大量進口鹽出現在市場上。與此同時，網絡上有關食鹽添加亞鐵氰化鉀有毒的老話題再次被抬出來，雖經多家媒體解釋和批駁，這些聳人聽聞的謠言依然瀰漫於網絡和微信中。製造這些謠言的背後目的之一就是，改變居民的購買習慣，使他們捨棄廉價的國產鹽，轉而求購高價的所謂「無添加」進口鹽。這些謠言不僅增加市場競爭的無序性，更會使居民將注意力集中在食鹽添加劑上，而無力關注吃鹽多本身帶來的巨大健康危害。

鹽是無害物質嗎？

1935 年，德國微生物學家多馬克（Gerhard Domagk, 1895-1964）發現百浪多息（Prontosil）的抗菌作用，他用這種磺胺藥治好了因手臂感染而奄奄一息的女兒，使愛女避免了被截肢的厄運。多馬克因此項發明獲得 1939 年諾貝爾醫學獎。作為第一種強效抗菌藥物，磺胺迅速在世界各地投入生產並在臨床應用。

1937 年，美國醫藥企業馬森格爾公司（Massengill Company）研製出磺胺口服液，將之命名為磺胺酏劑（Elixir Sulfanilamide），並於同年 9 月在美國上市銷售。10 月 11 日，美國醫學會（American Medical Association, AMA）接到報告，稱多名患者在服用磺胺酏劑後死亡。美國醫學會對該藥進行檢驗後發現，磺胺酏劑所用溶劑二甘醇（diethylene glycol）是一種致命毒劑。美國食品藥品管理局（FDA）下令，在全美緊急召回磺胺酏劑。時任 FDA 局長坎貝爾（Walter Campbell）將所有 239 名監察員和藥劑師派往各地，參與磺胺酏劑召回，各大媒體也進行了警示報道。儘管政府和民間反應迅速，流入市場的磺胺酏劑最終仍造成 107 人死亡，其中大部份是兒童。

聯邦法院下令拘捕 25 名涉案人員，在案犯羈押審理期間，馬森格爾公司負責磺胺酏劑研發的藥劑師沃特金斯（Harold Watkins）自殺身亡。在法庭上，馬森格爾公司負責人塞繆爾・馬森格爾（Samual Massengill）辯稱，公司依據法律完成了該藥上市前應做的所有準備。當時美國法律規定，只要包裝上如實標示藥物成份，新藥上市前無須做任何檢測。這樣一來，導致一百多人死亡的磺胺酏劑事件竟然找不出罪名。法庭的最終判決是，對馬森格爾公司處以 26,100 美元罰款，其罪名是藥品名不副實，因為酏劑意味着該藥含有酒精，而馬森格爾公司生產的磺胺酏劑並不含酒精。這就是説，若當初將該藥命名為「磺胺口服液」，馬森格爾就無須為該事件承擔任何責任。

一位失去女兒的媽媽，給時任美國總統羅斯福（Franklin Roosevelt, 1882-1945）寫了一封長信，詳細描述了年僅 8 歲的女兒在服下酏劑後的痛苦表現，以及親眼看着愛女離世的慘痛經歷，她強烈要求總統採取行動，避免類似悲劇在人間重演。媒體將這封信公開後，這位媽媽的故事讓很多讀者為之心碎。磺胺酏劑事件在美國朝野引發的強烈震動，轉化為食藥安全法改革的巨大推力。1938 年，美國國會通過《食品、藥品和化妝品法》（Food, Drug and Cosmetic Act）。

《食品、藥品和化妝品法》首先提出，確保國民用藥和食品安全是聯邦政府的基本職能。該法案授權 FDA 制定嚴格的食品和藥品安全標準，要求新藥上市必須進行安全試驗，食品使用添加劑也必須具有安全依據。《食品、藥品和化妝品法》徹底改變了美國的食品和藥品管理體系。從此，美國 FDA 管理模式成為世界各國效仿的典範。

食品添加劑的歷史可追溯到遠古時代，甚至早於人類有文字的歷史。考古學發現，人類在農耕文明早期就曾使用鹽來保存肉食。古羅馬人曾給酒中加硫以延長保存期。在大航海時代，歐洲探險家們到世界各地尋找香料，其中一個重要目的就是為了保存食物。由於古人科學知識有限，很難對食品添加劑的安全性作出合理判斷，他們所能採用的唯一標準就是，只要食用者不在短期內毒發身亡，就認為這些添加物是安全的。

為了防止食品添加劑對人體產生長遠危害，美國國會於1958年頒佈了《食品添加劑補充法案》。該法案規定，刻意給食品中添加的物質均屬「食品添加劑」，而向食品中加入任何添加劑必須經FDA批准。批准程序是，申請者自己收集和提供證據，證明添加物在該食品使用條件下能達到安全標準。該法案也強調，食品添加劑的使用不可能確保絕對安全，而且同一添加劑在一種用途下是安全的，而在另一用途下可能是不安全的。

在執行《食品添加劑補充法案》時發現，許多符合食品添加劑標準的物質，如食醋、發酵粉和胡椒粉等都具有悠久歷史，這些添加劑作為日常食物的組分，其安全性已被民眾廣泛認可，不應再接受上市前的安全審查，審查這些物質的安全性也毫無現實意義，徒然增加管理部門的工作量。基於這一考慮，FDA提出了「一般認為安全的物質（generally recognized as safe, GRAS）」這一概念。規定凡是符合GRAS標準的食品添加劑，無須通過上市前安全審查。

被美國FDA列入GRAS目錄的物質，在作為食品添加劑使用時，必須符合基本無害的安全標準；在1958年之後新引入的食品添加劑，則需進行安全評估。FDA還為一些GRAS設定了條件，即在特定條件下使用這些添加劑，才能被認為是安全的。有些食品添加劑在一種條件下使用時是GRAS，在另一種條件下使用就不是GRAS。一種添加劑在一定劑量範圍內是GRAS，超過這一劑量範圍就不是GRAS。另外，當出現新的科學證據時，針對某些添加劑的安全性評價可能會被修正。因此，某種添加劑是否為 GRAS，可能會被隨時更新。

1958 年 12 月，FDA 首次發佈 GRAS 目錄，其中包括了食鹽在內的數百種食品添加劑。由於時間緊迫，當時制定的目錄並不全面，也沒有對所列物質進行系統評估。1969 年，FDA 成立了 GRAS 物質篩選委員會（Select Committee on GRAS Substances, SCOGS），專門對所列 GRAS 的安全性進行全面評估。SCOGS 耗時十年，最終完成了對 235 種 GRAS 物質安全性的評估，食鹽就是這些受評添加劑中的一種。

1979 年，SCOGS 向 FDA 遞交了最終安全審查報告，對所有添加劑是否符合 GRAS 標準進行了總結。SCOGS 針對食鹽安全性得出的結論是：「根據現有證據，針對氯化鈉（食鹽）目前的使用水平和使用方法，不能排除其對公眾健康會造成危害的可能。」根據這一結論，食鹽本應被移出 GRAS 目錄，但 FDA 考慮到食品加鹽的普遍性和悠久歷史，也可能考慮到 FDA 的工作量，當時並沒有這麼做。

1978 年，在 SCOGS 發佈安全報告之前，曾特別提出申請，要求 FDA 將食鹽從 GRAS 目錄中移除，並將食鹽納入添加劑管制範圍。如果這一申請獲批，就意味着給食品中加鹽時，必須通過 FDA 的安全審查。另外，這一申請還依據《營養標籤與教育法》，敦促 FDA 在高鹽食品和食鹽包裝上標示健康警告。

作為對 SCOGS 報告和申請的回應，FDA 於 1982 年發佈了專項政策通告，聲明 FDA 暫不採取行動以改變食鹽的 GRAS 狀態。出於對高鹽飲食誘發高血壓的擔憂，FDA 號召企業自覺降低食品含鹽量。另外，為了加強公眾教育，FDA 提倡擴展食品標籤上有關鈉含量的信息。FDA 進一步聲明：如果加工食品含鹽量沒有實質性降低，如果食品標籤上鈉含量信息沒有改進，

FDA 將考慮出台新法規，包括改變食鹽 GRAS 狀態。

2005 年，美國眾議院撥款委員會通過議案，要求衛生部、農業部、FDA 出台法規，以降低加工食品和餐館食品含鹽量。在該委員會遞交給 FDA 的敦促信中，還附加了其他要求：①將食鹽從 GRAS 目錄中移除；②對有關食鹽用量的法規進行修訂；③敦促企業降低加工食品含鹽量；④在食鹽包裝上標示健康警示；⑤將每日鈉推薦攝入量由 2,400 毫克降低到 1,500 毫克。作為回應，FDA 於 2007 年 11 月舉行了聽證會，並於 2008 年 8 月完成了意見採集。但由於更改食鹽 GRAS 狀態涉及的利益攸關方實在太多，到目前為止，FDA 並未採取進一步行動。

目前，針對食鹽的 GRAS 狀態有三種意見，其一是繼續維持食鹽作為 GRAS 的現狀，即對食品中使用食鹽不設置任何限制；其二是去除食鹽的 GRAS 狀態，要求凡是加鹽食品均應在上市前進行安全評估和審批；其三是在維持食鹽 GRAS 狀態的同時，設置一定限制，即規定在某些條件下或某一劑量範圍內添加食鹽是安全的，若超出範圍或劑量時，必須進行安全評估和審批。有關這三種策略，目前在美國學術界和民間正在展開激烈討論。

鹽污染

環境污染可分為大氣污染、水污染和土壤污染。大氣污染（霧霾）已成為全球關注的公共健康問題。水污染和土壤污染相對隱蔽，尤其是可溶性鹽引起的污染，完全是一種看不見的污染。鹽污染會增加地下水、地表水和土壤中的鹽份，不僅導致植被破壞、莊稼減產、土壤荒漠化，還會影響飲水質量，引發多種疾病。因此，鹽污染同樣值得全社會高度重視。

鹽污染的主要途徑包括生活污水排放、除雪、城市自來水處理、工農業生產等。在沿海地區，地下水超採和江河徑流量減少引起海水倒灌，也會增加地下水和地表水中的鹽份。由於地下水和地表水是居民飲水的主要來源，鹽污染會增加居民吃鹽量，進而增加高血壓的患病風險。

2014 年，中國原鹽總產量 7,050 萬噸，食鹽總產量超過 1,000 萬噸，燒鹼（氫氧化鈉）總產量 3,064 萬噸，純鹼（碳酸鈉）總產量 2,526 萬噸，農用化肥總產量 6,877 萬噸（化肥施用量為 5,995 萬噸），農藥總產量為 374 萬噸。這些化合物或其衍生物最終都會排放到環境中，從而造成鹽污染。

原鹽是化學工業的基本原料。鹽酸、燒鹼、純鹼、氯化銨、氯氣、有機物等主要化工產品的生產離不開原鹽；肥皂、陶瓷、玻璃等日用品生產也需要原鹽；石油鑽探、化工、建築、造紙、製革、紡織、冶金等行業大量使用原鹽。中國每年工業廢水排放量超過 500 億噸，是地下水和地表水鹽污染的重要來源。

現代社會每天產生大量生活污水。生活污水主要包括洗浴廢水、廚房廢水和糞尿。城市居民每人每天平均產生污水 200 升，農村居民每人每天平均產生污水 100 升。污水排放量與生活水平有關，生活水平越高，污水排放量越大，因此中國生活污水排放量逐年增加。2015 年，中國生活污水排放總量為 735 億噸，其中城市生活污水佔大部份。生活污水含較高水平無機鹽和有機物，其中無機鹽以鈉、鉀、鈣、鎂為主，生活污水是鹽污染的重要來源。

2000 年，中國城市污水只有 20% 經過集中處理，農村和小城市污水大多未經處理就直接排入河流或地下。即使經處理的污水，也只是去除懸浮物和有機物等。要去除污水中的鹽，不僅工藝複雜，而且費用高昂，在目前條件下，根本無法實現大規模污水脱鹽。在 2002 年國家環境保護總局頒佈的《城鎮污水處理廠污染物排放標準》（GB18918-2002）中，制定了 12 項基本控制排放指標和 43 項選擇控制排放指標，其中並沒有針對氯和鈉含量的指標。

在中國北方降雪較多地區，傳統採用人工和機械除雪。隨着公路、鐵路、航空、航運、城市的快速發展，除雪的工作量越來越大，人工和機械除雪已難滿足需求，很多地方開始使用融雪劑。

融雪劑包括氯化鈉、氯化鈣、氯化鎂、氯化鉀等。用量最多的是氯化鈉，也就是原鹽。相對於其他融雪劑，原鹽價格低廉。原鹽作為除雪劑還具有便於噴撒、易於儲存等優點。美國每年除雪使用原鹽高達 1,700 萬噸，加拿大也有 500 萬噸。隨着高速公路里程延長，中國用於除雪的原鹽正在快速增加。

用原鹽除雪有兩個作用，其一是鹽可直接融雪，其二是使用融雪鹽後，便於剷除路面凍結的冰雪。這是因為，鹽水熔點明顯低於淡水，給冰雪上撒鹽，會在冰雪表面形成鹵水層，冰雪就會與路面分離，便於清除。

採用原鹽除雪會造成環境鹽污染，有時會危及野生動物的生存（圖 9）。在高速公路除雪時，大約有 40% 的融雪鹽會滲入地下水，從而增加水鹽含量；其餘的鹽進入河流和湖泊，增加地表水含鹽。美國開展的調查發現，在遠離高速公路的區域，地下水氯濃度在 10 毫克 / 升左右；在高速公路附近，地下水氯濃度超過 250 毫克 / 升。這樣的水喝起來已有明顯鹹味。

圖 9 大角羊舔食汽車上黏附的融雪鹽

在高速公路實施人工融雪後，融雪鹽會黏附在行駛的汽車上。這些細微鹽末會吸引野生草食動物前來舔食，因為多數草食動物具有嗜鹽習性。傳統融雪鹽為礦鹽，有時會加入氯化鈣或氯化鎂。長期大量施用融雪鹽會危及野生動植物的生存。融雪鹽還會造成地表水和地下水鹽污染，危及周圍居民飲水安全。

圖片來源：Washington Department of Fish and Wildlife. Living with wildlife：Crossing Paths News Notes. January 2013. http://wdfw.wa.gov/living/crossing_paths/2013_archive.html.

鹽污染不僅影響地下水，還影響地表水。根據美國地質調查局（CSGS）的報告，地表水（河水和湖水）中的鹽有 71% 是天然因素所致，29% 是人為因素所致。其中，融雪、生活污水與農業灌溉是導致河水和湖水鹽度升高的重要原因。水源受到鹽污染，不僅影響居民身體健康，還會威脅地區發展。在得克薩斯州的埃爾帕索市（El Paso），傳統上居民飲水採自附近的格蘭德河（Rio Grande）。20 世紀六七十年代，由於農業生產和沿河地帶都市化，格蘭德河水鹽度逐年升高，已不宜作為飲用水源。當地政府被迫打井汲水，但近年來該市地下水含鹽量也逐漸升高，最後不得不投巨資建成了世界上最大的內陸鹹水淡化廠。由於鹹水淡化成本高昂，而且需消耗大量能源，因此，鹽污染已影響到當地發展。

美國地質調查局監測發現，從 1952 到 1998 年，紐約州莫華克河（Mohawk River）氯含量增加了 130%，鈉含量增加了 243%，另外，很多沿河地段井水氯含量超標。分析發現，融雪鹽和生產生活污水是水鹽污染的元兇。因為，這期間沿河地區實施了大規模工業振興和地產開發計劃。

礦化度又稱總溶解固體（total dissolved solid, TDS），是指水中所含各種離子、分子與化合物的總量，是衡量水鹽污染的一個重要指標。根據 21 世紀初開展的監測，世界河流平均礦化度為 97 毫克 / 升，長江幹流河水礦化度為 164-268 毫克 / 升，黃河幹流河水礦化度為 569 毫克 / 升。長江和黃河水礦化度顯著高於世界河流平均水平，而且還有不斷升高的趨勢。長江的支流岷江，在流經成都附近時，其礦化度升高了 76%，鈉離子濃度升高了 3.3 倍，氯離子濃度升高了 4.7 倍，可見工業生產和居民生活對河水鹽度的影響相當明顯。據推算，長江水中的鹽大約有 15%-20% 是直接人為所致。

為了應對鹽污染，美國已開始採取一些措施，減少道路除雪用鹽。例如，在暴風雪來臨之前，在道路上撒鹽，能防止冰雪在路面凍結，使鏟雪更容易，而且也減少了用鹽量。在城市融雪時可使用其他融雪劑，美國曾嘗試用甜菜汁、甘蔗廢渣、殘餘鹵水等來除雪，也曾嘗試給鹽中加入其他化合物以減少用鹽量。

醋酸鈣鎂鹽是一種新型融雪劑，其優點是不含氯和鈉，對土壤及植被沒有明顯危害。不像氯化鈉，醋酸鈣鎂鹽能在 4 週內降解，有利於維持土壤穩定。醋酸鈣鎂鹽的缺點是，在 -5℃以下融雪效果不如原鹽。氯化鉀能在更低溫度融雪，但對植被危害更大，對土壤也會產生不良影響。儘管醋酸鈣鎂鹽價格昂貴，但其對環境影響小是一大優勢，應鼓勵在環境脆弱地區使用。

在華北平原，人口密集與工業集中導致水資源匱乏和水質惡化雙重問題，其中鹽污染尤其嚴重。媒體曾報道在河北發現多個巨大滲坑，溶鹽會隨污水滲入地下，無疑會對當地居民飲水安全構成威脅。由於水位下降和淺層地下水污染，新鑽水井越來越深，華北平原地下水形成了漏斗形分佈。2006 至 2010 年在華北平原開展的調查發現，在 35 眼 300-831 米深水井中，水源礦化度大多在 1,000 毫克 / 升以上，水鈉含量均在 200 毫克 / 升以上。

鹽污染不僅威脅居民身體健康，還會危及水體生態和地表植被。淡水魚對水鹽濃度耐受範圍很窄，湖水和河水鹽濃度驟然上升會導致魚類在短時間大批死亡。其原因是魚體內鈉離子濃度需維持衡定，鈉離子濃度升高導致更多水進入體內，魚最終因組織腫脹而死亡。內陸植被也不能耐受高鹽，因為高濃度水氯會阻礙植物養份吸收。水鹽含量增高會阻礙湖水和池塘水自身循環，因為鹽會增加水密度，使氧氣難以抵達水體深層，從而降低水營養負荷，使湖水底部形成生命禁區。

土壤含鹽量增高會抑制植物種子萌芽。在國內外很多鹽污染地區，已發現耐鹽植物更替本土植物的現象。鹽會殺滅土壤中的微生物，而這些微生物對維持土壤穩定非常重要。因此，鹽份增高會降低土壤穩定性，使土壤更易被侵蝕併發生水土流失，進而加重河流、湖泊和地下水污染。鹽份增高會使土壤發生板結，使水和空氣難以透過土壤表層，阻礙新生植物生長，最終導致土地荒漠化。

古人也觀察到，土壤鹽污染會使莊稼減產甚至絕收。為了徹底消滅敵人，古人曾在征服土地上撒鹽，使之徹底喪失耕種能力。公元前146年，在第三次布匿戰爭（Third Punic War）中，西庇阿（Publius Cornelius Scipio）統率羅馬軍團攻滅迦太基（Carthage）。為了防止迦太基恢復元氣，羅馬人將迦太基城夷為平地，將迦太基港徹底摧毀，據傳還在迦太基土地上撒鹽。但也有史學家認為，當時鹽相當珍貴，撒鹽可能只是一種象徵儀式，不太可能大規模實施。

中國北方農業灌溉經常採用大水漫灌，灌溉水中含有低濃度鹽。大水漫灌後，由於水份蒸發，鹽仍保留在土壤中，這就相當於給耕地撒鹽。因此，大水漫灌是北方耕地功能退化的重要原因，是國家糧食安全的潛在威脅。灌溉水經蒸發濃縮後滲入地下，會升高地下水鹽濃度。從防治鹽污染的角度考慮，應積極推行噴灌和滴灌等先進節水技術。

沿海地區海水入侵也會引發鹽污染。中國海水入侵主要發生在渤海沿岸和膠東半島，最嚴重的是萊州灣地區。位於黃海沿岸的青島市，曾因海水入侵，導致城市水源地鹽污染。海水入侵還造成大批機井報廢，耕地喪失灌溉能力，工業產品質量下降，更嚴重的是危及居民飲水安全。

造成海水入侵的主要原因是，地下水過度開採和河流徑流量下降。地下水過度開採導致淡水水位低於海水水位時，就會發生海水倒灌。由於上游用水量激增，中國主要河流入海流量逐年減少，尤其在黃河和海河流域。河流徑流量的減少導致沿海地下淡水補充能力下降，容易發生海水倒灌。

海水入侵在沿海國家時有發生，但在南亞和東南亞尤其突出。孟加拉國因人口密集、經濟發展迅速、地下水開採量大、海平面上升、河流徑流量下降等原因，近年來出現了大範圍海水入侵。恆河是南亞次大陸一條主要河流，恆河下游分為多個支流，其中一條主要支流由印度進入孟加拉國，形成帕德瑪河（Padma River）。1975 年，印度政府在恆河分支處建造了法拉卡閘堰（Farakka Barrage），將恆河水引入附近的胡格利河（Hooghly River，在印度境內）。法拉卡閘堰的建成大幅改善了胡格利河下游通航條件，使位於該河左岸的加爾各答港成為南亞貨運中心；但其代價是流入孟加拉帕德瑪河的水量大減，在枯水季流量只有以往的 1/4。河水徑流量下降導致海水倒灌，最深抵達內陸 100 公里。在海水入侵嚴重地區，水鹽污染已威脅到當地居民身體健康。在三角洲地區，有些居民飲用水含鹽高達 8.21 克 / 升，如果每天飲用 2 升這樣的苦鹹水，鹽攝入就高達 16.4 克，這還不算因食物攝入的鹽。水鹽攝入增加導致該地居民高血壓盛行，2015 年開展的調查發現，達卡地區成人高血壓患病率高達 23.7%，而且近年來心腦血管病死亡率在持續攀升。海水入侵導致大範圍地下水和地表水鹽污染，使農業、漁業和工業發展受到嚴重阻礙，加之無法獲得安全飲水，當地居民紛紛逃離家園。

與印度政府多次交涉無果後，1977 年孟加拉國將印度告上聯合國，要求召開聯合國大會譴責其無理行徑。在聯合國斡旋下，兩國開始了馬拉松式分水談判。1996 年 12 月 12 日，印度和孟加拉國簽署《印孟關於在法拉卡分配恆河水的條約》。條約有效期 30 年，規定每年 1 到 5 月的枯水季，當恆河水流量在 1980 立方米 / 秒以上時，孟加拉國可分得不少於 990 立方米 / 秒流量；當河水流量低於 1980 立方米 / 秒時，孟加拉國將分得流量一半。這一條約並未規定孟加拉國最低分水量，而根據閘口流量分水，使印度有機會在更上游攔截水源。所以，時至今日兩國爭端仍未解決，恆河水份配成為阻礙印孟兩國關係的一道鴻溝。

吃鹽標準

世人吃鹽知多少

世界各地居民吃鹽量差異很大。影響吃鹽多少的主要因素包括飲食結構、社會經濟發展水平、風俗習慣、文化傳統、都市化水平、地理氣候特徵等，開展限鹽的國家居民吃鹽量可能已有下降。

由比爾及梅琳達・蓋茨基金會（Bill & Melinda Gates Foundation）資助的全球疾病負擔研究（GBD）曾分析主要國家和地區居民吃鹽量，繪製了全球鹹味地圖。根據 GBD 研究，2010 年全球成人平均每天吃鹽 10.1 克，其中男性 10.5 克，女性 9.6 克。

在各大洲中，亞洲居民吃鹽最多，中亞國家人均每天吃鹽 14.0 克，東亞國家人均每天吃鹽 12.2 克。東歐國家居民吃鹽量（10.7克）高於西歐國家（9.7克）。大洋洲人均每天吃鹽8.8克，北美洲人均每天吃鹽 9.2 克。吃鹽量偏低的地區包括撒哈拉以南非洲地區（5.6 克）、拉丁美洲（8.1 克）和加勒比國家（6.7 克）。

在 GBD 評估的 187 個國家和地區中，有 181 個國家和地區的居民吃鹽量超過世界衛生組織（WHO）推薦的每天 5 克標準，其中 51 個國家和地區居民吃鹽量超過推薦標準兩倍以上。只有 6 個非洲小國居民吃鹽量達標，其原因可能是食鹽供應困難，加工食品消費量低，食物以原生態為主，而非居民有限鹽意識。

從 1990 到 2010 年間，全球成人平均吃鹽量小幅增長，由人均每天 10.1 克增加到 10.5 克。其中，東亞國家吃鹽量由 11.1 克增加到 12.2 克；東歐國家吃鹽量由 9.6 克增加到 10.7 克。

中國等東亞國家吃鹽多的原因包括，農業社會持續時間長、素食比例高、居民重視飲食文化、追求美味享受。根據 GBD 研究，2010 年中國人均每天吃鹽 12.3 克（僅指烹調用鹽，若計入其他鈉來源，總吃鹽量應在 15 克以上），日本人均每天吃鹽 12.4 克，韓國人均每天吃鹽 13.2 克，蒙古人均每天吃鹽 13.1 克，新加坡人均每天吃鹽 13.1 克。

東南亞國家居民吃鹽量也普遍偏高。2010 年，越南人均每天吃鹽 11.7 克，泰國人均每天吃鹽 13.5 克，老撾人均每天吃鹽 11.3 克，緬甸人均每天吃鹽 11.4 克，柬埔寨人均每天吃鹽 11.2 克。

中亞國家居民吃鹽較多，這些國家歷史上人口遷徙頻繁，為了適於旅行，養成了獨特的高鹽飲食習慣。中亞地處內陸高寒地帶，蔬菜水果出產少，醃製品消費多，進一步增加了吃鹽量。2010 年，哈薩克斯坦人均每天吃鹽 15.2 克，土庫曼斯坦人均每天吃鹽 13.8 克，吉爾吉斯斯坦人均每天吃鹽 13.7 克，塔吉克斯坦人均每天吃鹽 13.7 克，烏茲別克斯坦人均每天吃鹽 14.3 克。

東歐各國傳統上形成了高鹽飲食習慣，這些國家高血壓患病率較高，中風、冠心病發病率也高於其他國家。根據 GBD 研究，2010 年俄羅斯人均每天吃鹽 10.6 克，格魯吉亞人均每天吃鹽 13.5 克，阿塞拜疆人均每天吃鹽 12.9 克，亞美尼亞人均每天吃鹽 12.5 克。

即使在當代，個別與世隔絕的偏遠地區食鹽供給問題仍未解決，這些地區居民吃鹽較少，如南太平洋群島和巴西亞馬遜河谷的原始部落。在非洲大部份地區，居民飲食以天然食物為主，吃鹽量普遍較低。根據 GBD 研究，2010 年肯尼亞人均每天吃鹽 3.8 克，喀麥隆人均每天吃鹽 4.2 克，布隆迪人均每天吃鹽 4.4 克，盧旺達人均每天吃鹽 4.1 克，索馬里人均每天吃鹽 5.3 克。

達赫（Dahl）博士在 20 世紀 50 年代開展的調查發現，美國本土人均每天吃鹽 10 克，而阿拉斯加因紐特人每天吃鹽僅 4 克；日本南部九州地區人均每天吃鹽 14 克，東北秋田地區人均每天吃鹽 27 克。該研究首次發現，吃鹽多的地區居民血壓也高。

在 1982 年召開的國際心血管病大會上，來自世界各國的學者發起了一項大型研究，採用 24 小時尿鈉法評估各國居民吃鹽量，這就是著名的 INTERSALT 研究。1985 到 1987 年，INTERSALT 在 32 個國家 52 個中心納入了 10,079 名參與觀測者。在 52 個人群中，吃鹽量最少的是巴西亞諾瑪米人。這些居住在亞馬遜雨林中的印第安人，以狩獵和採摘為生，遠離現代社會，從不給食物加鹽。亞諾瑪米人每天從天然食物中獲取的鈉僅相當於 0.1 克鹽。吃鹽最多的是中國天津居民，男性平均每天吃鹽 14.9 克，女性平均每天吃鹽 13.4 克。天津居民吃鹽量是亞諾瑪米人的 142 倍。INTERSALT 研究發現，吃鹽越多血壓越高。亞諾瑪米部落沒有高血壓患者。

20 世紀 90 年代開展的 INTERMAP 研究分析了各種營養素對血壓的影響，觀測人群來自中國、日本、英國和美國。INTERMAP 研究再次證明，吃鹽越多血壓越高，鉀攝入越多血壓越低。當時中國居民吃鹽的主要來源是烹調用鹽和醬油，約佔 87%；美國居民吃鹽主要來源是加工食品，約佔 83%，烹飪用鹽和餐桌用鹽僅佔 5%。在 INTERMAP 觀測的 17 個人群中，吃鹽最多的是中國北方居民，中國南方居民吃鹽明顯少於北方居民。北京地區成年男性平均每天吃鹽 17.2 克，成年女性平均每天吃鹽 14.6 克。廣西南寧地區成年男性平均每天吃鹽 8.6 克，成年女性平均每天吃鹽 7.4 克。在美國觀測的 8 個地區，成年男性平均每天吃鹽 10.4-10.9 克，成年女性平均每天吃鹽 7.5-8.6 克。在日本觀測的 4 個地區，成年男性平均每天吃鹽 11.2-12.7 克，成年女性平均每天吃鹽 9.2-11.5 克。在英國觀測的 2 個地區，成年男性平均每天吃鹽 9.3 克，成年女性平均每天吃鹽 7.3 克。

GBD 研究發現，不同人種吃鹽量差異顯著，黃種人吃鹽最多，白種人次之，黑種人吃鹽最少。但是，黑種人高血壓發病風險卻高於白種人，其可能原因是，黑種人鹽敏感度更高，在吃鹽量相同時，黑種人血壓升高更明顯。

到目前為止，有二十多個國家調查了兒童吃鹽量。其中，美國、英國和瑞典等國家還監測了不同年齡段兒童吃鹽量。綜合分析發現，兒童吃鹽量最多的國家也是中國。1991 年，在陝西漢中開展的調查發現，12 到 16 歲中學生人均每天吃鹽 13.2 克。在西歐國家中丹麥兒童吃鹽較多，人均每天 11.0 克。以匈牙利為代表的東歐國家兒童吃鹽量普遍較高，8-9 歲兒童平均每天吃鹽 8.5 克。一般來説，成人吃鹽多的國家兒童吃鹽也多。

在兩次全球調查中，中國成人吃鹽量均高居榜首。彙總數據表明，中國兒童吃鹽量也高居全球首位。長期處於農業社會，使中國人養成了重視飲食、追求美味的傳統，而鹽是產生美味的核心要素。全民吃鹽多造成近年來高血壓、中風、冠心病、慢性腎病等慢性病盛行。中國正在進入老齡化社會，慢性病已成為威脅居民生命健康的主要因素。如何通過減鹽降壓扭轉慢性病盛行的局面，是關乎社會經濟可持續發展的一個重大問題。

吃鹽標準

鹽是人體內鈉離子和氯離子的主要來源。鈉離子參與神經傳導、心臟跳動和肌肉收縮；氯離子參與血液酸鹼度調節和胃酸合成；鈉離子和氯離子共同維持血容量和血漿滲透壓穩定。人體沒有儲存鈉和氯的功能，每天吃一點鹽才能補償鈉和氯的流失。

吃鹽太少可能會引起體內鈉缺乏，進而危及健康，但這種情況極其罕見。因為日常食物都含鈉，即使不加鹽，食物天然含鈉也基本能滿足人體需求，就像原始人類那樣。一般認為，成人每天鈉生理需要約為 200 毫克（0.5 克鹽），WHO 指南推薦成人每天鈉攝入不超過 2,000 毫克（5 克鹽）。每天吃鹽 5-10 克為高鹽攝入，每天吃鹽 10-15 克為超高鹽攝入，每天吃鹽 15 克以上為極高鹽攝入。

合理吃鹽量應包括下限和上限，下限能滿足生理需要，上限不增加慢性病風險。美國醫學研究所（IOM）用平均需要量（estimated average requirement, EAR）代表吃鹽量下限；用可耐受的最高攝入量（tolerable upper intake level, UL）代表吃鹽量上限。由於食鹽中鈉的健康效應處於主導地位，氯的健康效應處於次要地位，在決定合理吃鹽範圍時，一般以鈉攝入為依據。

研究原始部落飲食能為確定合理吃鹽量提供依據。在全球範圍，目前仍能找到生活在原始狀態的人群，這些人吃鹽極少。

巴西亞馬遜河谷的亞諾瑪米部落，長年生活在與世隔絕的雨林中，沒有機會獲得鹽，他們每天從天然食物中攝取鈉約 23 毫克（0.1 克鹽）。生活在所羅門群島上的艾塔（Aita）部落，每天攝入鈉 230-690 毫克（0.6-1.8 克鹽）。在進入農業社會之初，人類每天攝入鈉 200-800 毫克（0.5-2.0 克鹽）。大猩猩在野外環境中每天攝入鈉 46-575 毫克（0.1-1.5 克鹽）。這些低鹽部落和群體都能健康生存，説明人體每天鈉需求不超過 200 毫克（0.5 克鹽）。在現代飲食環境中，健康人鈉攝入不可能低於這一水平。基於這一考慮，世界各國膳食指南都沒有設定吃鹽下限。《美國膳食指南 2015-2020》推薦，14 歲以上居民每天鈉攝入應少於 2,300 毫克（6 克鹽），《中國居民膳食指南 2016》推薦，11-64 歲居民每天吃鹽不超過 6 克。曾有人質問，難道吃鹽量可以降到 0 嗎？其實，只要正常吃飯，吃鹽量就不可能降到 0.5 克這一生理需求水平之下。

在全球範圍，同樣能找到吃鹽量極高的人群。20 世紀 50 年代，日本秋田居民平均每天吃鹽高達 26.2 克，部份居民每天吃鹽超過 30 克。秋田地區高血壓患病率和中風發病率高居日本各縣之首，死亡率也居日本各縣之首。在一些臨床研究中，曾讓受試者每天吃 30 克以上的鹽，結果發現高鹽飲食會升高血壓；INTERSALT 研究也發現，吃鹽越多，血壓越高。

高鹽飲食的主要健康危害是血壓升高，進而增加心腦血管病等慢性病風險。因此，要確定吃鹽量的合理上限，需要對人群進行長期跟蹤，分析不同吃鹽量對心腦血管病的影響。遺憾的是，因難度太大，這樣的研究目前還非常少，無法依據鹽對慢性病的影響推算上限；作為折中，目前吃鹽量上限是依據鹽對血壓的影響而確定的。

探索鹽與血壓關係的研究發現，每天吃鹽量在 0.6 到 34.5 克之間時，血壓都會隨吃鹽量增加而升高；也就是説，鹽的升壓作用並沒有明顯臨界值。在不同人群中，鹽升高血壓的幅度也有所不同。在高血壓患者、糖尿病患者、慢性腎病患者、老年人、有色人種中，鹽的升壓作用更加明顯。

減少吃鹽可降低血壓，增加吃鹽可升高血壓。依據這種關係，有望為吃鹽量設立上限。但是，由於吃鹽量和血壓之間的關係是連續的，並沒有發現明顯臨界值，這就很難設定吃鹽上限。從理論上看，最高攝入量應高於合理攝入量。美國醫學研究所設定鈉的合理攝入量為 1,500 毫克（相當於 3.8 克鹽），在這一水平之上，大量研究評估了每天 2,300 毫克鈉對血壓的影響，美國醫學研究所據此將 14 歲及以上人群鈉最高攝入量設定為 2,300 毫克，約相當於 6 克鹽（表 4）。可見，每天 6 克鹽其實是人為設定的一個大致標準。

美國醫學研究所還為不同年齡人群制定了鈉的適宜攝入量（adequate intake, AI）。適宜攝入量是在上限和下限之間，人群應達到的平均水平。根據美國醫學研究所的標準，18-50 歲人群每天鈉適宜攝入量為 1,500 毫克（相當於 3.8 克鹽），50 到 70 歲人群為 1,300 毫克（相當於 3.3 克鹽），70 歲以上人群為 1,200 毫克（相當於 3.0 克鹽，表 4）。青年人鈉適宜攝入量稍高，是因為青年人運動量大，出汗多，體內鈉流失也較多。老年人鈉適宜攝入量稍低，是因為老年人熱量攝入較少，體內鈉流失也較少。另外，競技運動員和高溫作業者（煉鋼工人和消防員）鈉適宜攝入量高於普通人。

氯的適宜攝入量是依據鈉的適宜攝入量和食鹽（氯化鈉）中氯含量計算而得。這是因為，飲食中氯主要以鹽的形式存在。

表 4 鈉攝入參考值（毫克 / 日）

年齡段 *	中國		美國	
	AI	PI-NCD	AI	UL
0-6 個月	170	—	120	—
7-12 個月	350	—	370	—
1-3 歲	700	—	1000	1500（3.8 克鹽）
4-6 歲	900	1200（3.0 克鹽）	1200	1900（4.8 克鹽）
7-10 歲	1200	1500（3.8 克鹽）	1500	1900（4.8 克鹽）
11-13 歲	1400	1900（4.8 克鹽）	1500	2200（5.6 克鹽）
14-17 歲	1600	2200（5.6 克鹽）#	1500	2300（5.8 克鹽）†
18-49 歲	1500	2000（5.1 克鹽）	1500	2300（5.8 克鹽）
50-64 歲	1400	1900（4.8 克鹽）	1300	2300（5.8 克鹽）
65-79 歲	1400	1800（4.6 克鹽）	1200	2300（5.8 克鹽）
≥80 歲	1300	1700（4.3 克鹽）	1200	2300（5.8 克鹽）
孕婦 ‡	+0	+0	+0	+0
乳母 ‡	+0	+0	+0	+0

① * 為了便於對照，美國參考值年齡段做了稍微調整。
② #《中國居民膳食指南》取該值整數值，推薦成人每天吃鹽不超過 6 克。
③ †《美國膳食指南》取該值整數值，推薦居民每天吃鹽不超過 6 克。
④ ‡ 在同年齡段人群參考值基礎上的增加量。
⑤ AI：適宜攝入量（Adequate Intake）。
⑥ PI-NCD：預防慢性病的建議攝入量（proposed intake for preventing non-communicable chronic diseases），中國鈉攝入 PI-NCD 值相當於美國鈉攝入 UL 值。
⑦ UL：可耐受最高攝入量（tolerable upper intake level）。
⑧ 中國數據來源：中國營養學會。《中國居民膳食營養素參考攝入量》，2013 版，北京：科學出版社，2014。
⑨ 美國數據來源：Institute of Medicine (IOM). Dietary Reference Intakes: Water, Potassium, Sodium, Chloride, and Sulfate. Washington DC: National Academies Press, 2005.

因此，18-50 歲人群每天鹽適宜攝入量為 3.8 克，對應氯適宜攝入量為每天 2.3 克；50 到 70 歲人群每天鹽適宜攝入量為 3.3 克，對應氯適宜攝入量為 2.0 克；70 歲以上人群每天鹽適宜攝入量為 3.0 克，對應每天氯適宜攝入量為 1.8 克。

曾有學者認為，限鹽應針對高血壓、心腦血管病患者和老年人。大量研究表明，限鹽不僅有益於高血壓患者，也有益於普通人。大部份人血壓會隨年齡增長而升高，吃鹽多可加速血壓隨年齡升高的趨勢；也就是説，吃鹽多會讓高血壓來得更早。吃鹽多的習慣往往在兒童期養成，而高血壓多在成年後出現，因此，如果只針對高血壓人群限鹽，就難以達到預防或延遲高血壓發生的目的。

還有學者認為，限鹽應針對鹽敏感的人，因為鹽抵抗的人即使吃鹽多，血壓變化也不明顯，因此沒有必要限鹽。這種觀點的錯誤之處在於，將鹽敏感和鹽抵抗當成截然相反的兩個概念。其實，鹽敏感和鹽抵抗是相對概念，兩者間沒有清晰界限，大部份人屬於中間型，只是為了研究需要，人為將人群分為鹽敏感和鹽抵抗。目前也缺少能準確診斷鹽敏感的方法。另外，鹽敏感性還受年齡、腎功能、鉀攝入量、遺傳等因素影響。在一定情況下，鹽抵抗可轉變為鹽敏感，鹽敏感也可轉變為鹽抵抗。因此，世界各國指南都不支持將鹽敏感的人找出來，再開展限鹽活動。

美國心臟協會（AHA）認為，對於高危人群，如高血壓患者、心腦血管病患者、慢性腎病患者、老年人、有色人種等，吃鹽量應進一步降低，因為這些人更容易因高鹽罹患疾病。在炎熱環境中從事重體力活動的人，由於出汗多，吃鹽量應適當增加。《美國膳食指南 2010》推薦高血壓患者、黑種人、中老年人每天鈉攝入不超過 1,500 毫克（3.8 克鹽）。《美國膳食指南 2015-2020》縮小了高危人群的範圍，僅推薦高血壓前期（高血壓前期指收縮壓在 120-139 毫米汞柱之間或舒張壓在 80-89

毫米汞柱之間）和高血壓患者將每天鈉攝入控制在 1,500 毫克（3.8 克鹽）以下。

需要強調的是，鹽對血壓的影響不僅具有短期效應，還具有長期效應。長期高鹽飲食可導致血管損傷、動脈硬化、血管阻力增加、腎功能受損、心室肥厚等，這些改變會進一步升高血壓，增加心腦血管病和慢性腎病的風險。從高鹽飲食到高血壓可能需要多年累積作用。所以說，限鹽開始得越早越好。

很多人認為動脈粥樣硬化只會出現在老年人中，其實很多動脈粥樣硬化在年輕時就已開始，甚至在血壓偏高的兒童中就有所表現。對猝死兒童進行屍檢發現，在 8 歲兒童中就發現了動脈粥樣硬化斑塊，斑塊大小與高血壓有關。超聲檢查發現，血壓高的兒童動脈內中膜明顯增厚，而內中膜增厚是動脈粥樣硬化發生的前奏，往往預示着成年後會發生心腦血管病。減少吃鹽能降低血壓，延遲甚至預防動脈粥樣硬化的發生。因此，兒童與青少年限鹽同樣重要。

《美國膳食指南 2015-2020》提出，2 歲以上兒童、青少年和成人都應控鹽。制定這一推薦的另一個理由是，兒童期吃鹽多少會影響成年後血壓。味覺發育大約在 2 歲完成，而向飲食中大量加鹽也開始於 2 歲，膳食鹽會影響兒童的鹽喜好，進而影響成年後吃鹽量。因此，兒童限鹽也有利於養成低鹽飲食習慣。

成人血壓低於 90/60 毫米汞柱為低血壓。根據持續時間長短，低血壓可分為急性和慢性。急性低血壓往往是失血、感染、嘔吐、腹瀉等原因所致，經補充血容量後很快就會恢復。慢性低血壓又可分為原發性和繼發性。繼發性低血壓的常見病因包括脊髓空洞症、心臟瓣膜病、縮窄性心包炎、肥厚性心肌病、營養不良等。原發性低血壓沒有明確病因，多見於體弱、苗條、運動少的年輕女性。低血壓會影響心臟和腦供血，會引起頭暈、心慌、乏力等症狀。低血壓患者也容易發生體位性暈厥。原發性低血壓患者可適量增加吃鹽，尤其對於平常吃鹽少的人。

《中國居民膳食指南 2016》推薦，11-64 歲居民每天吃鹽應少於 6 克，65 歲及以上居民每天吃鹽應少於 5 克。2012 年，中國居民人均吃鹽高達 14.5 克（5703 毫克鈉），其中烹調用鹽 10.5 克。可見，絕大多數中國人吃鹽超過推薦標準。根據西方國家的經驗，將全民吃鹽量從高位降到合理水平，需要一個緩慢而長期的努力過程。考慮到中國慢性病流行的現狀，以及其對未來社會經濟發展的潛在威脅，全民限鹽不應再被忽視。

影響吃鹽量的因素

在人的一生中，吃鹽量會隨年齡而變。食量大的人吃鹽多，而食量與日常體力活動、體重和代謝率等因素有關。膳食結構、飲食習慣、就餐地點、生活環境、經濟條件和職業等都會影響吃鹽量。在極度落後地區，吃鹽量還可能受食鹽供給和價格影響，隨着社會經濟發展，這種現象已非常少見了。

年齡

剛出生到半歲的寶寶以母乳餵養為主，基本不添加輔食。半歲內寶寶平均每天從母乳獲取0.44克鹽。半歲到兩歲的寶寶，飲食模式由母乳逐漸過渡到餐桌食物，吃鹽量會迅速增加。兒童與青少年時期，吃鹽量隨年齡增長進一步增加（圖 10）。美國嬰幼兒飲食研究（FITS）發現，4 到 5 個月大的嬰兒平均每天鈉攝入量為 188 毫克（相當於 0.48 克鹽）；6 到 11 個月幼兒平均每天鈉攝入量為 493 毫克（相當於 1.25 克鹽）；12 到 24 個月幼兒平均每天鈉攝入量為 1,638 毫克（相當於 4.16 克鹽）。2 歲以後，食物來源漸趨豐富，食量持續增加，吃鹽量隨之增加，大約在 19 歲時達到高峰，並維持到 30 歲左右，之後開始緩慢下降。70 歲以上老年人吃鹽量明顯下降，主要原因是食量減少。

性別

在嬰幼兒和學齡前兒童中，男女吃鹽量沒有明顯差別。從學齡兒童開始，男童吃鹽量逐漸超過女童。在成人中，男性吃鹽量高於女性，到老年期這種差異更明顯（圖 10）。男女吃鹽量不同的主要原因是男性飯量大。INTERSALT 調查的中國三地居民吃鹽量，男性每天吃鹽 14.0 克，女性每天吃鹽 12.5 克，男女吃鹽相差 1.5 克。

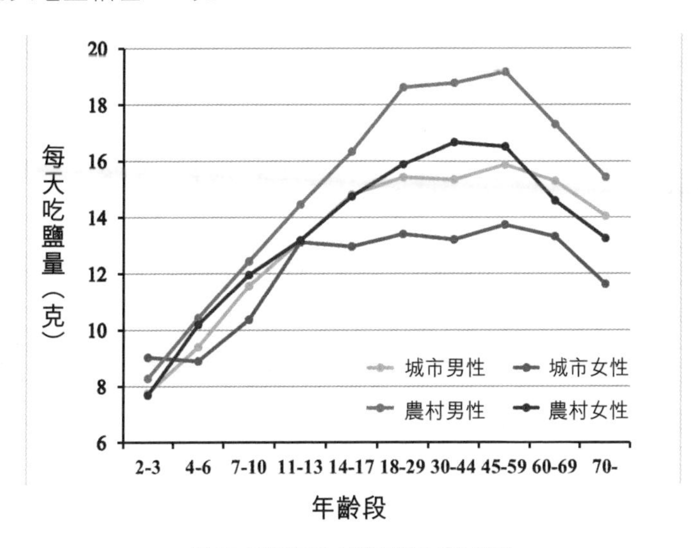

圖 10 不同年齡人群吃鹽量變化趨勢

數據來源：翟鳳英、楊曉光，《中國居民營養與健康狀況調查報告之二 .2002 膳食與營養素攝入狀況》，北京：人民衛生出版社，2005。

食量

食量（飯量）大的人吃鹽也多，而食量往往代表着熱量攝入水平。根據美國膳食營養調查，熱量攝入與吃鹽量明顯相關，即熱量攝入多的人吃鹽也多。因此，個體間吃鹽量的差異很大程度上是因食量不同所致。為了排除食量對吃鹽量的影響，有研究者提出了鈉（鹽）攝入密度這一概念。

鈉攝入密度是指攝入 1 卡路里（kcal）熱量食物的同時攝入的鈉量。鈉攝入密度的計算方法是，以每日鈉攝入量（毫克）除以每日熱量攝入值（卡路里）。鈉攝入密度排除了食量不同對吃鹽量的影響，因此，能夠更客觀地反映個體間吃鹽量的差異。例如，前述老年人吃鹽量明顯降低，但計算發現老年人鈉攝入密度並不比青年人低，說明其吃鹽量的下降是由於食量減少所致。

種族

在全球範圍，東亞人（黃種人）吃鹽最多，其次是白種人，黑種人吃鹽最少。在美國觀察到一個有趣現象，2 到 8 歲黑人兒童吃鹽高於白人兒童，但到 9-13 歲這種差異就消失了，到成年後黑人吃鹽反而少於白人。2002 年中國居民營養與健康調查發現，各民族吃鹽最多的是維吾爾族，人均每天吃鹽 22.0 克，其次是哈薩克族，人均每天吃鹽 20.9 克。值得一提的是，哈薩克斯坦（Kazakhstan）吃鹽量在世界各國名列前茅，2010 年該國居民平均每天吃鹽 15.2 克。另外，藏族居民吃鹽也較多，人均每天 15.7 克。藏族居民喜食酥油茶或鹹奶茶，可能是居民吃鹽偏高的原因。壯族人均每天吃鹽 10.0 克、彝族 9.6 克、布依族 10.8 克。西南少數民族聚居區歷史上食鹽供銷渠道不暢，當地形成了喜酸的傳統飲食文化，加之食物以天然為主，居民吃鹽偏低。種族和民族間吃鹽量差異更多是由於飲食環境和飲食習慣所致，而非遺傳所致。

居住地

2002 年中國居民營養與健康調查發現，中國城市居民平均每天鈉攝入為 6,008 毫克（相當於 15.3 克鹽），農村居民平均每天鈉攝入為 6,369 毫克（相當於 16.2 克鹽），農村居民每天吃鹽較城市居民多 0.9 克。城市居民人均每天烹調用鹽為 10.9 克，農村居民為 12.4 克，農村居民烹調用鹽較城市居民多 1.5 克。農村居民體力活動強度高於城市居民，因此能量消耗大，食量大，熱量攝入水平高，吃鹽也多（圖 10）。2002 年城市居民人均每天熱量攝入為 2,134 卡路里，農村居民人均每天熱量攝入為 2,296 卡路里，也就是説，農村居民食量比城市居民平均高 7.6%。城市居民鈉攝入密度為 2.82，農村居民鈉攝入密度為 2.77，城市居民鈉攝入密度反而高於農村居民，這一結果也證實農村居民吃鹽多是由於食量大所致。

城市生活節奏快，女性就業比例高，家庭成員花在烹飪上的時間少，家庭外就餐頻次高。2002 年，城市居民一天至少一餐在外的比例為 26.1%，而農村居民為 8.7%。餐館或食堂餐含鹽比家庭餐高 50% 以上。城市居民加工食品消費量也較高，而加工食品含鹽普遍偏高。城市居民即使在家就餐，烹飪時也更多使用含鹽較高的半加工食材。這些特徵決定了城市居民鈉攝入密度高於農村居民。對於新移居城市的農村居民，由於在農村形成了食量大的習慣，而城市生活熱量消耗少，更容易出現熱量過剩，導致肥胖和吃鹽過多，增加高血壓和糖尿病的風險。2014 年中國城市化率已超過 55%，而且還在以每年大約 1% 的速率增加，每年新增城市人口超過 1,000 萬。在快速都市化背景下，飲食結構和生活模式轉變會推動高血壓、糖尿病、肥胖、心腦血管病等慢性病盛行。

經濟狀況

2002 年中國居民營養與健康調查將農村分為四類，一類農村（長江三角洲、環渤海和南部沿海地區）居民平均每天鈉攝入量為 6,840 毫克（相當於 17.4 克鹽）；二類農村（華北平原、四川盆地、東南丘陵和鄂豫皖贛長江中下游地區）為 6,036 毫克（相當於 15.3 克鹽）；三類農村（汾渭谷地、太行山、大別山地區）為 7,035 毫克（相當於 17.9 克鹽）；四類農村（湘鄂山區、西南山區、秦嶺大巴山區和黃土高原地區）為 6,389 毫克（相當於 16.2 克鹽）。這樣看來，經濟發展水平較低的三類和四類農村吃鹽量普遍偏高。2002 年，一類農村居民人均熱量攝入為每天 2,298 卡路里，二類農村為 2,288 卡路里，三類農村為 2,304 卡路里，四類農村為 2,312 卡路里。因此一類、二類、三類和四類農村鈉攝入密度分別為 2.98、2.64、3.05 和 2.76。其中，地處汾渭谷地、太行山、大別山等地的三類農村鈉攝入密度最高，也就是飲食最鹹。英國和意大利的調查也表明，家庭收入偏低的人，吃鹽量偏高。但在極不發達地區，社會經濟尚處於原始狀態，如南太平洋上的一些島嶼，巴西亞馬遜叢林中的原始部落，居民飲食以天然食物為主，這些人吃鹽反而很少。

地域

根據 INTERSALT 研究，南方（以南寧為代表）居民平均每天吃鹽 11.0 克，北方居民平均每天吃鹽 14.6 克，北方居民吃鹽明顯高於南方居民。中國南方主產稻米，肉食以魚類為主，一年四季大部份時間有鮮菜、鮮果、鮮肉和鮮活水產。北方主產小麥和玉米，肉食以豬、牛、羊肉為主，冬春季缺乏鮮菜、鮮果和鮮肉，醃製蔬菜是家庭越冬的主要輔食，這些飲食特徵是北方居民吃鹽多的主要原因。另外，北方居民以麵食為主，製作麵食時往往要加入鹽和含鈉發酵劑，烹飪和進食時還要添加鹽和其他含鈉調味品。

職業

從事重體力勞動或高強度訓練的人出汗多，從汗液丟失的水和鈉也較多。高溫作業、野外作業、高原作業等都會增加顯性和隱性出汗，增加身體對水和鈉的需求量，加之能量消耗多，食量也大，從事這些職業的人往往吃鹽較多。在 20 世紀 50 年代大煉鋼鐵期間，在軋鋼工人中開展的調查表明，由於工作強度大、環境溫度高、出汗量大，導致一線軋鋼工人吃鹽量明顯高於其他行業工人。

飲食文化

由於氣候、物產、文化不同，各地飲食存在很大差異。根據趙榮光先生的理論，在漫長的農牧社會發展過程中，中國形成了 11 個飲食文化圈。以東北飲食文化圈為例，該地區自古就是少數民族雜居之地，居民以打獵為生，形成了喜好肉食的習慣，加之氣溫偏低，能量消耗大，食物中脂肪和鹽的含量均偏高。青藏高原飲食文化圈的形成與當地獨特的地理環境有關。高原氣候和土壤條件不太適宜種植蔬菜和水果，藏民以糌粑、牛羊肉和酥油茶為主食。其中，酥油茶含鹽高達 1.5%，藏民每天要喝 30 碗酥油茶。若每碗按 50 毫升計，僅酥油茶攝入的鹽就高達 22.5 克。因此，飲用酥油茶成為藏民高血壓多發的重要原因。從全球來看，東亞國家（中國、日本、韓國等）居民尤其注重美食，而鹽是改善口味的重要調味品，這是東亞國家吃鹽多的重要原因。

飲食環境

基於延長保質期和改善口味等考慮，餐館和食堂餐含鹽顯著高於家庭餐。2002 年中國居民營養與健康調查發現，城市居民早餐在外就餐的比例為 14.4%，農村居民為 5.1%；城市居民午餐在外就餐的比例為 17.0%，農村居民為 5.4%；城市居民晚餐在外就餐的比例為 4.0%，農村居民為 2.3%。2012 年在北京地區開展的調查表明，在外就餐每餐吃鹽高達 7.1 克。2010 年在廣州、上海、北京三地開展的調查表明，餐館食品每 100 克含鹽高達 1.5 克。在外就餐平均每人每天吃鹽 19.4 克，在家就餐平均每人每天吃鹽 11.8 克，在外就餐比在家就餐每天多吃鹽 7.6 克。

飲食結構

近年來西式快餐在中國發展迅速。很多快餐食品都具有高熱量、高脂肪和高鹽等特點。一份漢堡加薯條含鹽約 3.1 克（1,240 毫克鈉），一份意大利麵含鹽約 3.0 克（1,200 毫克鈉），一份咖喱飯加一碗 Mee 湯含鹽 10.7 克（4,209 毫克鈉）。多數天然食品含鈉都很低，食品加工過程中鈉含量會增加幾倍甚至上百倍。

除上述因素外，個人習慣、家庭環境、飲水、季節、氣候特徵等都會影響吃鹽量。分析影響吃鹽量的因素，有利於了解個人和家庭吃鹽多的原因，為制定針對性的限鹽措施提供參考依據。

孕婦、兒童與老年人

孕婦、乳母對膳食營養具有額外需求；嬰幼兒和兒童處於快速生長期，營養需求變化快；老年人活動量減少，熱量需求下降。這些特殊人群吃鹽應適當調整。

孕婦

早孕反應是指在妊娠 4-12 週，孕婦出現食慾不振、喜酸、厭油、噁心、晨起嘔吐等現象。早孕反應發生的機制尚未完全闡明，一般認為與體內激素變化有關。懷孕後卵巢分泌黃體酮（孕酮）增多，黃體酮可舒緩子宮平滑肌，有利於早期胚胎發育；但黃體酮對胃腸蠕動有抑制作用，從而導致早孕反應。另外，懷孕早期胎盤會分泌人絨毛膜促性腺激素（HCG），HCG 可減少胃酸分泌，延長胃排空時間，從而加重早孕反應。

輕度早孕反應無須治療，隨着孕週增加會逐漸消失。重度早孕反應（妊娠劇吐）會導致電解質大量流失，使孕婦出現低鈉血症、低鉀血症和低氯血症。孕婦發生低鈉血症可影響胎兒味覺發育，改變成年後的口味。美國華盛頓大學心理學家克莉斯多（Susan Crystal）發現，早孕反應嚴重的準媽媽，其寶寶成年後鹽喜好明顯增強。因此，孕婦若出現嚴重妊娠劇吐，應在醫生指導下進行必要治療。

孕婦的飲食除了提供自身所需，還為胎兒生長發育提供營養。因此，各國膳食指南都推薦，孕婦應適當增加熱量、蛋白質、維生素、鈣、鎂攝入；但並不推薦增加鹽（鈉）攝入。其原因在於，目前推薦的吃鹽量明顯超過人體生理需求。孕婦吃鹽只需參照同齡人標準，完全能滿足母體和胎兒需求。

哺乳婦女

哺乳媽媽的飲食除了提供自身所需，還通過乳汁為寶寶提供營養。大部份營養素都能經過乳汁輸送給寶寶。根據指南，哺乳婦女應適當增加熱量、蛋白質、維生素、鈣、鎂攝入，但沒有必要增加鹽（鈉）攝入。

嬰幼兒

6 月齡以內寶寶若完全採用母乳餵養，每天吃奶約 750 毫升，母乳含鈉量平均為 230 毫克 / 升，每天攝入鈉 173 毫克，相當於 0.44 克鹽。這種天然吃鹽量為決定嬰兒奶粉含鹽量提供了依據。

隨着哺乳時間推移，母乳中主要營養素含量會逐漸下降。蛋白質含量由初乳時的 2.12 克 /100 毫升降到 4 個月時的 1.03 克 /100 毫升，鈉含量由初乳時的 34.1 毫克 /100 毫升降到 4 個月時的 13.6 毫克 /100 毫升。儘管哺乳量隨寶寶月齡逐漸增加，但 4 個月後母乳中主要營養素含量明顯降低。《中國嬰兒餵養指南》建議，4 到 6 個月寶寶應開始嘗試輔食。輔食的另一個重要作用是，讓寶寶逐漸適應母乳以外的食物，為斷奶做好準備。

中國寶寶平均斷奶時間為 10.1 月齡，4 月齡前開始添加輔食的寶寶佔 57.2%，6 月齡前開始添加輔食的寶寶佔 77.9%，9 月齡前開始添加輔食的寶寶佔 87.1%，12 月齡前開始添加輔食的寶寶佔 91.9%，開始接觸餐桌食物後鹽攝入迅速增加。中國營養學會推薦 7 到 12 個月的寶寶每天鈉適宜攝入量為 350 毫克（相當於 0.9 克鹽）；1 到 3 歲寶寶每天鈉適宜攝入量為 700 毫克（相當於 1.8 克鹽）。

嬰幼兒時期吃鹽多少往往會影響成年後口味，並對血壓產生長遠影響。曾有薈萃分析評估了母乳和非母乳餵養寶寶成年後血壓的差別。結果表明，非母乳餵養的寶寶成年後血壓明顯高於母乳餵養者。在 20 世紀 80 年代以前，配方奶粉含鹽普遍較高，因此非母乳餵養寶寶吃鹽高於母乳餵養者，這是其成年後血壓偏高的重要原因。

兒童

2012 年，世界衛生組織（WHO）頒佈成人和兒童鈉（鹽）攝入量指南，推薦 16 歲及以上人群每天鈉攝入不超過 2,000 毫克（約相當於 5 克鹽），推薦 2 到 15 歲兒童依據熱量攝入水平推算鈉攝入。《美國膳食指南 2016-2020》推薦，14 歲及以上人群每天鈉攝入量不超過 2,300 毫克（約相當於 6 克鹽），推薦 2 到 13 歲兒童依據熱量攝入推算鈉攝入。

根據 2002 年中國居民營養與健康狀況調查，2-3 歲兒童每天鈉攝入為 3,213 毫克（相當於 8.2 克鹽），4-6 歲兒童每天鈉攝入為 4,013 毫克（相當於 10.2 克鹽），7-10 歲兒童每天鈉攝入為 4,821 毫克（相當於 12.2 克鹽），14-17 歲青少年每天鈉攝入為 6,271 毫克（相當於 15.9 克鹽）。可見，兒童與青少年吃鹽量明顯超過推薦標準。2011 年，北京大學在蘇州、廣州、鄭州、成都、蘭州、瀋陽、北京等 7 個城市及河北邢台的 2 個鄉村，各抽取 1 所幼兒園和 1 所小學，對 1,774 名 3 到 12 歲兒童膳食進行調查。結果發現，農村幼兒園小班兒童平均每天吃鹽 10.0 克，小學生平均每天吃鹽 13.0 克；城市幼兒園小班兒童平均每天吃鹽 6.5 克，小學生平均每天吃鹽 9.0 克。可見，各年齡段在校學生吃鹽也遠超指南推薦標準。

最近開展的一項薈萃分析發現，兒童減鹽也能降低血壓。將吃鹽量減少 42%，4 週後收縮壓降低 1.2 毫米汞柱，舒張壓降低 1.3 毫米汞柱。不應忽視兒童血壓偏高的危害，兒童期血壓越高，成年後血壓也越高。從兒童期開始限鹽，能從很大程度上緩解血壓隨年齡增加的趨勢，延遲甚至預防成人高血壓，從而降低心腦血管病風險。

老年人

一般來說，隨着年齡增長，血壓會逐漸升高，老年人高血壓發病率明顯高於年輕人。吃鹽多會進一步升高血壓，因此，老年人更應限鹽。隨着年齡增長，鹽敏感性會逐漸增強。也就是說，老年人血壓更易受吃鹽多少影響。根據薈萃分析，50-60 歲正血壓者，吃鹽量每增加 6 克（2,300 毫克鈉），收縮壓會平均升高 3.7 毫米汞柱；60-78 歲正血壓者，吃鹽量每增加 6 克，收縮壓會平均升高 8.3 毫米汞柱。

鹽的一個重要作用就是產生美味，鹹味的產生有賴於舌尖上的味蕾。隨着年齡增長，味蕾首先對酸味和苦味的感知能力下降，其次是鮮味，鹹味和甜味的鈍化出現較晚。儘管如此，老年人鹹味閾值仍然是年輕人的兩倍。也就是說，要產生同等鹹味，老年人需要的鹽量是年輕人的兩倍。

老年人味覺敏感性降低的原因很多。隨着年齡增長，舌尖上味蕾減少；味蕾上味覺細胞也減少，這是年長者味覺不敏感的主要原因。老年人容易出現口腔衛生惡化和口腔疾病，同時唾液分泌減少。固體食物中的鹽只有先溶解到唾液中，才能被味蕾感知。因此，唾液分泌減少會減弱鹹味。另外，唾液減少，舌尖上的味蕾就得不到有效清洗，厚重的舌苔會阻礙鹽和味蕾接觸，從而減弱鹹味。用軟毛刷定期清洗舌部，可恢復味蕾的敏感性，有利於維持正常味覺，從而減少吃鹽。

除了口腔疾病，糖尿病、咽喉炎、乾燥綜合症、腫瘤等也會降低味覺敏感性。通過味覺電生理測量技術（electrogustometry）發現，長期吸煙的人對鹽的感知變得相當遲鈍。因此，從限鹽角度考慮，應積極治療這些疾病，並盡早戒煙。

一些老年疾病和常用藥物也會降低味覺敏感性。味覺敏感性下降不一定直接導致吃鹽增加，但至少有一部份年長者會因味覺遲鈍，改變食物選擇，從而間接增加吃鹽。

在老年人中，牙齒脱落很常見。牙齒脱落後，即使安裝假牙（義齒）也會影響咀嚼功能，加之經常伴發牙周病，老年人食物選擇會受到很大限制。咀嚼困難和牙齦疼痛迫使他們選擇柔軟的麵食和深加工食物；少選擇富含纖維素的蔬菜和水果。飲食結構的改變會增加鹽（鈉）攝入，減少鉀攝入。在印度開展的調查表明，與牙齒健全的同齡人比較，牙齒脱落者高血壓患病風險增加 62%。

老年人體力活動量下降，能量消耗降低，食量也隨之減少。因此，老年人對鹽的生理需求也會降低。中國營養學會推薦，18-49 歲人（中等活動度，下同）每天應攝入熱量 2,600 卡路里，50-64 歲人每天應攝入熱量 2,450 卡路里，65-79 歲人每天應攝入熱量 2,350 卡路里，80 歲及以上的人每天應攝入熱量 2,200 卡路里。由於鈉（鹽）與人體能量代謝密切相關，隨着年齡增長，逐漸減少吃鹽是合理的。

老年人體內含水量明顯減少，30 歲人體內含水約 60%，75 歲人體內含水只有 50%。體內含水減少使老年人水鹽平衡更易受各種因素影響。老年人口渴反射遲鈍，腎臟對抗利尿激素（ADH）的敏感性下降，腎小球濾過率降低，腎臟排出多餘水鈉的能力下降。這些改變加上其他疾病和藥物影響，使老年人既容易發生水鈉瀦留，又容易發生低鈉血症。為了防止高鈉血症和低鈉血症，老年人應定期檢測血液電解質濃度，並對吃鹽量有所了解，同時制定限鹽計劃。

美國心臟協會（AHA）推薦，成人每天吃鹽不超過 6 克，而對於 50 歲以上的人建議每天吃鹽不超過 3.8 克。從預防高血壓等慢性病角度出發，中國營養學會推薦，14-17 歲的人每天吃鹽不超過 5.6 克，18-49 歲的人每天吃鹽不超過 5.1 克，50-64 歲的人每天吃鹽不超過 4.8 克，65-79 歲的人每天吃鹽不超過 4.6 克，80 歲及以上的人每天吃鹽不超過 4.3 克。

2015 年，中國 60 歲以上老年人已達 2.22 億，佔總人口的 16.1%，預計 2025 年將突破 3 億。其中，70% 以上的老年人患有慢性病，失能和半失能老人有 4,000 萬。在發展中國家出現如此高比例的老年人口，社會經濟發展將面臨巨大挑戰。因此，促進老年人的健康不僅事關全民醫保這一大政方針能否維持，更涉及社會發展的可持續性。只有未雨綢繆，從基本預防做起，才能使人口老齡化對社會發展的衝擊程度降到最低。

吃鹽量測定

學術界開展食鹽與健康研究已有百年歷史，其間建立了多種吃鹽量測定方法。若從準確性、可操作性、方便性、經濟性等方面考慮，目前還沒有一種完美的方法。24 小時尿鈉法準確性高，目前被認為是測定吃鹽量的金標準。

鹽閾法

鹽閾法通過測定舌尖對不同濃度鹽水的感知，從而間接判斷吃鹽量。將濃度分別為 0.1%、0.2%、0.3%、0.4%、0.5%、0.6%、0.7%、0.8%、0.9%、1.0% 的鹽水，依次滴在受試者舌前 1/3 處，每一濃度 2 滴，能感覺出鹹味的最低濃度即為鹽閾。鹽閾法通過測定鹹味敏感度，從而間接反映吃鹽量。研究證實，鹽閾值與吃鹽量密切相關。鹽閾值越高，吃鹽越多。鹽閾法的優點是簡單易行，適於對大批人群進行檢測；缺點是無法獲知吃鹽量的具體值，也無法知道膳食中鹽的來源。因此，鹽閾值只能反映吃鹽大致狀況，不適於用作個人或家庭減鹽的依據。

最佳鹹度法

最佳鹹度法是讓受試者品嘗鹽含量由低到高的某種食物（如爆米花），選出自認口味最好的一種，即為最佳鹹度，也稱美味點。最佳鹹度法通過測定鹽喜好度，間接反映吃鹽量。研究證實，最佳鹹度與吃鹽量密切相關。最佳鹹度越高，吃鹽越多。最佳鹹度法的優點是簡單易行，適於對大批人群進行檢測。但無法獲知吃鹽量的具體值，也無法知道膳食中鹽的來源。另外，舌部味蕾對鹽的感知受情緒、溫度、口腔疾病、最近是否吃過刺激性食物或高鹽食物等因素影響。因此，最佳鹹度只能反映吃鹽大致狀況，不適於用作個人或家庭減鹽的依據。

計鹽法

計鹽法通過記錄家庭或個人一定時期食鹽消費量，進而計算吃鹽量。例如，一個三口之家一月消費一袋鹽（500 克），其中約 1/3 時間在外就餐，可知每人每天吃鹽 8.3 克。計鹽法的優點是簡單易行；缺點是只計算了烹調用鹽，沒有計算加工食品、含鈉調味品和食物天然含鹽，會明顯低估吃鹽量。另一方面，計鹽法沒有考慮鹽的其他用途，在居家生活中，食鹽會用於清洗蔬菜水果和醃製食品，還有部份鹽隨殘剩飯菜被丟棄。因此，計鹽法只能了解吃鹽的大致狀況和變化趨勢，不適於用作制定減鹽計劃的依據。

食物秤重法

食物秤重法通過秤取一定時間（一般為一到三天）家庭消費的所有食物和調味品的重量，再根據不同食物含鈉量計算吃鹽量。食物秤重法的優點是可了解飲食鹽的來源，缺點是工作量很大。例如，西北居民喜歡吃的臊子麵，其主料和配料高達幾十種，有的配料用量又非常少（如鹽、醋、醬油、植物油、味精、辣椒、料酒、花椒、黃花、木耳等），除了秤量各種烹飪用料，還要秤量進餐後的殘剩量。中國傳統飲食種類龐雜，食物成份繁多，這給秤重法帶來極大挑戰。有些預先烹製的食物（如自製的肉臊、泡菜、豆瓣醬等）含鈉量可能無從獲知，也會影響秤重法的準確性。中國居民營養與健康狀況調查曾採用食物秤重法評估。

化學分析法

讓待測者將所有食物都作雙份準備，一份食用，一份留作化驗分析。集中一天或數天所備份的食物，混合勻漿後測定鈉含量，進而計算吃鹽量。化學分析法的優點是結果比較準確；缺點是工作量大，成本較高，也無法獲知吃鹽來源。

膳食日誌法

膳食日誌法由受試者記錄一段時間內（一天到四週）所吃食物的種類、食用量、成份等。根據攝入量和鈉含量計算吃鹽量。膳食日誌法的優點是簡單易行，適合在人群中開展大規模調查，而且能了解吃鹽來源。膳食日誌法在評估吃鹽量的同時，還能獲知氨基酸、脂肪、糖、維生素、礦物質、微量元素和熱量等其他營養素的攝入。膳食日誌法的缺點是食物消費量由受試者估計，具有較大主觀性。另外，部份食物尤其是家庭自製食物，因無法獲知鈉含量而影響其準確性。英國、日本等國家在開展全民營養調查時，曾採用膳食日誌法。

膳食回憶法

膳食回憶法由受試者回憶過去 24 小時內所有飲食的內容和數量，根據食用量和鈉含量計算吃鹽量。膳食回憶法和膳食日誌法非常類似，只不過日誌法是前瞻性的，而回憶法是回顧性的。回憶法相對於日誌法工作量小，但回憶法會出現記憶錯誤和遺漏，影響結果的準確性。美國膳食營養調查採用 24 小時膳食回憶法對多種營養素攝入進行評估。比較研究發現，膳食回憶法會低估吃鹽量。由多個家庭成員背靠背地回憶前一天共同進餐的內容，可以對回憶錯誤進行修正，有利於減少偏差。

膳食問卷法

膳食問卷法是針對常見食物種類，由受試者回答各種食物的進食頻率和日常食用量，再根據食用頻率、食用量和鈉含量計算吃鹽量。膳食問卷也稱食物頻率問卷（FFQ），是研究營養素攝入最常用的工具。相對於日誌法和回憶法，問卷法能在更長時段（往往是一年）評估營養素攝入情況，更能反映長期飲食習慣，克服其他方法無法掌握飲食隨季節變化的缺點。但由於膳食問卷中所列食物不可能面面俱到，導致某些少見食物會被遺漏。另一方面，膳食問卷所列食物過多會增加測驗工作量。在美國營養與健康調查研發的膳食問卷中，所涉食物條目多達 139 種，每一食物要回答食用頻率、食用量、烹飪和食用方法、食入量隨季節變化等，完成這樣一個大型問卷要花費數小時，煩冗的問卷內容降低了檢測的可操作性。因此，有研究者開發出簡化版膳食問卷，哈佛大學研製的食物頻率問卷僅包含食物頻率。簡化版問卷減少了調查內容，縮短了調查時間，但也降低了調查的全面性和準確性。膳食問卷法可評估吃鹽量，還可了解吃鹽來源。

24 小時尿鈉法

採集完整的 24 小時尿樣，測定尿鈉濃度，乘以總尿量即為

24 小時尿鈉排出量。用 24 小時尿鈉排出量乘以 1.1 即為 24 小時鈉攝入量，有時也直接用 24 小時尿鈉排出量代表一日鈉攝入量，即吃鹽量。採用 24 小時尿鈉法計算吃鹽量的原理在於，在日常活動情況下，人體攝入的鈉在 24 小時內會有 90% 經尿液排出，其餘 10% 經糞便、汗液、淚液、精液、月經等排出。在高溫天氣和強體力勞動時，經其他途徑排鈉的比例稍高。24 小時尿鈉法因準確性高而被認為是測量吃鹽量的「金標準」。利用 24 小時尿樣，還可測定尿鉀排出量，進而獲知鉀攝入量。國際上的大型研究多採用 24 小時尿鈉法。24 小時尿鈉法的缺點是難度高，工作量大，檢測尿鈉濃度要到醫院或研究機構方能完成。為了判斷 24 小時尿液採集是否完整，可以給受測者服用對氨基苯甲酸（PABA），由於 PABA 服用後短時間內完全經尿排出，通過測定尿液 PABA 總量就可判斷尿樣採集是否完整。一般認為尿中 PABA 量低於服用量 85% 時，就認為尿樣採集不完整。英國膳食營養調查曾採用 PABA 法評估 24 小時尿液完整性。24 小時尿鈉法的另一缺點是，無法獲知吃鹽來源。

夜尿鈉法

採集完整的 24 小時尿樣有一定難度，為了克服這一問題，推出了相對簡便的夜尿鈉法。採集 8 小時夜尿和測量尿鈉濃度，計算出夜尿中的鈉含量，再根據夜尿鈉含量推算 24 小時尿鈉排出量和吃鹽量。決定夜尿鈉法準確性的關鍵在於，確定夜尿量佔全天尿量的比例。不同的人夜尿量佔全天尿量的比例差異較大。另外，夜間尿液中鈉量低於白天尿液。這種差異也降低了夜尿鈉法的準確性。

點尿鈉法

點尿鈉法是通過測量單次尿樣中鈉和肌酐濃度，進而推算24小時尿鈉量的方法。點尿鈉法的原理在於，通過尿肌酐濃度，結合年齡、身高和體重，可計算出24小時總尿量，再結合尿鈉濃度計算24小時尿鈉量和吃鹽量。相對於24小時尿鈉法，點尿鈉法明顯提高了測量的可操作性；但由於不同時間尿液中鈉濃度會有較大波動，而尿肌酐又會受膳食蛋白影響，這些都會降低測量的準確性。目前，由尿肌酐濃度推算24小時總尿量的方法有多種，但還沒有一種方法得到廣泛認可。點尿鈉法也無法獲知吃鹽來源。

總之，目前尚沒有一種完美方法能簡便而準確地測定吃鹽量和吃鹽來源。在實際應用中，往往將多種方法結合起來使用，以發揮各自優勢。例如採用24小時尿鈉法測定吃鹽量，再採用膳食日誌法評估吃鹽來源。通過這兩項檢查，就能完整地了解一個人或一個家庭的吃鹽狀況。

隱藏的鹽

天然食物中的鹽

天然食物都含一定量的鈉。在史前時期，天然食物曾是人類鹽攝入的唯一來源，當時每人每天吃鹽只有 0.5-2 克。在天然食物中，肉食含鹽高於素食，海洋食物含鹽高於陸生食物和淡水食物，植物莖葉含鹽高於果實和種子。在現代飲食環境中，食物天然含鈉約佔吃鹽量的 10%。

海產品

在天然食物中，海產品含鹽量較高。每 100 克鱈魚含鈉 130 毫克（相當於 0.33 克鹽），每 100 克帶魚含鈉 150 毫克（相當於 0.38 克鹽），每 100 克海蝦含鈉 302 毫克（相當於 0.77 克鹽），每 100 克乾海帶含鈉 327 毫克（相當於 0.83 克鹽），每 100 克紫菜含鈉 711 毫克（相當於 1.81 克鹽），每 100 克蝦米含鈉 4,892 毫克（相當於 12.43 克鹽）。在烹製海產品時，應不加鹽或少加鹽。若想去掉海產品中的鹽，可用清水浸泡或漂洗。蝦米和蝦皮常被用作調味料，因含鹽量較高，使用時應控制用量。

淡水水產

淡水水產含鹽稍低，每 100 克草魚含鈉 46 毫克（相當於 0.12 克鹽），每 100 克鯉魚含鈉 54 毫克（相當於 0.14 克鹽），每 100 克泥鰍含鈉 75 毫克（相當於 0.19 克鹽），每 100 克河蝦含鈉 134 毫克（相當於 0.34 克鹽），每 100 克龍蝦含鈉 190 毫克（相當於 0.48 克鹽），每 100 克螃蟹含鈉 194 毫克（相當於 0.49 克鹽）。因本身含有一定量的鈉，在烹製淡水水產時，應不加鹽或少加鹽。

禽肉和畜肉

家禽和家畜是農業社會馴化的動物，經人工飼養可正常繁殖並為人類所用。禽肉和畜肉是蛋白質的重要來源，未經加工的禽肉和畜肉含有一定量的鹽。每 100 克豬肉含鈉 59 毫克（相當於 0.15 克鹽），每 100 克牛肉含鈉 84 毫克（相當於 0.21 克鹽），每 100 克羊肉含鈉 81 毫克（相當於 0.20 克鹽），每 100 克雞肉含鈉 63 毫克（相當於 0.16 克鹽），每 100 克鴨肉含鈉 69 毫克（相當於 0.18 克鹽）。動物內臟和血含有較高水平的鈉，在烹飪時應不加鹽或少加鹽。豬皮和豬骨中含有較高水平的鹽，用豬皮和豬骨熬製皮凍時，其中的鹽會逐漸析出，應注意少加鹽或不加鹽。

禽蛋

在天然食物中，禽蛋含鹽相對較高。每 100 克雞蛋含鈉 132 毫克（相當於 0.33 克鹽），每 100 克鴨蛋含鈉 106 毫克（相當於 0.27 克鹽）。由於含鈉水平較高，即使白水煮雞蛋味道也很鮮美。炒雞蛋即使不加鹽，也不會覺得味道寡淡。

奶

鮮奶中含一定量的鹽。每 100 毫升人奶含鈉 23 毫克（相當於 0.06 克鹽），每 100 毫升牛奶含鈉 37 毫克（相當於 0.09 克鹽），每 100 毫升羊奶含鈉 21 毫克（相當於 0.05 克鹽）。母乳餵養的寶寶都能健康成長，說明母乳中的鈉完全能滿足寶寶的身體需求。6 個月以內的寶寶每天大約吃奶 750 毫升，每天攝入鈉 173 毫克（相當於 0.44 克鹽）。喝牛奶或羊奶的寶寶，也能獲得差不多的鹽，因此，不用擔心寶寶吃鹽問題。

糧食

大多數糧食都是禾本科植物的種子（玉米、小麥、水稻、大麥、高粱等）。植物種子由種皮、胚和胚乳三部份組成。胚乳是糧食中提供熱量的主要部份，成份以澱粉與脂肪為主，鈉含量極低。儘管種皮中含有小量鈉，但在加工過程中會被去掉。因此，糧食可食部份（麵粉和大米）含鈉量都極低。人類由狩獵社會進入農耕社會後，食物以肉食為主轉變為以糧食為主，經天然食物攝入的鈉大幅降低，這是農耕者比狩獵者更喜歡吃鹽的重要原因。每 100 克麵粉含鈉 3.1 毫克，每 100 克粳米含鈉 2.4 毫克，每 100 克秈米含鈉 2.7 毫克，每 100 克玉米麵含鈉 2.5 毫克，每 100 克小米含鈉 4.3 毫克。如果每天消費大米 400 克，其鈉含量也不過 10 毫克，基本可忽略不計。

豆類

豆類泛指所有能產生豆莢的豆科植物。豆類品種繁多，常見的有黃豆（大豆）、蠶豆、綠豆、豌豆、赤豆、黑豆等。黃豆和豆製品是中國人膳食蛋白的重要來源，對於長期吃素的人，豆類食品尤其重要。天然豆類含鈉極低，豆製品則因加工方法不同，含鈉差異很大。每 100 克黃豆含鈉 2.2 毫克，每 100 克黑豆含鈉 3.0 毫克，每 100 克綠豆含鈉 3.2 毫克，每 100 克赤豆含鈉 2.2 毫克，每 100 克豌豆含鈉 9.7 毫克。

蔬菜

蔬菜是指可食用的植物根、莖、葉、花或果實，一般將食用菌和海藻也歸為蔬菜。蔬菜能為人體提供多種維生素、礦物質、微量元素、纖維素等營養成份，是膳食鉀的主要來源。大部份蔬菜為陸生植物，以淡水為生長基礎，這些蔬菜含鈉較低。每 100 克番茄含鈉 5.0 毫克，每 100 克黃瓜含鈉 4.9 毫克，每 100 克薯仔含鈉 2.7 毫克，每 100 克冬瓜含鈉 1.8 毫克。但是，並非所有蔬菜中的鹽都可忽略不計，每 100 克蘿蔔含鈉 61.8 毫克，每 100 克菠菜含鈉 85.2 毫克，每 100 克大白菜含鈉 89.3 毫克，每 100 克芹菜含鈉 159.0 毫克，每 100 克百合含鈉 37.3 毫克。在各種蔬菜中，芹菜和百合含鈉偏高，你有沒有感覺到，在炒西芹百合時，即使不加鹽味道也很鮮美？

蘑菇

蘑菇不是植物，而是一種真菌，即擔子菌的子實體。可供食用的蘑菇統稱食用菌。蘑菇營養豐富，富含人體必需的氨基酸、礦物質、維生素和多糖等營養成份。蘑菇含鈉普遍較低。每 100 克平菇含鈉 3.8 毫克，每 100 克香菇含鈉 1.4 毫克，每 100 克金針菇含鈉 4.3 毫克，每 100 克草菇含鈉 73.0 毫克，每 100 克黑木耳含鈉 48.5 毫克，每 100 克銀耳含鈉 82.1 毫克。蘑菇中含有小量維生素 B12，但生物利用度極高，也就是説，蘑菇中的維生素 B12 能很好地被人體吸收，這些維生素 B12 對於完全素食者是非常重要的。

水果

水果一般指水份和糖份含量較高的植物果實。水果種類繁多，但絕大多數含鈉都很低。每100克紅富士蘋果含鈉0.7毫克，每100克庫爾勒梨含鈉3.7毫克，每100克桃含鈉2.1毫克，每100克葡萄含鈉2.0毫克，每100克橘子含鈉1.7毫克，每100克菠蘿含鈉0.8毫克，每100克芒果含鈉2.8毫克，每100克哈密瓜含鈉26.7毫克，每100克西瓜含鈉3.2毫克。是的，西瓜也含鈉，這是對所有食物都含鹽的最好註解，只是含量高低不同罷了。

堅果

堅果具有堅硬的外殼，內含植物種子。堅果是植物的精華部份，含豐富的蛋白質、脂肪酸、礦物質、維生素等營養成份。天然堅果含鈉都較低。每100克核桃含鈉6.4毫克，每100克松子含鈉3.0毫克，每100克花生含鈉3.6毫克，每100克葵花子含鈉5.5毫克。由於堅果中含豐富脂肪酸和蛋白質，加鹽炒製可以讓堅果味道更誘人，香味更濃郁。每100克炒葵花子平均含鈉1,322.0毫克（相當於3.36克鹽）。可見，在炒製過程中葵花子含鹽量增加了240倍。

天然調味品

辣椒、花椒、孜然、茴香、香葉等天然調味品含鹽都很低。美國伊利諾伊大學開展的研究表明，雞湯中加入天然調味品可降低用鹽量。讓101名受試者品嘗不同配方的雞湯，同時允許他們根據自己的口味自由加鹽。結果發現，雞湯中天然調味品用量越多，受試者所加鹽量就越少，但過量調味品會破壞雞湯口味。所以，天然調味品也要控制用量。為了克服這一問題，研究者提出，可以逐漸增加天然調味品的用量，減少鹽的用量，讓進食者逐漸適應低鹽雞湯。

醬料中的鹽

醬類食品是由大豆、小麥等原料經發酵釀製而成，常見醬料包括醬油、麵醬和豆瓣醬等。醬類含有豐富的氨基酸、多糖、有機酸、礦物質，具有鮮味和香味，因此能改善飯菜口味，豐富菜餚色澤，是東方傳統烹飪不可或缺的調味品。醬類含鹽較多，加之消費量大，是中國居民吃鹽的重要來源。

醬油

醬油起源於中國。《周禮》中記載：「凡王之饋，食用六穀，膳用六牲，飲用六清，羞用百有二十品，珍用八物，醬用百有二十甕。」這裏開列的是周王室舉辦宴會的食品清單，其中包括 120 壇醬。成書於北魏時期的《齊民要術》詳細記載了醬油製作工藝。唐天寶年間，醬油生產技術隨鑒真大師東渡扶桑，並在其後傳播到東南亞和世界各地。

釀造醬油時，需經歷製麴和發酵兩個過程。製麴的目的是讓米麴黴菌等有益菌充份生長繁殖，發酵的目的是讓米麴黴菌產生的酶將醬醪中的蛋白質、澱粉等降解為風味產物。釀造醬油的關鍵環節是控制發酵，這一過程既要使發酵菌產生風味產物，又要抑制雜菌生長，防止醬醪腐敗變質。發酵菌能耐受高鹽，而雜菌不能耐受高鹽，所以，高鹽環境既可控制雜菌生長，又能調節發酵產物。

生產工藝決定了醬油必然是高鹽調味品，要降低成品醬油含鹽，必須在生產流程中引入電滲析技術，對醬油進行脱鹽處理。但引入脱鹽工藝，勢必增加生產成本，而且含鹽量降低後醬油保質期會明顯縮短，對儲存和運輸環境要求更加苛刻。由此可見，低鹽醬油絕非某些媒體臆測的那麼簡單，「醬油少放一點鹽就能高價賣」。

根據後期製作流程，醬油可分為釀造醬油和配製醬油。釀造醬油是以大豆、豆粕、豆餅、小麥或麩皮為原料，經發酵釀製而成的具有特殊色、香、味的液體調味品（GB18186-2000）。配製醬油是以釀造醬油為主體，加入鹽酸水解植物蛋白調味液、食品添加劑等配製而成的液體調味品（SB10336-2000）。工業化生產的醬油，在調配階段還會加入增鮮劑（穀氨酸鈉、鳥苷酸二鈉）和防腐劑（苯甲酸鈉），這些含鈉添加劑會進一步增加醬油含鹽（鈉）。

中國市場銷售的醬油保質期長達 18 個月，而且要滿足常溫儲存條件。含有多種氨基酸和糖類的醬油非常容易滋生微生物，高鹽是抵禦微生物的一道重要防線，食品安全要求也決定了醬油的高鹽特徵。

中國市售醬油含鹽量在 3.5%-28% 之間，也就是説每 100 毫升醬油含鹽量在 3.5 到 28 克（含鈉 1,300 到 11,000 毫克）之間，平均為 14 克左右，可見不同品牌醬油含鹽差異之巨大（表 5）。中國目前還沒有建立低鹽醬油標準。根據美國醫學研究所（IOM）的建議，若經某種食品每日攝入鹽超過 1 克，就可認為這種食品是高鹽食品。中國城市居民平均每天消費醬油 11 克，因此，高鹽醬油可認定為每 100 毫升含鹽量超過 9 克；低鹽醬油可認定為每 100 毫升含鹽量低於 9 克（每 100 毫升鈉含量低於 3,500 毫克），同時其他主要成份含量基本相同，防止企業為降低含鹽量而稀釋醬油。根據這一標準，中國市場其實很難找到本土生產的低鹽醬油。

表 5 部份市售醬油含鹽量

醬油種類	品牌和名稱	每 100 克含鈉量，毫克	每 100 克含鹽量，克
老抽醬油	金蘭高級老抽	9050	23.0
生抽醬油	美味棧古法頭抽	8700	22.1
老抽醬油	淘大金標老抽	8180	20.8
生抽醬油	淘大銀標生抽	7900	20.1
生抽醬油	同珍王字生抽	7415	18.8
生抽醬油	淘大金標生抽	7400	18.8
生抽醬油	珠江橋牌生抽王	7400	18.8
老抽醬油	珠江橋牌金標老抽王	7400	18.8
老抽醬油	珠江橋牌草菇老抽	7200	18.3
生抽醬油	金蘭生抽	7080	18.0
烹飪醬油	萬字醬油	6809	17.3
烹飪醬油	萬字特級醬油	6458	16.4
調味醬油	淘大蒸魚豉油	6380	16.2
烹飪醬油	萬字低鹽豉油	3808	9.7
生抽醬油	淘大減鹽頭抽	3780	9.6
調味醬油	三井昆布兒童醬油（日本）	3303	8.4
調味醬油	家樂牌辣鮮露	4634	11.8
調味醬油	李錦記煲仔飯醬油 *	1807	4.6
生抽醬油	膳府淡口釀造醬油（韓國）	1460	3.7

① * 營養標籤上標示的是每份食品含鈉量，本表中每 100 克食品含鈉量是經計算所得。
② 同一品牌食品鈉含量在不同生產批次可能會有所改變。
③ 鈉含量來自預包裝食品營養標籤。

醬油釀造常採用高鹽稀態發酵或低鹽固態發酵兩種技術，低鹽固態發酵並非用鹽少，而是在發酵初期加入的鹽水濃度稍低。通過比較不難發現，採用這兩種技術釀造的醬油含鹽量並無本質區別。一些企業出於促銷目的，在包裝上強調低鹽固態發酵，消費者應避免被這種標示所誤導，而應學會利用食品營養標籤計算含鹽量，進而選擇真正的低鹽醬油。

為了吸引消費者，有些商家在醬油包裝或網頁上聲稱低鹽、少鹽、減鹽、淡鹽、薄鹽、淡口，但根據鈉含量計算，其含鹽量並不比其他醬油低，更達不到國家制定的低鹽食品標準。還有一些醬油標示為零添加或兒童醬油，對照營養成份表不難發現，這些醬油非但不是低鹽醬油，有的甚至含鹽極高。消費者應避免為這些不實聲稱所誤導，應根據鈉含量選購低鹽醬油。有關機構應對這種不規範聲稱予以糾正。

常見醬油包裝形式有瓶裝、桶裝、罐裝和袋裝等，很少有按每餐份包裝的醬油。因此，在醬油包裝上常規標示鈉含量的形式是以 100 毫升（克）為單位計算。近年來，一些商家為了促銷，在營養素含量表中採用每份含鈉量的形式標示。每份醬油含鈉量明顯低於每 100 毫升（克）醬油含鈉量。因為絕大多數食品以 100 克（毫升）計算含鈉量，慣性思維會讓消費者誤以為這種醬油含鹽較低。採用每份含鈉量標示的另一問題是，很多生產商隨意變更每份醬油的參考容量（重量）。目前各廠家定義的每份醬油有 5 毫升（克）、10 毫升（克）、15 毫升（克）、17 毫升（克）、20 毫升（克）、25 毫升、30 毫升等，甚至在同一醬油不同批次間都會採用不同標準，這種無序標示為消費者比較各種醬油含鹽量人為設置了障礙。根據定義，每份食品是每人每餐食用量，以 30 毫升醬油為 1 份，意味着每人每餐可進食 30 毫升醬油，每天高達 90 毫升，明顯超過日常用量。因此，儘管符合《預包裝食品營養標籤通則》（GB28050-2011），從方便消費者角度考慮，不應鼓勵這種隨意的標示方法。西方國家普遍採用的方法是，在標示每 100 克（毫升）食品鈉含量的同時，標示每份食品鈉含量。另外，沒有按餐份獨立包裝的食品，一律應以 100 克或 100 毫升為單位標示鈉含量，以免誤導消費者。

根據中國調味品協會統計，2016 年中國醬油總產量達 1,059 萬噸，人均接近 8 公斤，每人每天平均食用醬油 22 毫升。若以每 100 毫升醬油含鹽 14 克計算，每人每天因醬油攝入的鹽就高達 3.1 克。2010 年在北京地區開展的膳食調查表明，經醬油攝入的鹽佔居民吃鹽量的 13.5%。

掌握一些飲食和烹飪技巧，有利於減少醬油中的鹽。

①**選擇低鹽醬油**：根據《預包裝食品營養標籤通則》（GB-7718），所有包裝醬油應強制標示鈉含量，根據鈉含量可計算鹽含量。鈉含量換算為鹽含量的方法是：1 毫克鈉相當於 2.54 毫克鹽，或 1 毫克鈉相當於 0.00254 克鹽。很多居民不了解鹽和鈉之間的關係，直接在醬油包裝上尋找含鹽量，甚至質疑醬油不標註含鹽量是否合規。這些現象説明中國限鹽宣傳還遠遠不夠，食品標籤上的鈉含量信息並沒有被消費者所理解和利用。

②**先加醬油後加鹽**：醬油成份複雜，除含鹽高，還含有多種氨基酸、多糖、有機酸、色素及香料等成份，因而能產生鹹味、鮮味和香味。醬油能改善飯菜味道，豐富飯菜色澤，增強飯菜香味。在烹飪時，應充份利用醬油增味、上色和提鮮的作用，降低飯菜整體用鹽。合理的做法是，首先加適量醬油，待飯菜味道出來後，再決定是否補充加鹽。如果先放足鹽，為追求香味或上色再加醬油，勢必用鹽過量。

③**合理使用不同醬油**：市場銷售的醬油種類繁多，簡單分

為生抽和老抽兩大類。生抽用於提鮮，老抽用於上色，兩者若搭配得當，可減少用量。在烹製肉菜時，想要上色可加小量老抽，想要提味可加小量生抽。若只使用生抽，因為上色效果不佳，勢必過量使用醬油。佐餐醬油可用於拌涼菜，其味道相對清淡，含鹽稍低。

④**晚加醬油和鹽**：烹飪時太早加入醬油和鹽，鹽會滲入食材內部，使菜餚味道變淡。晚加的醬油和鹽更多附着在食材表面，進食時首先與舌尖上的味蕾接觸，能產生更強的味覺效應。因此，在不影響飯菜整體口味時，宜晚加醬油和鹽。

⑤**不宜聯用調味料**：蠔油是以牡蠣為原料，經煮熟取汁濃縮，加輔料精製而成的複合調味料。蠔油含有豐富的氨基酸、核酸、多種維生素和礦物質，也具有增味提鮮作用。雖然蠔油和醬油不是同一種調味品，但作用基本類似。蠔油含鹽也較高，每 100 毫升蠔油含鹽可高達 10.5 克。因此，同一道菜不宜聯用蠔油和醬油，若要聯用用量均應酌減。大部份醬油中已添加了穀氨酸鈉（味精）和鳥苷酸二鈉等增鮮劑，加入醬油的飯菜應不放或少放味精和雞精。

⑥**控制用量**：醬油屬於高鹽調味品，控制醬油用量是減少吃鹽的必要環節。如條件許可，應盡量採用天然調味品，少用或不用醬油。

⑦**少食鹵汁**：加入較多醬油的飯菜，湯汁中溶解有較多鹽，不宜連湯汁食用。不宜將菜汁加入米飯或麵條中一起食用，也不宜用菜汁泡餅或饅頭食用，更不宜直接飲用菜汁。

醬

醬是以糧食、大豆、蔬菜、肉、魚、蝦、蟹等為原料，利用微生物發酵而製成的調味品。醬的種類繁多，常見的包括豆醬、麵醬、辣椒醬、甜醬、魚露、蝦醬、蟹醬等。其中，豆醬根據工藝不同，又可分為豆瓣醬、黃醬、大醬、盤醬、雜醬等。豆醬製作的關鍵環節是控制發酵，既要保證發酵菌產生風味產物，又要抑制雜菌生長，這一關鍵環節是由加鹽量來控制的。

家庭製作豆醬時，大豆與鹽的配料比高達 4：1。採用高鹽稀態發酵工藝製作豆醬，每 100 公斤豆片麴需加鹽 28.5 公斤；採用低鹽固態發酵工藝製作豆醬，每 100 公斤大豆麴需加鹽 33 公斤，發酵過程中還會加入苯甲酸鈉作為防腐劑。所以，各類豆醬無一例外都是高鹽食品。廣受民眾喜愛的郫縣豆瓣醬每 100 克含鹽高達 24.2 克，每 100 克甜麵醬含鹽也有 5.3 克。醬類食品為半液態混合食品，其中的鹽無法去除，食用時全部進入人體。因此，要控制源於醬類的鹽，唯一可行的方法就是減少食用量。

味精中的鹽

味精的化學成份是穀氨酸鈉（monosodium glutamate, MSG）。人體合成蛋白質需要 20 種氨基酸，穀氨酸就是其中之一。食物中加入味精可產生鮮味。從進化論觀點出發，味精產生鮮味的原因在於，穀氨酸作為蛋白質合成原料的代表，通過神經反射產生美味效應，誘使人體攝入多種氨基酸，用於體內蛋白質合成。

用味精或味精溶液直接刺激舌部，會產生淡淡的麻澀感，這種感覺持續時間較長，並且會向口腔後部和咽喉部擴散。可見單純味精所帶來的並非鮮味，但食物中加入小量味精就能產生美味效應，尤其是帶香味的食物。另外，味精產生鮮味的濃度範圍非常窄。

味精發揮鮮味效應與食物中鹽的濃度有關，含鹽少的食物加入小量味精也能獲得與高鹽食物一樣的美味感受。研究表明，加入食物中的味精濃度在 0.2%-0.8% 時，增味效果最佳。最近開展的研究表明，加入魚醬（其中含較高水平味精），可將雞湯或番茄湯用鹽量減少 25%，而不影響湯的整體味道。老年人因味覺和嗅覺靈敏度下降，導致食慾下降，有時會引發營養不良，這時可適量添加味精以增加食慾。

舌尖和口腔黏膜上的味蕾都能感知鮮味。生理學研究證實，味蕾上感知鮮味的受體是代謝性穀氨酸受體（mGluR4, mGluR1）和 I 型味覺受體（T1R1, T1R3），大多數味蕾上都存在這些受體。代謝性穀氨酸受體只能與穀氨酸結合並產生鮮味，而 I 型味覺受體還能與核苷酸結合，強化穀氨酸的鮮味效應。這一作用機制是雞精具有更強增味效應的原因，雞精其實就是穀氨酸鈉和核苷酸的混合物。

1909 年，日本學者池田菊苗發現穀氨酸的增味作用後，味之素風靡日本，並很快傳入中國，中文翻譯為「味精」。1923 年，民族實業家吳蘊初在上海成立天廚公司，並開創了水解法生產味精這一新技術，降低了味精的生產成本，使這種新式調味品進入中國人的廚房。20 世紀下半葉，中餐在全球流行，西方人也開始享受味精的鮮味。

1968 年，《新英格蘭醫學雜誌》（New England Journal of Medicine）刊發一封讀者來信，一名顧客講述自己去中餐館吃飯後出現頭痛、四肢發麻、心慌、乏力等症狀，他推測這些症狀是味精所致。這篇報道經媒體轉載後迅速引起民眾恐慌。西方學者將這些症狀命名為「中國餐館綜合症」（Chinese

Restaurant Syndrome），這一稱號加重了民眾恐慌，一時間中餐館門可羅雀，紛紛倒閉，經營餐飲的華裔損失慘重。之後，為了明確味精的安全性，美國食品藥品管理局（FDA）和美國國立衛生研究所（NIH）資助了大量研究，但並未發現味精有毒副作用。

在大鼠中開展的研究表明，味精的半數致死劑量（LD50）是 15 克 / 公斤體重；而食鹽的半數致死劑量是 3 克 / 公斤體重，可見味精比食鹽安全性還要高。成人每次攝入 5 克味精，血液中穀氨酸濃度會有所升高，但很快就恢復正常。人體能快速代謝高劑量穀氨酸，是因為富含蛋白質的食物在腸道中分解本身就能產生大量穀氨酸。對人體而言，味精其實是一種天然食物。

經系統評估相關研究結果後，美國食品藥品管理局最終認定，味精是一種基本安全的物質（GRAS），向食品中添加味精無須進行預先安全評估。1987 年，聯合國糧食與農業組織（FAO）和世界衛生組織（WHO）食品添加劑專家聯合會（JECFA）宣佈，取消對成人味精食用量的限制。針對中國餐館綜合症，美國 ABC 新聞評論認為，西方社會對味精的恐懼反映出對中國人根深蒂固的種族歧視，因為這種食物來自中國，對西方人來説是外來食物，因而本能地被認為是危險的。

味精是單一成份的化合物，即穀氨酸鈉，其中並不含鹽，但含較高比例的鈉（12%），而鈉的健康危害與鹽相當。味精具有明顯增味效應，小量味精就能顯著改善食物口味，因此善用味精反而能減少用鹽。

有些大眾健康專家提出，飯菜中最好不放味精，因為味精是藏「鈉」大戶。根據日本學者開展的研究，加入小量味精，可顯著改善飯菜口味，從而減少烹調用鹽。味精的主要成份是穀氨酸鈉（$C_5H_8NNaO_4$，分子量 169.1），1 克味精與 0.3 克鹽（NaCl，分子量 58.4）含鈉量相當，如果一道菜投放 0.5 克味精，可將用鹽量由 4 克降到 3 克，那麼這道菜就因味精少用了 1 克鹽，可見味精的減鹽效果相當顯著。

個別極度喜歡味精的人，每天最高可攝入 5 克味精，其中含有 600 毫克鈉，相當於 1.5 克鹽。因此，這些人應適當控制味精用量。大多數人日常味精攝入量在 2 克以內，相當於 0.6 克鹽，對吃鹽量不構成實質性影響，但應在加味精後減少用鹽。為了減少因味精攝入的鈉，有的企業開發出無鈉味精，這就是穀氨酸鉀。穀氨酸鉀也能產生增味效應，只是所產生的鮮味要弱一些，而苦澀味要強一些。

為了增強鮮味，很多主婦在炒菜或做湯時喜歡放味精，從限鹽角度考慮，這是一個值得推薦的方法，但使用味精應注意同時減鹽。

①控制味精的用量：味精的提味作用非常強烈，小量味精就能產生明顯增味效應，味精可感知濃度為 0.03%，鹽可感知濃度為 0.3%。因此，絕不能像加鹽那樣加味精。味精投放過多，不僅增加鈉鹽攝入，而且會使飯菜產生苦澀味，一般每道菜不應超過 0.5 克，其中的鈉相當於 0.15 克鹽。

②加味精後減少用鹽：飯菜加入小量味精後，鮮味會明顯提升，這時應適當減少用鹽量。研究表明，加入味精後將用鹽量降低 25%，一般不會有鹹味不足的感覺。

③把握加味精的時機：應在菜快炒好或出鍋後投放味精。在 120℃以上高溫環境，味精會轉化為焦穀氨酸鈉，失去增味效應。味精發揮作用的最佳溫度是 70-80℃。加味精的飯菜不宜過涼食用。涼拌菜和生食蔬菜不應投放味精。

④利用味精和鹽的協同作用：味精的增味效應在香味食物中最明顯，而且需要鹽的輔助。例如，給雞湯中加鹽和味精，味覺效果最好的濃度是含鹽 0.83%，含味精 0.33%。

⑤甜味食物不宜加味精：在甜食中加味精，非但不能增鮮，反而會抑制甜味，產生苦澀感。所以，八寶粥、醪糟等含糖食物不宜加味精。

⑥含穀氨酸豐富的食物不宜加味精：很多天然食物本身含有豐富的穀氨酸，如海產品、肉湯等。用高湯烹製菜餚時，不必再加味精，否則會增加鈉攝入量，也會破壞菜餚口味。在烹製海帶等海產品時，也不宜再加味精。

⑦鹼性和酸性強的食物不宜加味精：味精遇鹼會生成穀氨酸二鈉，產生氨水樣臭味。菜餚接近中性時，味精增味效果最強，酸性或鹼性明顯的飯菜都沒有必要加味精。

⑧合理搭配食物：味精增鮮作用在香味食物中更明顯，在含鹽食物中更明顯，在富含核苷酸食物中更明顯。利用這些特徵對食物進行有機搭配，不僅能使飯菜味道鮮美，還能減少用鹽。如日餐中的海帶魚湯、意大利餐中的番茄蘑菇湯、中餐中的小雞燉蘑菇等。

要充份發揮味精增味效應，需要有香味物質、核苷酸和鹽的存在，雞精正是為了滿足這些條件而配製的複合調味品。雞精並非從雞肉中提取，它是在味精的基礎上加入核苷酸而製成。由於核苷酸帶有雞肉一樣的鮮味，所以稱「雞精」。除鹽、味精和核苷酸外，雞精還含有多種含鈉增味劑、增鮮劑、防腐劑等。所以，要控制雞精的用量，其使用可以參考味精的用法。

發酵調味品中的鹽

釀造或發酵生產的調味品基本都含有較高濃度的鹽。日常膳食中，辣椒醬、豆腐乳和醋的用量較大，這些調味品中的鈉會明顯增加吃鹽量。

辣椒醬

辣味並非人的基本味覺，而是一種灼熱樣的痛覺感受。辣椒中的主要致辣成份是辣椒素（capsaicin）。辣椒素是香草醯胺類生物鹼，主要包括辣椒鹼和二氫辣椒鹼。辣椒素能與痛覺細胞上的香草素受體 I（vanilloid receptor subtype1, VR1）結合。舌頭和口腔黏膜上的 VR1 受到辣椒素刺激後，神經衝動沿三叉神經傳遞到大腦產生灼痛感。伴隨這種灼痛感，中樞神經會釋放內源性止痛物質——內啡肽。這種嗎啡樣的物質在發揮止痛的同時還能產生欣快感，正是這種欣快感使人越吃越想吃。喜歡吃辣的人常常會説「辣得過癮」，就是內啡肽作用的結果。最近的研究發現，進食重辣食物時，辣椒素會破壞痛覺細胞，使進食者對辣味變得越來越遲鈍，這樣吃辣椒就會越來越多。

鹽會使辣椒味道變得柔和而內斂，辣味不那麼粗糙和狂野。在含油辣椒食品（如火鍋或辣椒醬）中，鹽還能增強香味。其原因在於，鹽可降低辣椒中的自由水，增加香味物質揮發量，從而使辣椒香氣四溢。另外，鹽和辣椒會協同產生欣快感。因此，很多辣味食品暢銷的秘訣，其實就是高鹽重辣。在食品安全方面，鹽還能延長濕性辣椒食品的保質期。

湖南、湖北、四川、重慶、江西、陝西等傳統喜辣地區高血壓患病率普遍偏高，尤其是湖南，高血壓腦出血發病率高居全國前列。湘雅醫院楊期東教授在長沙開展的調查發現，當地 50 歲以下居民腦出血佔中風的比例超過 50%，而其他地區的比例多在 15% 以下。有學者認為，高鹽重辣飲食可能是這些地區高血壓腦出血高發的重要原因。

需要明確的是，辣椒本身與高血壓並無直接關聯。而且，最近的研究還發現，辣椒素可促進腎臟排鈉，改善線粒體功能，有利於防止高鹽飲食引起的高血壓和心肌肥厚。調查發現，市場銷售的辣椒醬含鹽都很高（表 6）；個別辣椒食品含鹽之高，早已超出人類味覺可感知的上限。這樣看來，辣味食品引起高血壓並非因辣椒本身，而是由於辣味食品中隱藏的鹽。在日常生活中，掌握一些小竅門，有利於控制辣椒中的鹽。

① **選擇未加工或簡單加工的辣椒食品**：天然辣椒或辣椒末含鹽極低，辣椒食品在加工過程中會加入大量食鹽。因此，日常烹飪應盡量選用天然辣椒，或自製辣椒食品，以控制用鹽量。

② **規避高鹽辣椒食品**：購買辣味食品時，應依據食品營養標籤上的鈉含量信息，選擇含鈉低的辣椒食品。

③ **選用鹽的替代品**：鹽可以協同辣椒產生灼痛樣的欣快感，這種作用也可由花椒、胡椒、孜然、葱、薑、蒜等天然調味品產生，獲得類似美味享受。

④ **限制高鹽食品**：市場銷售的辣椒醬、剁椒、牛肉辣醬、辣條、醃辣椒、酸辣椒、油潑辣椒等多為高鹽食品。

辣椒是深受居民喜愛的日常食品，可知這類食品對人群吃鹽量影響很大。除了廣泛宣傳，使居民認識高鹽飲食的危害，

表 6 部份市場銷售辣椒醬含鹽量

辣醬種類	品牌和名稱	每 100 克含鈉量，毫克	每 100 克含鹽量，克
蘸醬調料	淘大桂林辣椒醬	5552	14.1
蘸醬調料	老乾媽風味糟辣剁椒	4790	12.2
蘸醬調料	李錦記蒜蓉辣椒醬	4320	11.0
蘸醬調料	淘大豆瓣醬	4300	10.9
蘸醬調料	欣和黃飛紅蒜香辣醬	4127	10.5
蘸醬調料	六必居蒜蓉辣醬	3889	9.9
蘸醬調料	清淨園淳昌辣椒醬（韓國）	3778	9.6
蘸醬調料	品珍辣椒醬	3660	9.3
蘸醬調料	李錦記是拉差辣椒醬	2780	7.1
蘸醬調料	老乾媽香辣脆油辣椒	2500	6.4
蘸醬調料	BLUE ELEPHANT 泰國羅勒拌炒醬	2000	5.1
蘸醬調料	老乾媽香菇油辣椒	1666	4.2
蘸醬調料	老騾子朝天香辣脆	1574	4.0
蘸醬調料	李錦記 XO 海皇醬	1570	4.0
蘸醬調料	亨氏番茄辣椒醬	1281	3.3
蘸醬調料	味好美泰式甜辣醬	1180	3.0
蘸醬調料	美極香蒜辣椒醬	1000	2.5
蘸醬調料	Tabasco 辣椒仔辣椒汁	700	1.8

① * 營養標籤上標示的是每份食品含鈉量，而非每 100 克食品的含鈉量，本表中每 100 克食品含鈉量是經計算後所得。
② 同一品牌食品鈉含量在不同生產批次可能會有所改變。
③ 鈉含量來自預包裝食品營養標籤。

掌握必要的減鹽方法；針對各類高鹽食品，還應通過立法或國家標準，強制限定食品含鹽量，杜絕出於增重盈利目的，向食品中加入過量食鹽的不良行為。

豆腐乳

豆腐乳是中國傳統食品。豆腐乳可分青方、紅方、白方三大類。豆腐乳製作一般要經兩次發酵。在前期發酵時，將豆腐壓坯切塊，接種根霉菌或毛霉菌，這些霉菌可分泌蛋白酶，使豆腐中的蛋白高度水解。在後期發酵時，加入紅麴酶菌、酵母菌、米麯黴菌等進行密封發酵和貯藏。在兩次發酵之間，有一個重要環節就是醃坯，即採用高濃度鹽水醃製毛坯，使之變為鹽坯。鹽坯含鹽量高達 16%。醃坯的目的在於：①通過高鹽滲透作用，使毛坯中的水份釋出，使坯體變硬變韌而不易酥爛；②高鹽高滲可避免腐乳在後期發酵和貯存時因感染雜菌而腐敗；③高滲鹽水對蛋白酶有抑制作用，使腐乳在後發酵期間不致因蛋白酶持續作用而糟爛；④加入鹽能顯著改善腐乳口味，增強香味。

在豆腐乳製作過程中，醃坯是必不可少的一環，因此，高鹽是傳統豆腐乳的共同特點。每 100 克紅方含鹽約 9 克，一塊紅方（約 15 克）含鹽約 1.4 克，一塊糟腐乳（約 15 克）含鹽約 3 克。中國膳食指南推薦成人每天吃鹽不超過 6 克，食用 2 塊糟腐乳吃鹽就會超標。因此，豆腐乳雖然價廉味美，但不應過量食用，每次最好不超過 1/4 塊，更不可天天享用。

隨着低鹽發酵工藝的出現，有的企業推出了低鹽豆腐乳。2010 年，北京二商王致和食品公司研製出低鹽豆腐乳，每 100 克豆腐乳含鹽量由傳統豆腐乳的 8.9 克（鈉 3500 毫克）降低到 5.8 克（鈉 2300 毫克），含鹽量降低了 35%。減鹽後的豆腐乳每塊含鹽約 0.87 克。

醋

醋是由糧食經微生物發酵而產生的醋酸（乙酸）溶液。採用傳統工藝釀造的陳醋，除了含5%-8%醋酸，還含有多種醇類，因此，陳醋不僅有酸味，還有獨特的香味。將兩種或多種調味劑同時加入食物，可發揮協同增味的效應。例如，食物中同時加入鹽和醋，會使鹹味和酸味都更加突出。烹飪時善於用醋，可明顯改善飯菜口味，減少用鹽量。最近有研究表明，醋可以促進糖代謝，在糖尿病患者中能發揮降糖作用。還有研究發現，醋具有降壓作用。中醫常用食醋治療多種疾病，《本草綱目》記載「（醋）味酸苦，性溫和，無毒」，可「消腫塊、散水汽、殺邪毒」。

但是，很多人並不知道，食醋中也含有鹽。每100毫升陳醋含鹽約0.85克（334毫克鈉，東湖牌山西老陳醋）。按照英國標準，陳醋含鹽屬於較高水平，應標示黃燈加以警示。由於中國傳統烹飪中用醋較多，也應控制食醋中的鹽。

① **食物加醋後應適當減少用鹽。**醋本身含有一定量的鹽，而且醋可發揮提味作用，飯菜應根據加醋量適當減少用鹽。加醋能使飯菜產生明顯酸味時，可將用鹽量減少20%，加上醋中含鹽，飯菜實際含鹽可降低10%。

② **只吃菜，不喝湯。**加醋的飯菜往往有湯汁，很大一部份鹽溶解在湯汁中。因此，飯菜最好不要連湯汁食用。

③ **先加醋後加鹽。**飯菜應先加醋，根據口味再決定是否要額外加鹽。若先加了足量食鹽，再加入食醋，就會導致用鹽過量。

④ **合理使用不同的食醋。**因所用原料和釀製方法不同，食醋含鹽量差異很大。如果條件許可，廚房中可準備多種類型的

醋，烹飪時根據需要選用不同食醋，以降低吃鹽量。陳醋含鹽最高（2.1 克鹽 /100 毫升），其次為甘醋（1.2 克鹽 /100 毫升），再次為黑醋（0.9 克鹽 /100 毫升）、白醋（0.6 克鹽 /100 毫升）和香醋（0.5 克鹽 /100 毫升）含鹽較低。陳醋含鹽高，但氨基酸（包括含硫氨基酸和芳香族氨基酸）和醇類含量也高，適合烹製肉類食物，這樣容易出味，另外，涼拌菜也可選用陳醋。烹製汁少的菜餚（如薯仔絲），應選擇含鹽低的白醋或香醋。另外，家庭製作酸味醬菜（如糖醋蒜）時，應盡量選擇含鹽低的白醋。

⑤特殊人群慎用醋。胃潰瘍和十二指腸潰瘍患者不宜過多吃醋。醋會損害胃腸黏膜，加重潰瘍。食醋中的有機酸會刺激消化液分泌，會進一步加重潰瘍。正在服用碳酸氫鈉、氧化鎂等鹼性藥物的患者，不宜吃醋過多，因為醋會和這些藥物發生中和反應，降低藥物的療效。

⑥標示食醋含鹽量。目前中國市場銷售的包裝食醋大多沒有標示營養素含量，也沒有標示鈉含量，這種狀況會使居民誤以為食醋中不含鹽。中國傳統烹飪用醋量較大，2015 年中國食醋產銷量高達 410 萬噸，人均約 3 公斤。可見，醋和醬油一樣也是中國居民鹽攝入的重要來源。從限鹽角度考慮，有關部門應修訂現行標準，要求包裝食醋標示鈉含量和其他強制性營養素含量。企業也應從消費者健康角度考慮，在食醋包裝上提供營養素含量表。

水中的鹽

成人每天需攝入水約 3,000 毫升（包括食物含水）。中國《生活飲用水衛生標準》（GB5749-2006）規定，飲用水鈉含量不應超過 200 毫克 / 升。若以上限計算，成人每天經飲水最多可攝入鈉 600 毫克，相當於 1.5 克鹽，而且很多地區飲用水中鈉含量超標。可見，飲水中的鹽並非微不足道，尤其在水鈉含量高的北方地區。

目前，中國城鎮居民飲水基本實現了自來水化。但在廣大農村，仍有部份居民飲用未經處理的江河水、湖泊水、地下水、募集的雨水和冰雪溶水等。天然水來自降水，在匯流過程中，會溶入周圍環境中的礦物質。因此，天然水源中含有鈉、鈣、鎂等離子。其中，鈣鎂為二價離子，通過煮沸或加入螯合劑可被去除；鈉為一價離子，溶入水中很難被去除，家用淨水器根本無法濾過鈉離子。

水鈉含量的一個參考指標就是礦化度。礦化度又稱總溶解固體（total dissolved solid, TDS），是水中所含離子、分子與化合物的總量，但不包括懸浮物和溶解的氣體。中國北方降水少，植被覆蓋率低，地表荒漠化嚴重，河水和地下水礦化度高，水源中鈉含量高於南方。因此水鈉增加了北方居民吃鹽量。

水硬度是指水中鈣鎂離子的總濃度。水硬度超過 300 毫克 / 升為硬水（hard water）。中國《生活飲用水衛生標準》規定，飲用水硬度（以 $CaCO_3$ 計）不應超過 550 毫克 / 升。含鈣鎂離子高的硬水，容易損毀城市供水管道，在鍋爐中沉積還可能引發爆炸，這是城市自來水降鈣的主要原因。最常用的水軟化技術是離子交換法，而置換鈣鎂離子需要向水中加入鈉離子。

水處理過程中加鹽量與水硬度有關，水硬度越高，需加入的鹽就越多。例如，要將 1 升水硬度由 1,500 毫克（以 $CaCO_3$ 計，15 毫摩爾）降低到 500 毫克（5 毫摩爾），需要加入 20 毫摩爾鈉（460 毫克，相當於 1.17 克鹽），每處理 1 噸這樣的水，就需要加入 1.17 公斤鹽。因此，高硬度水經處理後，含鹽量會明顯增加，使飲水成為居民吃鹽的一個隱性來源。由於降水量少，蒸發量大，地表水中無機鹽濃縮，中國北方水系硬度普遍較高，在自來水處理過程中，需要加入更多鹽，這成為中國北方居民吃鹽多的一個潛在原因。

城市飲水受水源類型、來源地、季節、軟化劑等諸多因素影響，有時會出現水鈉超標。2010 年在北京開展的水樣抽查表明，市政自來水在豐水期含鈉 37.6 毫克 / 升，枯水期含鈉 41.1 毫克 / 升，自來水含鈉最高時達 649.3 毫克 / 升。美國飲用水檢測發現，城市自來水含鈉在 1-391 毫克 / 升之間，自來水平均含鈉 50 毫克 / 升，而瓶裝水含鈉一般都低於 10 毫克 / 升。

20 世紀中後期，美國開展的研究發現，飲用水鈉含量會影響居民血壓水平。圖希爾（Tuthill）等學者在兩個城鎮比較了自來水鈉含量對兒童血壓的影響。其中一個城鎮自來水鈉含量較高（107 毫克 / 升），另一城鎮自來水鈉含量較低（8 毫克 / 升），這種差異當時已維持了至少十七年。對兩個城鎮在校學生血壓進行測量後發現，自來水含鈉高的城鎮女生平均血壓為 113.5/67.8 毫米汞柱，自來水含鈉低的城鎮女生平均血壓為 108.4/62.7 毫米汞柱，兩城鎮女生收縮壓和舒張壓各相差 5.1

毫米汞柱。自來水含鈉高的城鎮男生平均血壓為 125.1/65.2 毫米汞柱，自來水含鈉低的城鎮男生平均血壓 119.5/62.5 毫米汞柱，兩城鎮男生收縮壓和舒張壓分別相差 5.6 和 2.7 毫米汞柱。

苦鹹水

寧夏回族自治區南部的西吉、海原、固原、隆德、涇源、彭陽等 6 個國家級貧困縣統稱西海固。西海固位於黃土高原西南邊緣，屬溫帶大陸型乾旱氣候，年降雨量只有 200-700 毫米，而且大多集中在 6-9 月，年蒸發量則高達 1,000-2,400 毫米。這些地理氣候特徵導致西海固水源奇缺，當地居民飲水主要採自地下水、溝泉水和窖水（募集的雨雪水）。這些水源礦化度很高，大部份都是苦鹹水。2012 年，在固原地區開展的調查發現，多個採樣點地下水和地表水鈉含量超過 200 毫克 / 升，其中西吉縣馬建鄉地下水鈉含量高達 2,368 毫克 / 升，附近多個採樣點地下水鈉含量也超過 1,000 毫克 / 升。在彭陽縣開展的調查表明，地表水（河水、湖水、溝水）鈉含量最高達 304 毫克 / 升，地下水鈉含量最高達 792 毫克 / 升，居民募集的雨雪水鈉含量較低。

長期飲用苦鹹水會升高血壓，增加心腦血管病風險。西海固地區居民因長期飲用苦鹹水導致高血壓等疾病多發，這成為當地居民脱貧致富的一大阻礙。2010 年，在固原農村開展的調查發現，當地居民高血壓患病率高達 28.5%。苦鹹水因鈉、鎂、鈣、氟、鉻等含量高，長期飲用還會導致胃腸功能紊亂、免疫力低下。當地人身體可能已適應了苦鹹水，外地人首次飲用苦鹹水更易出現腹瀉和嘔吐。1997 年，當時在福建省任職的習近平，曾帶隊去西海固開展對口扶貧，同去的福建省的同志在飲用當地苦鹹水後，很多都出現了腹瀉症狀，習近平被「苦瘠甲天下」的西海固所深深震撼。2016 年 7 月，當他再次來到西海固，總書記仍清晰地回憶起當年的情景。

中國《生活飲用水衛生標準》規定，飲用水中可溶性總固體不應超過 1 克 / 升，農村小型集中式供水和分散式供水可溶性總固體不應超過 1.5 克 / 升。飲用水中可溶性總固體超過 1.5 克 / 升即為苦鹹水。2004 年，全國農村飲用苦鹹水的人口仍高達3,855 萬人，主要分佈在西北、華北、華東地區，尤其以寧夏、甘肅、新疆、山東、河南等省、自治區為甚。飲用苦鹹水的地區與國家級貧困區高度重疊。近年來，在國家扶貧計劃支持下，各地政府投入大量資金和人力，在貧困地區實施改水，當地飲水狀況已明顯改善。

中國北方河水硬度明顯高於南方，地下水礦化度和硬度也高於南方。因此，北方居民經飲水攝入的鹽高於南方居民，這可能是北方高血壓患病率高的一個潛在原因。近年來啟動的南水北調工程有望改善居民飲水質量。南水北調水源屬於低礦化度、低鈉含量的漢江水系，因此該工程啟用後將降低受水區居民鈉（鹽）攝入，對降低北方地區高血壓發病率將發揮積極作用。

瓶裝水及飲料中的鹽

市場銷售的瓶裝水可分為純淨水和礦泉水兩大類。純淨水經蒸發冷凝製備，一般不含鈉或含鈉極低。礦泉水來源於天然泉水、地下水、河水、湖水、冰川融水等，一般含有小量鈉。出於口感考慮，礦泉水含鈉量一般不會超過每毫升 20 毫克，對鹽攝入的影響不大。

茶和咖啡含鈉很低，咖啡中加入牛奶含鈉會輕微上升。碳酸飲料或果汁飲料要加入保鮮劑，因而含小量鈉。可樂中鈉含量為每 100 毫升 20 毫克，儘管含量低，若每日飲用超過 1,000 毫升，則鈉攝入可達 200 毫克，相當於 0.45 克鹽。包裝果汁和蔬菜汁也含小量鈉，每 100 毫升蘋果汁含鈉 25 毫克（匯源蘋果汁），每日飲用 500 毫升將攝入 0.32 克鹽。運動飲料含有較高濃度的鈉，每 100 毫升橙味運動飲料含鈉 45 毫克（佳得樂），飲用 500 毫升會攝入 0.57 克鹽。總體來看，果汁、蔬菜汁、運動飲料若非長期大量飲用，對吃鹽量影響不大。

藥物中的鹽

很多藥物都含鈉，但在絕大多數情況下，藥物中的鈉並非刻意添加，而是作為溶劑、基質、賦形劑或化合物的陽離子而存在。在正常劑量範圍，大部份藥物中的鈉都可忽略不計，只有少數藥物含鈉較高，會成為鹽（鈉）攝入的重要來源。

口服藥

口服藥常採用的劑型包括片劑、膠囊、口服液等，這些劑型往往會加入賦形劑、溶劑或其他基質，其作用是讓藥物保持一定形狀和性狀，便於口服，同時增加藥物穩定性，改善藥物口感，調節藥物酸鹼度，增加藥物溶解度，加快藥物崩解速度等。因此，口服藥中的鈉既可源於藥物本身，又可源於基質。在常用藥物中，制酸藥和部份抗生素本身含鈉較高；泡騰片、口崩片和速溶片等藥物基質含鈉較高。

碳酸氫鈉片常用於治療胃酸過多引起的胃痛、胃灼熱感（燒心）和反酸。其藥理機制是，碳酸氫鈉為鹼性物質，能與胃酸（稀鹽酸）反應，生成偏中性的產物氯化鈉、水和二氧化碳。碳酸氫鈉每片劑量為0.5克，每日最大劑量為3克。若服用最大劑量，每天經碳酸氫鈉攝入的鈉為822毫克，相當於2.1克鹽。

泡騰片（effervescent tablets）是一種新型口服製劑。泡騰片利用有機酸和碳酸氫鈉反應，置入水中即刻發生泡騰反應，生成並釋放大量二氧化碳氣體，狀如沸騰，因此稱泡騰片。泡騰片的優點在於，藥物在體外崩解並溶解在水中，口服後在胃腸道吸收面積大，吸收速度快，降低了藥物對局部胃腸黏膜的刺激，從而減少藥物副作用。泡騰片特別適合於兒童、老年人及吞服藥片困難的人。有些對胃腸有刺激的藥物、需要快速吸收的藥物也可製成泡騰片。應當特別注意的是，泡騰片不能直接服用，必須首先溶解在水中，以溶液方式飲用。

泡騰片之所以能在數秒內在水中崩解，是因為含有泡騰崩解劑。泡騰崩解劑包括酸源和鹼源，常用的酸源有檸檬酸、蘋果酸、硼酸、酒石酸、富馬酸等；常用的鹼源有碳酸氫鈉、碳酸鈉或二者混合物。因此，泡騰片都含有一定量鈉。例如，常用抗感冒藥物對乙醯氨基酚泡騰片（撲熱息痛泡騰片）每片含對乙醯氨基酚 500 毫克，含鈉 428 毫克，若服用最大劑量每天 4 片，由該藥每天可攝入鈉 1,712 毫克，相當於 4.35 克鹽。其他泡騰片也含有較高水平的鈉（表 7）。

口腔速崩片（orally disintegrating tablets, ODT，口崩片）也是一種新型口服劑型。口崩片是採用微囊包裹藥物，再添加甘露醇、山梨醇等易溶輔料製成。口崩片可在口腔內快速崩解，隨吞嚥動作進入消化道，具有服用方便、吸收快、生物利用度高、對消化道刺激小等優點。製作口崩片的輔料含有藻酸鈉等多種含鈉化合物，因此，也會增加鈉攝入。

很多藥物的活性成份都是弱酸性有機化合物，將其製成水溶性鈉鹽可促進藥物吸收，提高生物利用度。例如，雙氯芬酸鈉、維生素 C 鈉等都是有機酸鈉鹽。如果每天服用 1 克維生素 C 鈉咀嚼片，可攝入鈉 116 毫克，相當於 0.29 克鹽。果糖二磷酸鈉主要用於心臟病輔助治療。每克果糖二磷酸鈉含鈉 170 毫克，若每日服用 3 克，可攝入鈉 510 毫克，相當於 1.3 克鹽。

表 7 含鈉量較高的常見口服藥

藥品名稱	每片劑量，毫克	每片含鈉量，毫克	最大日劑量含鈉量，毫克	最大日劑量含鹽量，克
對乙醯氨基酚泡騰片	500	428	1712	4.35
阿司匹林泡騰片	330	276	1656	4.21
布洛芬口腔崩解片	200	202	1212	3.08
葡萄糖酸鈣泡騰片	1000	104	832	2.11
碳酸氫鈉片	500	137	822	2.09
果糖二磷酸鈉片	250	57	510	1.30
硫酸鋅泡騰片	125	106	318	0.81
苯唑青霉素鈉膠囊	500	26	313	0.79
維生素 C 泡騰片	1000	193	193	0.49
碳酸鈣泡騰片	4013	138	138	0.35
維生素 C 口嚼片	250	29	116	0.30
萘普生鈉片	250	23	91	0.23
碳酸鈣泡騰片	1250	21	42	0.11
雙氯芬酸鈉緩釋片	100	72	7	0.02

根據中國現有藥品法規，藥品説明書和外包裝上並未標示鈉含量，個別含鈉高的藥物可能成為鈉（鹽）攝入的隱性來源。

注射藥物

生理鹽水是指滲透壓與人體血漿滲透壓相當的氯化鈉溶液。臨床上所用生理鹽水濃度一般為 0.9%，也就是説每 100 毫升含鹽（氯化鈉）0.9 克。這種氯化鈉溶液之所以稱為生理鹽水，並不是因為其濃度與血漿氯化鈉濃度相同，而是因為這種溶液滲透壓與血漿滲透壓相當，有利於維持血細胞的正常形態。血漿中維持滲透壓的物質還包括鉀離子、鈣離子、鎂離子和多種膠體分子等，因此，生理鹽水鈉濃度明顯高於血鈉濃度。正常人血鈉濃度在 135-145 毫摩爾 / 升之間，相當於 0.31%-0.33% 氯化鈉溶液，濃度只有生理鹽水的 1/3。因此，大量輸注生理鹽水會升高血鈉水平，使血壓升高，這種作用在心血管功能下降的老年人中更加明顯。

每 100 毫升生理鹽水含氯化鈉（鹽）0.9 克。若每日輸入 500 毫升生理鹽水，因輸液進入體內的鹽高達 4.5 克。可見，當輸液量較大時，應考慮並控制進入體內的鈉（鹽）。對於有高血壓、心臟功能不全的老年人，輸液時尤其要控制輸液量和輸液速度，避免輸液後發生血壓升高和急性心臟衰竭。

碳酸鈉注射液（5%）常用於治療重度代謝性酸中毒或心肺復甦患者。每 10 毫升碳酸鈉注射液含碳酸鈉 0.5 克，含鈉 137 毫克，相當於 0.35 克鹽。這類藥物一般不會長期輸注。

一些抗生素也含有較高水平鈉。每克青霉素鈉含鈉 65 毫克，若採用最大劑量每日 2,000 萬單位（約 12 克），其中含鈉 775 毫克，相當於 1.97 克鹽。每克頭孢呋辛含鈉 52 毫克，若採用最高劑量每日 6 克，其中含鈉 312 毫克，相當於 0.79 克鹽。

應注意藥品鈉含量

倫敦大學研究人員曾對 120 萬英國成人服藥情況進行調查，並對這些人的健康狀況進行了為期七年的跟蹤研究。結果發現，經常服用含鈉藥物的人，心腦血管病風險升高 16%，患高血壓的風險升高 7 倍。該研究還發現，常用含鈉藥物包括：撲熱息痛泡騰片、阿司匹林泡騰片、布洛芬速溶片、維生素 C 泡騰片、鈣劑泡騰片和鋅劑泡騰片等。由於這些藥物多為非處方藥，在藥店可隨意購買，因此研究者建議在這些藥物包裝上標示鈉含量，並在說明書中警示含鈉藥物可能引發健康問題。

中藥裏的鹽

中藥也可能含有鈉（鹽），尤其是礦物藥或海洋藥。芒硝常用於瀉下通便，潤燥軟堅，清火消腫。芒硝主成份為十水硫酸鈉（$Na_2SO_4 \cdot 10H_2O$），每克芒硝含鈉約 143 毫克。《傷寒論》記載大承氣湯方劑組成為：大黃（12 克）、厚朴（15 克）、枳實（12 克）、芒硝（9 克）。煎藥時要求：先煎厚樸、枳實，大黃後下，芒硝溶服。按照這一方劑，每日（劑）經芒硝攝入的鈉為 1,287 毫克，相當於 3.3 克鹽。昆布常用於治療癭病（缺碘性甲狀腺腫大），每克昆布含鈉 3.3 毫克。根據《太平聖惠方》，每劑（日）昆布用量約 1 両。因此，每日經昆布攝入的鈉約 165 毫克，相當於 0.4 克鹽。有些從中藥提取的注射液也含一定量鈉。例如，臨床上常用於冠心病、心絞痛、心肌梗死輔助治療的丹參酮 II A 磺酸鈉，每克含鈉 58 毫克。另外，一些中藥方劑中會加入食鹽。

短期服用的藥物，對吃鹽量影響不大。但若長期服用，則可能增加吃鹽量。長期輸注生理鹽水，會明顯增加進入人體的鈉，對血壓產生不利影響。對於高血壓、心腦血管病、慢性腎病或心功能不全等患者，應嚴格控制生理鹽水輸液量，同時謹慎使用含鈉高的藥物。

考慮到藥物中鈉對健康的潛在危害，2004 年，美國食品藥品管理局（FDA）出台新法規，要求所有非處方藥物（OTC）如果每頓最大劑量含鈉量超過 5 毫克，就必須在說明書中標示鈉含量並予以警示。在倫敦大學發現含鈉藥物增加心腦血管病風險後，歐盟對藥物成份標示的相關法規也進行了修訂，規定每劑含鈉超過 1 毫摩爾（23 毫克）的口服藥或注射藥，須在包裝及說明書中標示鈉含量。

保健品

保健品（保健食品）的本質仍然是食品，只不過某些營養素含量較高，保健品不應以治療疾病為目的。日本和美國將保健品稱為「功能食品（functional foods）」，歐洲各國稱為「健康食品（health foods）」。保健品經常補充的營養素包括蛋白質、氨基酸、維生素、礦物質、微量元素、膳食纖維、特殊類型脂肪酸等。大多數保健品含鈉很低，但部份口服液為了改善口味，或延長保質期，會加入一定量鈉（鹽）。曾經風靡全國的昂立一號口服液，每 100 毫升含鈉 40 毫克，相當於 0.1 克鹽。由於保健品只會宣傳具有營養功效的成份，不會標示對健康有潛在危害的成份，消費者在判斷保健品利弊時，往往擺脱不了盲目性和片面性。

某些藥用或醫用食品，如高滲鹽水、腸內或腸外營養液可能含有較高濃度的鈉（鹽），但這些食品和藥品僅在醫生處方下用於特殊患者。對普通人而言，很少會接觸這類特殊高鹽食品或高鈉藥品。

吃鹽來源

即食麵

方便食品也稱即食食品，是以米、麵、雜糧等為原料加工而成的包裝食品，其特點是無須烹煮或簡單烹煮後即可食用，常見即食食品有即食麵（方便麵、泡麵）、餅乾、早餐麥片等。由於大量普及，即食食品已成為很多人吃鹽的重要來源。

20 世紀 80 年代中國開始大規模引入即食麵生產技術，產量逐年升高。2014 年中國即食麵總銷量達 451 億份，接近全球銷量一半。若以一半人口為常規消費者計算，人均每年消費即食麵 68 份。若按每份即食麵（約 100 克）平均含鹽 5 克（相當於鈉 1,144 毫克）計算，人均因即食麵每天吃鹽接近 1 克。可見，即食麵是名副其實的高鹽食品。

根據生產工藝，即食麵分油炸和非油炸兩大類。油炸即食麵採用高溫油脂煎炸，對麵條進行脫水；非油炸即食麵採用速凍、微波照射、真空抽吸和熱風吹襲等方法，對麵條實施脫水。不論哪種處理方式，即食麵生產時均需加入 1.5%-2% 的食鹽。給麵中加鹽的原因是多方面的。

麵條中鹽（鈉）的作用

- 鹽可改善麵條口味
- 鹽可降低水活性，使香味物質容易揮發出來，使香味更濃郁
- 鹽可增加麵條適口性，吃起來滑爽筋道
- 鹽可增加麵條彈性和韌性，使麵條在浸泡或煮沸時不易斷裂
- 鹽會使麵條吸水迅速而均勻，熱水浸泡後很快就能食用
- 鹽可抑制麵條發生脂質氧化和酸敗反應，延長方便麵保鮮期
- 鹽能抑制生物酶活性，防止微生物滋生，延長方便麵的保質期
- 鹽能掩蓋方便麵中的金屬味和化學異味
- 鹽能使麵餅長時間維持鮮亮外觀
- 碳酸鈉（蘇打）會使麵條吃起來鬆軟可口

即食麵中會其他含鈉防腐劑

食用前，還要給即食麵加入調味料。調味料中也含有大量鹽，除了改善口味和口感，還可防止調味料腐敗變質。另外，即食麵和調味料中還會加入其他含鈉防腐劑和添加劑，這些含鈉化合物進一步增加了即食麵的含鹽（鈉）量。由於即食麵含鹽普遍較高，不宜經常吃即食麵，更不應以即食麵為主食。食用即食麵時也應採取必要的減鹽措施。

英國食品標準局（FSA）規定，每100克食品含鹽量超過1.5克為高鹽食品；每100克食品含鹽超過3克為極高鹽食品。根據這一標準，中國市場銷售的即食麵幾乎都是高鹽食品，而且大部份是極高鹽食品（表8）。中國和《美國膳食指南》均推薦成人每天吃鹽不超過6克，可是，很多即食麵一份含鹽就超過6克。所以經常吃即食麵的人吃鹽量不可能達標。即食麵調味包中的鹽尤其高，即使只添加半量，一份即食麵總體含鹽也會超過3克。

表 8 部份即食麵含鹽量

品牌和名稱	麵餅含鈉，毫克/100克	每份麵餅重量，克	每份麵餅含鈉，毫克	調料包含鈉，毫克*	每份含鹽量，克
公仔米粉雪菜味	2370	70	1659		4.3
日清出前一丁紅燒牛肉麵	2300	100	2300		5.8
出前一丁即食麵（日本版）	2254	102	2300		5.8
日清合味道豬骨濃湯大杯麵	2090	107	2387		6.0
農心辛拉麵辣白菜拉麵	1908	120	2290		5.8
香港公仔麵清燉排骨麵	1871	116	2170		5.5
公仔麵麻油味	1804	100	1804		4.6
日清合味道杯麵—雞味	1750	75	1313		3.4
不倒翁芝士拉麵	1612	111	1790		4.6
公仔海鮮蠔油炒麵王	1450	118	1711		4.4
三養超辣雞味麵（韓國產）	1280	140	1792		4.6
百勝廚叻沙拉麵	1177	185	2178		5.6
滿漢大餐麻辣窩牛肉大碗麵	1160	204	2366		6.0
康師傅黑胡椒牛排麵	855	82.5	705	2266	7.5

① * 有些即食麵營養素含量表中未將麵餅和調料包含鈉量分別列出，在這種情況下，調料包重量和含鈉量被一併計算在麵餅內。
② 部份即食麵在包裝上建議消費者根據口味調整調味料用量。如果能減少調味料用量，實際吃鹽量會低於表中所列含鹽量。
③ 同一品牌即食麵鈉含量在不同生產批次可能會有所改變。
④ 鈉含量來自預包裝食品營養標籤。

為了控制居民吃鹽量，2013 年南非立法規定在 2016 年 6 月之前，每份即食麵（以 100 克計算，包括調料包）含鹽必須降至 3.8 克（1500 毫克鈉）以下；2019 年 6 月之前進一步降至 2.0 克（800 毫克鈉）以下。含鹽超標的即食麵和其他加工食品不得上市銷售。若根據這些標準，中國即食麵無一能在南非市場銷售。

除了高鹽含量，即食麵還具有高熱量和低營養素密度等缺點。另外，米麵類食物經高溫油炸後會產生丙烯醯胺（acrylamide）和其他化學衍生物。1994 年，世界衛生組織（WHO）下屬的國際癌症研究機構（IARC）將丙烯醯胺列為 2A 級致癌物。2002 年，厄立特里亞女科學家塔里克（Eden Tareke）在油炸食品中檢測到丙烯醯胺，油炸食品的致癌作用迅速成為全球關注的食品安全問題。儘管目前食品中丙烯醯胺的致癌強度和致癌劑量尚無定論，世界衛生組織（WHO）、美國食品藥品管理局（FDA）、美國國立腫瘤研究所（NCI）均建議，居民應注重食物多樣性和營養均衡性，以降低丙烯醯胺攝入量。因此，不論從限鹽還是防癌角度考慮，均不宜經常食用即食麵。

醃製品

醃製品是採用鹽醃漬製成的食品。醃製的主要目的是防止食品腐敗變質，延長食品保存時間，同時使食品具備獨特的風味。中國北方冬季寒冷漫長，醃製品曾是居民越冬的主要輔食。由於含鹽高，醃製品是北方居民吃鹽的重要來源。因此，要減少吃鹽必須控制醃製品中的鹽。

醃製品減鹽降硝方法

- ✓ 宜選用新鮮成熟菜株製作醃菜
- ✓ 宜選用未施化肥的有機蔬菜製作醃菜
- ✓ 宜選用無添加高純度鹽製作醃菜
- ✓ 宜徹底清洗、消毒醃製容器和用具
- ✓ 宜給醃製器皿加蓋、密封、保溫
- ✓ 宜加入適量抗壞血酸和異抗壞血酸
- ✓ 宜在食用前用清水浸泡或漂洗醃製品
- ✓ 宜在切塊或切絲後再漂洗醃製品
- ✓ 宜採用梯級鹽水漂洗火腿
- ✓ 宜採用燉煮法烹製醃製品，並將湯汁棄掉
- ✗ 不宜用未長成菜株或腐爛菜株製作醃菜
- ✗ 不宜用原鹽、工業鹽或私製土鹽製作醃製品
- ✗ 不宜用低鈉鹽醃製蔬菜
- ✗ 不宜用加碘鹽醃製蔬菜
- ✗ 不宜打開未完成醃製的容器
- ✗ 不宜食用亞硝酸鹽超標的醃製品
- ✗ 不宜食用未完全發酵的半成品醃製品
- ✗ 不宜將醃製鹵水用於烹調或再次用於醃製
- ✗ 不宜長期或大量食用醃製品

中國古籍對醃製品的記載至少可追溯到周代。《周禮·天官》中說：「祭祀共大羹、鉶羹。」鄭眾註：「大羹，不致五味也。鉶羹加鹽菜矣。」可見，周代祭祀既要有不加調料的肉湯，也要有加鹽的醃菜，這可能是為了滿足受饗者不同的口味。《詩經》中有詩歌專門描寫周人在郊外祭掃祖先墓地的場景：「中田有廬，疆埸有瓜，是剝是菹，獻之皇祖，曾孫壽考，受天之祜。」敬獻給祖先的祭品就包括「菹」。許慎在《說文解字》中解釋：「菹，酢菜也。」段玉裁認為，酢就是後來的醋，而菹就是後來的酸菜（醃菜）。菹有時也泛指用鹽、醬等調料醃漬並發酵的食品，包括菜菹和肉菹。當時皇室和貴族常用各種青銅器醃製和分盛菜菹和肉菹，《詩經》記載「卬盛於豆」，《毛詩故訓傳》解釋：「豆，薦菹醢也。」也就是說，豆是專門用於醃製鹹菜和肉醬的青銅器。平民則可能用木桶或陶豆醃製蔬菜。

古代沒有冰箱，也未掌握溫室技術，加之長途運輸困難，寒冷季節無法獲得鮮菜、鮮果、鮮肉和鮮活水產。在五千年發展史中，中國先民曾創造出各種醃製品和醬，以度過漫長的冬季。根據食材醃製品可分為醃菜、醃肉兩大類。

傳統醃菜包括鹹菜、酸菜、泡菜、醬菜、榨菜等。中國很多地方都有馳名醃菜品種，如天津冬菜、揚州醬菜、重慶榨菜、貴州鹽酸菜等。醃製蔬菜涉及醃漬和發酵兩種作用，加鹽多少可控制這兩種作用。加鹽多時，醃漬作用佔優勢；加鹽少時，發酵作用佔優勢。發酵過程中產生的乳酸會賦予醃菜獨特的風味；鹽滲入內部會降低蔬菜水活性，使醃菜具有鮮脆感。鹽能選擇性抑制微生物繁殖，控制發酵速度，防止變質，使醃菜長時間保存而不壞。

蔬菜醃製包括乾醃法、濕醃法和混合醃法。不論何種醃法，其核心環節在於用鹽構建高滲環境，防止蔬菜腐敗變質。另外，在工業化醃製過程中，還會加入含鈉防腐劑（苯甲酸鈉、脫氫醋酸鈉等），進一步增加醃菜含鈉量。因此，不論家庭製作還是工業加工，醃菜基本都是高鹽食品。

蔬菜醃製過程中會產生亞硝酸鹽，這是近年來民眾關心的一個食品安全問題。蔬菜本身就含有硝酸鹽和亞硝酸鹽，硝酸鹽可被還原為亞硝酸鹽。近年來，農業生產中大量施用氮肥，導致蔬菜硝酸鹽含量明顯增加。在蔬菜醃製早期，雜菌產生的還原酶會將硝酸鹽轉化為亞硝酸鹽。隨着發酵體系中氧氣逐漸減少，雜菌繁殖受到抑制甚至死亡；乳酸菌繁殖生長加快，最終演變為優勢菌群，乳酸生成增加導致發酵體酸度明顯升高。亞硝酸鹽會經酶解和酸解兩種作用分解，發酵結束時醃菜中亞硝酸鹽含量已顯著降低。從整個醃製過程來看，其間會出現一個亞硝峰。因此，為了減少亞硝酸鹽對人體的危害，應嚴禁食用未完全發酵的半成品醃菜。

醃製蔬菜亞硝酸鹽含量高於新鮮蔬菜。亞硝酸鹽在體外或體內能與胺類物質反應生成亞硝胺，而亞硝胺是一種強致癌物。1993 年，WHO 下屬的國際癌症研究機構（IARC）將亞洲傳統醃菜（泡菜、酸菜、榨菜、鹹菜等）列為 2B 類致癌物。同時鼓勵多吃新鮮蔬菜，盡量少吃醃菜。中國《醬醃菜衛生標準》（GB2714-2003）規定，醃菜中亞硝酸鹽含量不得超過 20 毫克 / 公斤。

醃製肉食包括醃肉、鹹肉、鹹魚、臘肉、火腿等。其中火腿是最具代表性的醃製肉食。中國具有悠久的火腿製作歷史，唐開元年間編纂的《本草拾遺》曾記載：「火胺（火腿），產金華者佳。」可見，金華火腿在唐代就已名動天下。中國著名火腿還有雲南宣威火腿、雲南諾鄧火腿、江蘇如皋火腿等。火腿醃製時，多次向豬腿肉上撒鹽，使鹽滲入內部。經過晾曬、洗滌和發酵，成品火腿含鹽可高達 10% 以上。在全球反鹽浪潮中，西方發達國家開始研究火腿等肉製品的減鹽技術，其中一個有效方法就是研發食鹽替代品，使用氯化鉀、氯化鈣和氯化鎂代替食鹽以發揮醃製作用，使用乳酸鉀代替食鹽以發揮抗菌作用。

為了減少吃鹽，儘管火腿味道鮮美也不宜大量食用。採用燉或煮能溶解火腿中的鹽，進餐時只吃肉不喝湯就能減少鹽攝入。烹製火腿前可用漂洗法退鹽，直接用清水漂洗往往達不到退鹽目的，可採用由高到低的梯級鹽水依次漂洗，最後再用清水漂洗。一般來説，經三到四個梯度鹽水漂洗可使火腿含鹽顯著減少。

加工肉製品

各種鮮肉都含鈉（鹽），但含量普遍較低。在肉製品加工過程中，鹽具有改善口味、增加香味、延長保質期等作用，因此加工肉製品含鹽量會大幅增加。重構肉製品（或稱重組肉製品）是採用機械法和化學法提取肌肉纖維中的基質蛋白，加入黏合劑使肉顆粒或肉塊重新組合，經預熱或冷凍處理後製備的肉製品。香腸是一種典型重構肉製品。

製作香腸的主要原料是瘦肉，而瘦肉中含有豐富肌纖蛋白。肌纖蛋白很難溶於水，鹽能幫助肌纖蛋白溶解析出，形成鹽溶蛋白。鹽溶蛋白在香腸重構和脂肪乳化過程中發揮着至關重要的作用，這是香腸中加鹽較多的主要原因。在香腸製作過程中，切碎的小肉塊和其他成份混合後，加入鹽能使鹽溶蛋白析出到肉塊表面。在香腸加熱冷卻過程中，這種鹽溶蛋白在香腸內形成膠質網，將小肉塊緊密黏合在一起，最終形成富於彈性的可口肉食。

鹽溶蛋白的另一作用是包裹肉末中的脂肪顆粒，使脂肪充份乳化，避免脂肪和瘦肉分離。在香腸製作過程中，如果不加鹽或加鹽不足，脂肪顆粒不能充份乳化，加熱後脂肪溶解，因浮力作用上升到香腸頂部形成脂肪帽。有脂肪帽的香腸不好看，也不好吃，很難銷售出去。另外，鹽能明顯改善肉食的口味和口感，降低水活性，抑制微生物生長繁殖，延長肉製品的保質期。這些作用決定了香腸是高鹽食品。

儘管香腸含鹽較高，但吃起來並不太鹹。這主要是因為，香腸中的鹽存在於膠凍之中，即使在口腔中反覆咀嚼，也較少溶解到唾液中，鈉離子難以與舌尖上的味蕾接觸，就不會產生明顯的鹹味。

亞硝酸鹽

除了鹽以外，工業生產的肉製品還會加入含鈉添加劑，如亞硝酸鈉、抗壞血酸鈉等。亞硝酸鈉與食鹽聯用，能顯著抑制肉毒桿菌生長。如果真空包裝或加壓包裝的肉製品不加鹽和亞硝酸鈉，很容易發生肉毒桿菌爆發。因此，鹽和亞硝酸鈉可延長肉製品的保質期，提高肉製品的安全性。

亞硝酸鈉分解後產生的一氧化氮，能與瘦肉中的肌球蛋白反應，生成一氧化氮肌球蛋白。在加熱過程中，一氧化氮肌球蛋白會轉變為粉紅色的亞硝基肌紅蛋白。因此，加入亞硝酸鈉會使肉質變為誘人的粉紅色，也會使肉食口感更細嫩。基於上述原因，加工肉製品中一般會加入亞硝酸鈉。

長期或過量食用亞硝酸鹽（亞硝酸鈉、亞硝酸鉀等）可能會對人體造成危害。亞硝酸鹽可與血液中的血紅蛋白結合形成高鐵血紅蛋白，而高鐵血紅蛋白不能運輸氧，因此，一次食用過量亞硝酸鹽，有時會出現缺氧症狀，表現為口唇和指甲發紺，皮膚出現紫斑等。嬰幼兒對亞硝酸鹽非常敏感，小量食用就會引發缺氧中毒症狀，這就是藍嬰綜合症（Blue Baby Syndrome）。藍嬰綜合症若不及時救治，會危及寶寶生命。因此，中國國家標準嚴禁在嬰幼兒食品中添加亞硝酸鹽。另外，飲用水硝酸鹽污染有時會導致藍嬰綜合症爆發。隨着農業生產中大量施用氮肥，水體硝酸鹽污染正在成為公眾健康的一個潛在威脅。

亞硝酸鹽可透過胎盤產生致畸作用，孕婦不宜食用含亞硝酸鹽高的食品。亞硝酸鹽受熱或在人體胃部酸性環境中，可與肉製品中的胺反應生成亞硝胺，而亞硝胺是一種強致癌物。中國《食品添加劑使用標準》（GB-2760）規定，企業生產香腸時亞硝酸鈉用量不得超過 150 毫克 / 公斤，生產西式火腿時亞硝酸鈉用量不得超過 500 毫克 / 公斤；上述肉製品中亞硝酸鈉殘餘量不得超過 30 毫克 / 公斤。生產肉製品時加入的亞硝酸鈉大部份會在加工過程中分解。

因餐飲業將亞硝酸鹽誤作食鹽添加到飯菜中，導致消費者亞硝酸鹽中毒時有發生。2012 年 5 月 28 日，國家衛生部和國家食品藥品監督管理局聯合發出緊急公告，禁止餐飲服務單位採購、貯存、使用亞硝酸鹽（亞硝酸鈉、亞硝酸鉀），但並未禁止企業在加工食品中使用亞硝酸鹽。這主要是因為，目前亞硝酸鹽在食品安全方面具有不可替代的作用。

保鮮劑

加工肉製品還會加入保鮮劑（抗氧化劑），常用保鮮劑包括抗壞血酸鈉（維生素 C 鈉）和異抗壞血酸鈉，兩者均能使肉色變得鮮豔誘人。其原因在於，抗壞血酸鈉和異抗壞血酸鈉能促進亞硝酸鹽分解為一氧化氮，進而將肌球蛋白中的鐵轉換為鮮豔的化合物。抗壞血酸鈉和異抗壞血酸鈉還能抑制亞硝胺的形成，降低食品中亞硝酸鹽的致癌性。因此，在改善食品色澤和防止食品變質方面，聯用亞硝酸鹽和抗壞血酸鈉效果更好。

冷藏或冷凍肉製品往往會加入醬油或鹵汁，除了提升口味，醬油或鹵汁還能掩蓋肉製品重新加熱時產生的異味。肉製品中的脂肪在儲運過程中會緩慢發生脂質氧化，產生陳腐味。加入味道濃郁的醬油和鹽可掩蓋這種不良氣味。在包裝時加入醬汁，還能使肉製品與空氣隔絕，抑制脂質氧化，但這些醬汁含鹽量一般都較高。

肉製品是高鹽食品

2015 年，中國肉類總產量為 8,625 萬噸，其中加工肉製品 1,000 萬噸。人均肉類佔有量 62.7 公斤，人均每天消費 172 克；人均佔有加工肉製品 7.27 公斤，人均每天消費 20 克。若鮮肉含鈉以 59 毫克 /100 克（未注水的豬肉平均含鈉量）計算，加工肉製品含鈉以 2,309 毫克 /100 克（香腸的平均含鈉量）計算，中國居民平均每天經肉製品攝入鈉 551 毫克，相當於 1.4 克鹽。可見，肉製品是名副其實的高鹽食品。

英國食品標準局規定，每 100 克食品含鹽超過 1.5 克為高鹽；每 100 克食品含鹽量超過 3.0 克為極高鹽。根據這一標準，中國市場銷售的加工肉製品絕大多數是高鹽食品，相當一部份是極高鹽食品。

加工肉製品中的鹽已溶解到食品中，在烹飪和食用時很難將鹽去除。因此，從限鹽角度考慮，應控制加工肉製品的食用量。2015 年 10 月 26 日，國際癌症研究機構（IARC）發佈報告，將加工肉製品列為 I 類致癌物。這一決定在國際上曾引發軒然大波，但國際癌症研究機構經系統評估後認為，加工肉製品的致癌作用確鑿無疑，每天多吃 50 克加工肉製品，患大腸癌的風險就會增加 18%。

米食

中國居民傳統主食，南方以米食為主，北方以麵食為主。麵食含鹽高於米食，這是北方吃鹽高於南方的一個原因。

水稻原產中國，七千年前長江流域就已開始種植水稻。水稻所結子實是稻穀，稻穀脫去包殼就是糙米，糙米碾去米糠就是大米，大米加水蒸熟就是米飯。大米按品種分為粳米、秈米和糯米等。大米中含碳水化合物 70%-80%、蛋白質 6%-12%、脂肪 1%-4%，還含有豐富的 B 族維生素等。大米中蛋白質含量高於玉米、小麥、大麥、小米等，氨基酸構成比也優於其他糧食。每 100 克粳米含鈉 2.4 毫克，每 100 克秈米含鈉 2.7 毫克。在蒸煮米飯時，一般不會加入調味品。若每餐進食 200 克米飯，攝入鈉約 5 毫克（相當於 0.013 克鹽）。可見，米飯中的鹽基本可忽略不計。

炒米飯是南方居民喜愛的主食。其做法是將白米飯與各種蔬菜、肉食、雞蛋等一起煎炒，同時加入植物油、鹽、味精、醬油等調味品。相對於白米飯，炒米飯含鹽大幅增加。一份（100 克）炒米飯含鈉約 960 毫克（相當於 2.44 克鹽）。炒米飯比白米飯含鹽增加了 380 倍。

大米的另一種常見吃法是米粥。在煮粥時，為了讓米粒更易熟透變軟，往往會加入蘇打（碳酸鈉）或小蘇打（碳酸氫鈉）。蘇打有助於澱粉、脂肪、蛋白質等大分子裂解，加入蘇打使米粥香味更濃郁，味道更可口。但蘇打和小蘇打都會增加米粥鈉含量。另外，蘇打為鹼性物質，很多維生素為酸性物質，蘇打會破壞部份維生素。因此，煮粥時不宜加入太多蘇打。市場銷售的包裝八寶粥每 100 毫升含鈉 52 毫克，含鹽量也很低。

大米還可加工成各類甜食，如糉子、醪糟、糍粑、米糕等。製作這些甜食時一般不加鹽或加鹽很少。市場銷售的醪糟鈉含量多標註為 0（當實測鈉含量低於 0.5 毫克 /100 毫升時，可標註為 0），每 100 克豆沙糉含鈉 6 毫克。大米也可加工成米粉、米線、米皮、米麵、年糕等，這些食品在二次烹飪或食用前會加入各種調味品，會使含鹽量大幅增加。

家庭米食含鹽很低，但如果烹製不當，或加入太多調味料，就會增加吃鹽的份量。米食含鹽低於麵食，總體營養價值高於麵食，但也不能提供人體所需的全部營養素。因此主食應實現多樣化和多源化。一般來說，米食加工越精細，營養素流失就越多，含鹽量也就越高。因此，不宜經常吃加工米食。

麵食

麵食是多數中國居民的主食。麵食在製作時往往會加入食鹽和小蘇打等。由於食用量大，即使含鹽（鈉）量不太高，麵食也會成為鈉攝入的重要來源。因此，控制麵食中的鹽很重要。

麵條

麵條是用穀物或豆類麵粉加水揉成麵糰，通過碾、壓、擀、搓、拉、捏、抻、擠、切、削、剪等方法製成各種形狀。麵條烹製可採用煮、炒、燴、炸、蒸等方式，麵皮包餡後還可製成餃子、包子、餛飩等。中國有極其豐富的地方特色麵食，其中以山西麵食種類最多，製作最為精緻。

麵粉中含鈉很低，每 100 克麵粉含鈉約 3.1 毫克。在製作麵條或其他麵食時，為了增加黏性和筋道，使麵糰易於操作，往往會加入鹽、蘇打（碳酸鈉）或小蘇打（碳酸氫鈉）。蘇打還能促進麵食發酵，中和發酵時產生的酸性物質。

傳統麵食製作多為家庭自製，現在越來越多的家庭購買加工麵食。工業化加工的麵食含鹽量明顯高於家庭麵食。其主要原因在於，加鹽後麵食不易腐敗變質，煮食過程中不易斷裂，口味也更筋道，鹽可延長麵食保質期，鹽會增加麵食重量。麵條煮熟後呈膠凍樣，其中的鹽不會溶解在唾液中。因此，即使麵條本身含鹽很高，也不會感覺到明顯鹹味。當食鹽價格低於麵粉價格時，給麵條中多加鹽就成為一種提高利潤率的潛在策略。這些因素決定了加工麵食往往是高鹽食品。市場銷售的掛麵每 100 克含鈉可高達 1,200 毫克，相當於 3 克鹽（表 9）。這種高鹽掛麵，每天只吃 200 克白麵條，吃鹽量就已超過 6 克推薦標準，更不要説還需添加含鹽更高的各種鹵汁和調料。

意大利麵

意大利麵（pasta）也稱意粉。意大利麵常製成各種形狀，除了麵條樣的直身粉，還有螺絲形、彎管形、蝴蝶形、貝殼形、空心形等，空心形意麵也稱通心粉。製作意大利麵的最好原料是杜蘭小麥（durum）加工的麵粉，這種麵粉特稱為 semolina，具有高蛋白和高筋度等特點。用 semolina 製成的意大利麵通體呈黃色，耐煮，口感極佳。最喜歡吃意麵的還是意大利人，平均每人每年消費意麵 60 磅（27 公斤），美國人平均每人每年消費意麵 20 磅（9 公斤）。

用傳統方法製作意大利麵時，一般不加鹽或加鹽很少。在目前歐美各國普遍開展限鹽活動的背景下，意麵含鹽量進一步下降，平均每 100 克意麵含鈉 1 毫克。相對於中式麵條超過 1,000 毫克的含鈉量，意麵中的鈉基本可忽略不計（表 9）。由於意大利麵含鹽極低，在煮麵條時，往往需要在水沸騰後先加入一勺鹽再下麵條，這樣麵條吃起來才有味道。由於意麵是一種緻密膠凍體，鹽往往只能滲入麵條表層，所以即使在鹽水中煮熟，意麵整體含鹽量仍很低。由於在煮熟過程中吸收的鹽主要分佈於麵條表面，儘管意麵含鹽量不高，吃起來並不感覺特別淡。相反，中式麵條在製作過程中加入大量食鹽，煮熟過程中麵條表面的高鹽會部份溶解到水中。因此，儘管中式麵條含鹽很高，但由於麵條煮熟後鹽主要分佈於麵條內部，吃起來鹹味並不明顯。

表 9 部份市售麵食含鹽量

種類	品牌和名稱	每 100 克含鈉量，毫克	每 100 克含鹽量，克
掛麵	壽桃牌蝦子麵	1882	4.8
掛麵	壽桃台式刀削麵掛麵	502	1.3
掛麵	五豐牌手工拉麵 (粗麵)	472	1.2
掛麵	五豐牌低脂蕎麥麵	315	0.8
掛麵	壽桃牌烏冬麵	100	0.25
意大利麵	維家牌雜菜螺絲粉	20	0.05
意大利麵	Colavita 通心粉	12	0.03
意大利麵	百味雅螺絲粉	5.2	0
意大利麵	百得阿姨意大利粉	5	0
意大利麵	百味雅天使麵	5	0

① 所列麵食含鈉量和含鹽量均不包括調味料。
② 同一品牌麵食含鈉量在不同生產批次可能會有所改變。
③ 鈉含量來自預包裝食品營養標籤。

麵包

麵包是以麵粉為基本原料，加入水、鹽、酵母等和成麵糰，經發酵和烘烤製成條狀或塊狀食品。用傳統方法製作麵包時，加鹽的主要目的是改善口味；另外，鹽可控制麵糰發酵程度，改善麵包口感。鹽控制酵母菌活性的機制在於，鹽能降低麵糰水活性並破壞酵母菌細胞膜。因此，加鹽多可抑制發酵，導致麵糰發酵不足。反之，加鹽少或不加鹽可促進發酵，導致麵糰發酵過度。發酵過度會產生大量酸性物質，在麵糰內形成過多蜂窩狀氣室，影響麵包的口味和口感。發酵不足和發酵過度都是麵包生產的大忌，而其秘訣就在於控制用鹽。

快速烤製麵包一般採用化學發酵。化學發酵能短時間在麵糰內形成大量蜂窩樣小氣室。化學發酵劑一般都含鈉，包括蘇打和發酵粉（碳酸氫鈉、酒石酸氫鉀、硫酸鋁鈉、酸式焦磷酸鈉和酸式磷酸鈣的混合物）。加之麵包中本身會加入一定量鹽，其總體含鹽量往往較高。市售麵包還含有其他含鈉添加劑。

因含有豐富的糖和脂肪，烤製麵包容易滋生桿菌和霉菌。桿菌生長後，麵包內會形成絲狀結構，並產生異味；霉菌生長後，麵包表面會出現霉點，這些現象都會影響麵包的銷售。鹽能抑制霉菌和桿菌生長，延長烤製食品的保質期。這是麵包多加鹽的一個重要原因。

麵包是西方人的基本主食。因消費量大，即使麵包含鹽不太高，也會成為吃鹽的重要來源。因此，西方國家高度重視麵包減鹽，很多國家針對麵包含鹽設定了強制或推薦標準。麵包並非中國居民的基本主食，國家也未對麵包含鹽設定上限，這導致市售麵包含鹽量普遍較高。隨着西方飲食文化的傳入，近年來開始有居民以麵包為主食，在麵包基礎上製作的漢堡和三文治成為兒童及青少年喜愛的食品。因此，有必要控制麵包中的鹽。

饅頭

饅頭又稱饃、蒸饃，一般以小麥麵粉為原料，經發酵和汽蒸而製成半球狀食品。

在製作饅頭、餅、包子、鍋盔等麵食時，會加入蘇打（碳酸鈉）或小蘇打（碳酸氫鈉），其作用是中和麵糰發酵過程中產生的酸，酸鹼反應後產生的二氧化碳在麵糰內形成蜂窩狀小氣室，使蒸熟的麵食鬆軟可口。為了使麵糰易於操作，使蒸好的饅頭更白，有時在和麵時也會加入小量鹽。饅頭在北方居民中消費量很大，其中的鈉會增加吃鹽量。因此有必要控制這些麵食中的鹽。

速凍食品

速凍食品是指以米、麵、雜糧等為主要原料，以肉類、蔬菜等為輔料製成的各類生熟食品，採用快速冷凍技術使食品在短時間內凍結，並在低溫條件下運輸、儲存和銷售。常見的速凍食品有速凍包子、速凍水餃等。為了防止細菌滋生，速凍食品都會加入一定量的鹽。

對中國居民而言，麵食是鹽攝入的重要來源，尤其在北方地區。近年來，隨着生活節奏的加快，很多家庭婦女成為職業女性，家庭烹飪花費的時間越來越少，加工麵食消費量逐年上升，經麵食攝入的鹽進一步增加。因此，有必要控制麵食中的鹽。

① 家庭製作麵條時應少加鹽或不加鹽，同時控制蘇打的使用量。

② 不吃軟麵條。

③ 吃麵不喝湯。

④ 鹵汁或湯汁不宜太濃、太黏。

⑤ 麵條煮好後，應在臨吃前再加鹵汁。

⑥ 做炒麵和燴麵時，應在最後時刻加醬油和鹽，或在餐桌上加鹽。

⑦ 最好使用無鈉發酵粉（如碳酸鉀等）。

⑧ 少吃加工麵食。

⑨ 盡量選購低鹽麵食。

零食

零食，通常指三餐之外所吃食物，食用量一般少於正餐。零食種類繁多，包括加工零食和家庭零食。茶、咖啡、果汁、奶製品和各種包裝飲料也多在三餐之外飲用，但一般認為這些飲品不屬於零食。

人類有吃零食的衝動，只是因環境或條件所限，很多人克制了這種衝動。在漫長的原始社會，人類過着狩獵和採摘生活，進餐時間和食量均無法保證。由於大部份時間都處於飢餓或半飢餓狀態，在叢林裏找到食物後往往會隨時吃掉，因此原始社會不存在一日三餐，原始生存環境使人類養成了喜歡零食的習性。

進入農業社會，人類開始種植糧食和飼養動物。食物有了穩定來源後，才有條件維持一日三餐或一日兩餐，固定進餐時間也有利於提高生產效率。無須烹飪的天然食物最可能在三餐之外食用，能夠生吃的蔬菜、水果和堅果無疑是人類第一批零食。這些天然零食含鹽極低，不會明顯增加吃鹽量。

進入工業社會後，食品加工技術日益發達，零食種類和銷量大幅增加。現代食品技術可以改善零食口味，延長零食保質期，優化零食包裝，進而滿足各類人群的零食需求，而發揮這些技術優勢往往需要加鹽。

兒童胃容量小，消化快，代謝率高，容易形成吃零食的習慣。在低齡兒童中，當飲食由奶品向餐桌食物過渡時，往往需要添加輔食。添加輔食的做法很容易發展為吃零食的習慣。

很多加工零食都是高鹽食品，經常吃零食勢必會增加吃鹽量。兒童時期是鹽喜好的形成階段，兒童期吃鹽多，成年後吃鹽也多。吃鹽多會升高血壓，使兒童過早罹患高血壓病。長期吃零食還會導致兒童肥胖，進一步增加高血壓的患病風險。兒童吃鹽多還會增加成年後患心臟病、中風的風險。

一些上班族將辦公室零食作為緩解壓力、溝通關係甚至激發靈感的輔助食品，因此在上班族中零食消費量也較大。多數白領缺乏運動，經常吃高鹽和高糖零食（圖 11），無疑會增加高血壓和糖尿病的風險。一些退休老年人將吃零食作為消磨時間的一種方法，導致近年來中老年人零食消費量顯著增加。很多老年人都是高血壓患者，經常吃高鹽零食無疑會增加血壓控制的難度。

常見加工零食包括：堅果、乾果、肉乾、魚乾、果凍、蜜餞、糖果、豆製品、膨化食品、油炸食品、糕點、海產品等。零食均來源於天然食材，但在加工過程中加入食鹽和含鈉添加劑後，含鹽量會大幅增加。從控鹽角度考慮，應多吃天然零食，少吃加工零食，規避高鹽零食。

堅果是堅硬的果殼包裹着一粒或多粒種子。源自木本植物的堅果稱為樹堅果，常見的樹堅果有核桃、杏仁、腰果、松子、板栗、扁桃仁（美國大杏仁）、碧根果等。源自草本植物的堅果稱為種子堅果，常見的種子堅果有葵花子、南瓜子、西瓜子、花生等。堅果含有豐富的蛋白質和維生素，還含有較高水平不飽和脂肪酸和奧米伽 -3。這些營養素特徵使堅果具有一定降脂和降糖作用，進而能發揮預防心腦血管病的功效。美國開展的研究表明，經常吃堅果會將壽命延長二到三歲。

天然堅果含鹽很低，為了改善口味、增強香味、延長保質期，炒製堅果時一般都會加鹽。每 100 克鹽焗腰果含鈉 420 毫克（百草味鹽焗腰果），相當於 1.07 克鹽。每 100 克炒葵花子含鈉 618 毫克（洽洽香瓜子），相當於 1.57 克鹽。每 100 克開心果含鈉 498 毫克（良品舖子開心果），相當於 1.26 克鹽。可見，堅果經加工後往往成為高鹽食品。在選購堅果時，應特別留意其含鈉量，盡量選擇低鹽炒製堅果。

以麵粉為原料製作的各種零食深受兒童與青少年喜愛。鍋巴、椒鹽卷、辣條、膨化食品等含鹽都很高。這些零食中的鹽可改善口味和口感。很多趣味零食加鹽後色澤更鮮豔，因此能吸引兒童注意。在給零食添加微量成份時，也常將色素等與鹽混合，有利於均勻地噴撒或塗佈在零食表面。

膨化食品是一種新興加工食品，是以穀類、薯類、豆類等為原料，經加壓、加熱處理後使食材體積膨脹，內部結構發生重構而製成的方便零食。膨化食品也稱擠壓食品或噴爆食品，具有口感鬆脆、口味誘人、香味濃郁等特點，因此深受兒童與青少年喜愛。

根據加工工藝不同，膨化食品可分為焙烤型、油炸型、擠壓型。膨化食品之所以口味誘人，是因為具有特殊的酥脆感。鹽能增強澱粉分子間的排斥力，從而增強麵食的膨化度；鹽能降低食品水活性，使膨化食品口味更鮮美，香味更濃郁；鹽能抑制脂質氧化和黃變反應，維持零食的新鮮外觀，掩蓋金屬異味，延長保質期和保鮮期。因此，膨化食品大多含鹽較高。在膨化食品加工過程中，可溶性維生素和礦物質會大量流失，部份維生素因高溫高壓作用被降解。有些小作坊和街頭攤點生產的膨化食品，因設備簡陋落後，其中還含有較高水平的鉛。有些生產商為了提高膨化度使用含鋁膨鬆劑，這樣會明顯升高其中的鋁含量。高鉛、高鋁食品都會危及兒童健康。

薯片、鍋巴 / 米餅和爆米花是最常見的膨化食品。每 100 克薯片含鈉可高達 654 毫克，一盒（104 克）含鹽 1.73 克。每 100 克番茄醬含鈉可高達 1,010 毫克，相當於 2.56 克鹽。薯片蘸番茄醬是很多小朋友的最愛，但含鹽量相當高。每 100 克鍋巴含鈉可高達 490 毫克，相當於 1.24 克鹽。每 100 克小酥餅含鈉 850 毫克，相當於 2.16 克鹽。每 100 克餅乾含鈉 580 毫克，相當於 1.47 克鹽。

麻辣零食也是高鹽食品。有的辣條每 100 克含鈉 2,736 毫克，相當於 6.95 克鹽；有的麵筋每 100 克含鈉 2,745 毫克，相當於 6.97 克鹽。小朋友吃 100 克這樣的零食，吃鹽量就會超過指南推薦成人一天的攝入標準。高鹽零食在超市和小賣部隨處可見，有些含鹽量之高令人觸目驚心。

一些趣味小零食也含有較多鹽，每份（3 克）海苔含鈉 74 毫克，相當於 0.19 克鹽。每 100 克荷蘭豆含鈉 178 毫克，相當於 0.45 克鹽。每 100 克巧脆卷含鈉 243 毫克，相當於 0.62 克鹽。每 100 克炒年糕條含鈉 357 毫克，相當於 0.91 克鹽。

硬糖果一般含鹽量較低。一些糖果會使用小量發酵劑或增味劑，其中含有小量鈉（鹽）。以奶製品為基質的軟糖果也含有小量鹽，這主要是由於天然奶中存在鈉。一般的巧克力也含有小量鹽，其目的是為了改善口味，增強口感。為了增強甜味，甜食中也可能加入小量鹽，尤其是含填充料的果醬、果凍或果膠軟糖。

天然牛奶含鈉約 40 毫克 /100 毫升，低脂奶和脱脂奶含鈉與全奶基本相當。芝士含鈉明顯高於鮮奶，平均約 585 毫克

/100 毫升。芝士中的鹽可增強口味和香味，延長保質期，減少芝士凝塊中的水份。另外，鹽能控制各種發酵菌生長，使芝士獲得良好口感和適宜酸鹼度。鹽還能促進鮮奶表面形成奶皮，加鹽的奶皮味道更鮮美。因此奶製品中往往含有一定量的鹽。

兒童與青少年喜歡吃零食，這無疑會增加吃鹽。2008 年，在廣州、上海、濟南和哈爾濱四個城市開展的調查表明，幼兒園和中小學生經常吃零食的比例超過 98%。其中，經常吃油炸食品的學生佔 49%，經常吃膨化食品的學生佔 40%。廣受兒童喜愛的薯條、薯片、鍋巴、辣條、豆腐乾、海苔、堅果、乾吃麵、椒鹽餅乾等無一不是高鹽食品。中國對兒童食品含鹽並無特殊規定，對於在校內和學校周邊設立自動售貨機和食品小賣部也沒有限制，這些高鹽食品因口味誘人，往往在學校裏大行其道。隨着城鄉居民生活水平提高，家長給孩子的零花錢越來越多。學生零花錢很大一部份用於購買零食，零食進一步增加了學生吃鹽量。電視廣告和網絡推銷食品中有大量零食，兒童更容易被廣告所誘惑，從而養成吃零食的習慣。零食消費的大幅增加，使其成為兒童吃鹽的重要來源。

圖 11 高鹽的零食

蛋

禽蛋在東西方飲食中均佔重要地位，常見禽蛋包括雞蛋、鴨蛋、鵝蛋、鵪鶉蛋、鴕鳥蛋、鴿子蛋等。2016 年，中國禽蛋總產量 3,095 萬噸，人均消費量 22.5 公斤，其中大部份為雞蛋。

雞蛋外有一層硬質蛋殼，其內有卵白、蛋黃和氣室。雞蛋含有豐富的蛋白質、卵磷脂、多種維生素和礦物質。一個雞蛋重約 50 克，含蛋白質可高達 7 克。雞蛋中蛋白質、各種氨基酸比例與人體需求高度符合，食用後利用率很高。

很多人錯誤地認為雞蛋中沒有鹽，其實，雞蛋和其他禽蛋不僅含鹽，而且含量並不低。一枚重 50 克的雞蛋，含鈉約 65 毫克，相當於 0.17 克鹽。因此，烹飪雞蛋時即使不加鹽，味道同樣鮮美。

雞蛋或鴨蛋採用不同方法烹飪或加工後，其含鹽量可能會明顯增加。比較一個雞蛋的不同吃法，可了解各種烹飪和加工方法對含鹽量的影響。

雞蛋

生吃雞蛋不會改變其中的含鹽量。

煮雞蛋

水煮是最簡單的雞蛋烹飪方法。用開水將雞蛋煮熟，也就是蛋清和蛋黃都完全固化，煮好的雞蛋能保持完整結構。因此，雞蛋中的營養成份不會流失，水中的成份也很少進入雞蛋內，煮蛋過程還可殺滅沙門氏菌，滅活抗生物素蛋白。除本身含鹽外，煮雞蛋沒有額外加鹽。

煮荷包蛋

清水荷包蛋是將去殼雞蛋用開水煮熟，或上籠屜蒸熟。一般不加鹽，有人喜歡加少許白砂糖。除雞蛋本身含鹽（0.17克），沒有額外加鹽。

煎荷包蛋

用小量食用油將雞蛋煎熟，就成為色香味俱佳的煎荷包蛋。荷包蛋的特點是白色蛋清圍繞着金黃色蛋黃，外形酷似荷包而得名。荷包蛋做法簡單、造型美觀，是很多人喜愛的早餐美食。加入少許椒鹽會使荷包蛋香味更濃郁。每個雞蛋約加入 0.2 克鹽，一個煎荷包蛋含鹽約 0.37 克。

雞蛋羹

蒸雞蛋羹時，要向雞蛋中加入 1 到 3 倍水，雞蛋本身含鹽被稀釋，為了改善口味，往往要加入小量鹽或醬油，每個雞蛋約加入 0.5 克鹽，總含鹽 0.67 克。

炒雞蛋

雞蛋若與其他蔬菜同炒，多少會加入些鹽。番茄炒雞蛋做法簡單，色澤鮮豔，口感酸爽，是家庭餐中的常備菜餚。北方居民常將番茄炒雞蛋做成鹵汁，加入各種麵條食用。在炒雞蛋時，每個雞蛋約加入 0.35 克鹽，隨一個雞蛋攝入的鹽約為 0.52克。

蛋花湯

蛋花湯是家常食品。一般採用的配料包括：雞蛋 2 隻，番茄 100 克，鹽 1 克，薑末小量，香油小量。一隻雞蛋量的蛋花湯大約加入 0.5 克鹽，隨一個雞蛋攝入的鹽約為 0.67 克。

鹵雞蛋（五香雞蛋）

鹵雞蛋是用鹽、醬油、薑、花椒等配製的鹵汁煮熟並醃製雞蛋。鹵水中會加入較多鹽，既能增加鹵雞蛋的香味，又能延長保質期。鹵雞蛋是一種方便零食，常在旅遊點和人流量大的街邊銷售。每個鹵雞蛋含鈉約 375 毫克，相當於 0.95 克鹽。

茶葉蛋

茶葉蛋與鹵雞蛋做法類似，只是在鹵水中添加了茶葉和其他調味料，使雞蛋味道更濃郁，色彩更誘人。為了使調味品更多滲入雞蛋，增強口味，煮熟後可將雞蛋敲打出裂縫在鹵汁中浸泡。因此，茶葉蛋不僅包括水煮過程，還包括醃製過程。經這些處理，一個茶葉蛋含鈉約 290 毫克，相當於 0.73 克鹽。另外，茶葉蛋的含鹽量與煮泡時間、蛋殼破裂程度和茶水中鹽濃度等因素有關。

松花蛋

松花蛋（皮蛋）的製作原理是，用熟石灰（氫氧化鈣）醃製雞蛋，醃料中的鹼性物質透過蛋殼滲入到蛋清和蛋黃中，使蛋白質變性凝固。鹼性物質進一步與蛋白質降解產生的氨基酸發生中和反應，生成的氨基酸鹽結晶即為「松花」。反應中產生的硫化氫與雞蛋中的礦物質發生二次反應，生成硫化物，使蛋黃呈墨綠色，蛋清呈半透明茶色。傳統方法醃製的松花蛋含小量鉛，可能會危及人體健康。新式醃製技術能完全控制松花蛋中的鉛含量。在製作松花蛋時加入鹽可改善口感，並起防腐作用，延長保質期。一個松花蛋含鈉約 375 毫克，相當於 0.95 克鹽。

鹹鴨蛋

鹹鴨蛋的製作原理是通過高滲鹽水使蛋白質變性凝固。鹹鴨蛋因色香味俱佳，深受城鄉居民喜愛。一個鹹鴨蛋（約 50 克）含鈉高達 1,380 毫克，相當於 3.51 克鹽，因此，每日吃兩個鹹鴨蛋，吃鹽量就明顯超標了。從限鹽角度考慮，不宜經常大量食用鹹鴨蛋。高血壓患者更應遠離這種超高鹽食品。

通過分析不難發現，採用不同方法烹製或加工的蛋類食品，含鹽量差異很大。

八大菜系

清初，魯菜、淮揚菜、粵菜、川菜成為最具影響力的地方菜，被稱為「四大菜系」；清末，浙菜、閩菜、湘菜、徽菜等地方菜系也完成分化。《清稗類鈔》記載：「肴饌之各有特色者，如京師、山東、四川、廣東、福建、江寧、蘇州、鎮江、揚州、淮安。」至此，廣為後世稱道的「八大菜系」初步形成。

魯菜

魯菜也稱山東菜，起源於春秋時的齊國和魯國。

齊桓公時期，齊相管仲主張發展經濟，實現富國強兵。管仲認為，國家富裕，天下人才就會歸附；政治開明，本國人民就不致遠走他鄉；豐衣足食，才能培養出高尚的道德情操。因此，管仲非常重視飲食：「人君壽以政年，百姓不夭厲，六畜遮育，五穀遮熟，然後民力可得用。鄰國之君俱不賢，然後得王。」管仲的這些治國理念推動了齊國飲食文化的發展。

齊桓公的御用廚師易牙創建了系統的烹飪技法。東漢思想家王充曾評論：「狄牙之調味也，酸則沃之以水，淡則加之以鹹。水火相變易，故膳無鹹淡之使也。」易牙能烹製出誘人的美食，其訣竅就在於善用鹽和湯。易牙「善和五味，淄澠水合，嘗而知之」（《臨淄縣誌》）。由於易牙對齊魯菜發展具有開拓性貢獻，他被後世廚師尊為祖師，而烹飪書籍也常借易牙大名。明代韓奕撰寫的烹飪書，就題名為《易牙遺意》。

北魏賈思勰撰寫的《齊民要術》對齊魯飲食文化作了全面總結，書中詳細描述了當時流行的烹飪技藝，記載了酒、醋、醬等發酵食品的釀製流程，收錄了近百種菜譜。《齊民要術》對魯菜體系的定型起到了決定性作用。

隨着歷史上幾次人口大遷徙，魯菜於宋元之際走出山東，向東北、華北、西北和南方傳播，在魯菜基礎上衍生出其他菜系。在明清之際，魯菜曾風靡京城內外，成為達官顯貴和庶民百姓都喜愛的菜餚。如今，魯菜主要流行於北方，尤以山東、河北、北京、天津和東三省為最。

魯菜講究以鹽提鮮，以湯壯鮮，形成了湯濃味重、鮮鹹脆嫩的特色。多年來習慣了傳統魯菜口味的北方居民，吃鹽量普遍偏高。

川菜

揚雄《蜀都賦》記載：「調夫五味，甘甜之和，芍藥之羹，江東鮐鮑，隴西牛羊。」可見，漢代巴蜀飲食文化已高度發達。晉代《華陽國志》將當時巴蜀飲食的特點概括為「尚滋味，好辛香」。

明末清初的長期戰亂使川中人口銳減，民生凋敝，巴蜀飲食文化遭到毀滅性打擊。清初統治者為了鞏固政權，提振四川經濟，鼓勵移民入川，開啟了規模空前的「湖廣填四川」移民運動。康熙朝後期移民數量達到高峰，四川經濟逐漸復興，川菜作為一個菜系開始形成。四川人李化楠和其子李調元編纂的烹飪典籍《醒園錄》，收錄整理了各種江浙菜的烹調方法，但也多有川化的改造。該書記載菜餚 39 種、釀造品 24 種、糕點小吃 24 種、加工食品 25 種、飲料 4 種、食品保藏方法 5 種。《醒園錄》涉獵廣泛，記述詳盡，對川菜發展和定型產生了重大影響。

大面積種植辣椒並將其用於烹飪，是川菜形成的一個重要標誌。辣椒和鹽合用能改善口感，增加香味，因此，辣椒食品往往是高鹽食品。長期進食重辣食物，會損傷感覺細胞，使味覺敏感度下降，口味逐漸變重。因此，在中國家庭飲食環境中，喜食辣椒的習慣往往代代相承，成為喜辣地區居民吃鹽多的一個重要原因。

川菜注重用鹽，而且強調用當地產的井鹽。四川泡菜能獨樹一幟，與井鹽密不可分。蔬菜經鹽水泡漬和簡單發酵，就可製成泡菜。泡菜除直接食用外，還能作為烹飪佐料。川菜另一常用調味料就是豆瓣醬。豆瓣醬以辣椒、蠶豆、麵粉、黃豆為原料，經天然發酵製成。製作豆瓣醬時需加入大量食鹽以控制發酵，鹽還能防止發酵食品腐敗變質。豆瓣醬也稱胡豆瓣，以郫縣所產最為著名。郫縣豆瓣具有「色紅褐、油潤、醬酯香、味鮮辣」的特色，深受川人喜愛，是烹製川菜的調味佳品，被稱為「川菜之魂」。除了豆瓣醬，川菜佐料還使用其他醃製和發酵食品，這些食品大多都是高鹽食品。《成都通覽》記錄了50 種鹹菜，其中的魚辣子、泡大海椒、泡薑、鮓海椒、辣子醬、胡豆瓣、豆豉等都是烹製川菜不可或缺的調味料。

粵菜

粵菜，也稱廣東菜，發源於嶺南，包括廣州菜、潮州菜、東江菜三大風味菜餚。粵菜作為一個菜系形成較晚，但影響深遠，在海外尤其享有盛譽，成為中國菜在國際上的典型代表。粵菜用料精細，配料多巧，裝飾美豔，菜餚和小吃品種繁多。

粵菜注重保持食材的天然品質，口味比較清淡。在粵菜流行的廣東和海南，居民平均每天吃鹽量分別為 11.0 克和 10.8 克，在全國屬較低水平。

蘇菜

蘇菜即江蘇菜，由淮揚菜、蘇錫菜、徐海菜三大地方風味組成，其中以淮揚菜為主體。淮揚菜指以古代揚州府和淮安府為中心的區域性菜系。明清時期，兩淮鹽業興旺，揚州成為鹽業貿易的南北要衝，由於工商業的繁榮，餐飲業高度發達。獨特的地理環境和物產特徵，使淮揚菜形成了口味清鮮平和、鹹甜濃淡適中、南北皆宜的特徵。

徽菜

徽菜起源於古徽州府，並不等於安徽菜。徽菜原是當地山區的地方風味菜餚，隨着南宋以後徽商崛起，逐漸進入城市，流行於長江中下游地區。清乾隆五十五年（1790），徽班晉京，徽菜隨之北上，開始在北方盛行。現行徽菜包括皖南菜、皖江菜、合肥菜、淮南菜、皖北菜五大風味。徽菜的特點是：重色，重油，重火功。徽菜的原料包括火腿、熏肉、熏魚、醬菜、豆腐乳等，這些高鹽食品明顯增加了徽菜含鹽量。1992 年開展的中國居民營養與健康調查表明，安徽居民平均每天吃鹽 17.4 克，僅次於江西和吉林，位居全國第三。

閩菜

西晉永嘉之亂後，衣冠南渡，促進了閩越地區社會經濟發展，也為當地帶來了中原飲食文化的先進要素。唐朝徐堅的《初學記》記載：「瓜州紅麴，參糅相半，軟滑膏潤，入口流散。」這種紅色酒糟由中原移民帶入福建，成為閩菜烹飪的重要調味料和調色料，也成為閩菜烹飪的一大特色。

閩菜起源於福州閩縣，在後來的發展中形成了福州菜、閩南菜、閩西菜三種流派。福州菜淡爽清鮮，甜而不膩，酸而不峻，淡而不薄，擅長烹製山珍海味；閩南菜注重作料調味，強調鮮香味美；閩西菜偏重鹹辣，食材多選山珍。1992 年開展的中國居民營養與健康調查表明，福建省居民平均每天吃鹽 11.0 克，在全國屬較低水平。

湘菜

湘菜，又稱湖南菜，形成於湘江流域、洞庭湖沿岸和湘西山區，流行於湘、鄂和贛大部。湘菜製作精細，用料廣泛，口味多變，油重色濃；品味上注重香辣、香鮮、軟嫩。湖湘地區氣候濕潤，湘菜調味尤其重酸、重辣。湖南人喜食辣椒，用以提神去濕；用酸泡菜作佐料，烹製的菜餚開胃爽口，這些特點決定了湘菜用鹽偏多。1992 年開展的中國居民營養與健康調查表明，江西省居民平均每天吃鹽 19.4 克，高居全國第一；湖北省居民平均每天吃鹽 16.4 克，居全國第四；湖南省居民平均每天吃鹽 14.4 克，在全國也屬較高水平。

浙菜

浙江菜簡稱浙菜。浙江山清水秀，物產豐富，尤其是水產冠居全國。《史記》中記載「楚越之地……飯稻羹魚」。趙宋南渡之後，臨安（杭州）成為全國經濟文化中心，促進了江浙地區飲食文化的繁榮，浙菜的基本風格漸趨形成。豐富的烹飪資源、眾多的名優特產，加之卓越的烹飪技藝，使浙菜形成了菜餚品種豐富、菜式小巧玲瓏、菜品鮮美滑嫩、口味脆軟清爽的特徵。

八大菜系是在中國漫長餐飲文化發展史中逐漸形成的地區飲食特徵。因此，八大菜系是一個鬆散的民間概念，各個菜系並無統一標準和精準流行區域。趙榮光先生經多年研究，繪製出 11 個飲食文化圈，能反映中國各地居民的飲食特徵。研究飲食文化圈或菜系，可以探索不同地區居民各種營養素的攝入狀況，分析吃鹽量和吃鹽來源，為建立健康的飲食模式提供依據。

西式快餐

快餐（fast food）是指能快速批量生產的食品，典型快餐一般指在餐館或連鎖店銷售的預加工食品，這些食品往往能打包後由顧客帶走。與傳統家庭餐相比，快餐營養價值低；但快餐具有快捷、方便、易於標準化等優點，非常適合快節奏的現代都市生活。在西方國家，快餐已成為一種生活方式，甚至出現了「快餐文化」和「速食主義」。

快餐的基本要求就是備餐快，採用預加工食材是縮短備餐時間的一個策略。製作漢堡的麵包、火腿和芝士都是預加工食材。為了保持新鮮感，延長保質期，這些預加工食材往往含鹽較多。採用高溫油炸技術是縮短備餐時間的另一策略。鹽能抑制食品加工中產生的異味，增強油炸食品的香味，改善油炸食品的口味，因此油炸食品往往含鹽較多。

快餐食品在反覆加工過程中，食材中的維生素、礦物質和不飽和脂肪酸會流失和降解。因此，快餐食品具有高熱量、高脂肪和高鹽的特徵，常被稱為垃圾食品（junk food）。從限鹽角度考慮，儘管快餐食品價廉味美、快捷方便，也不應經常食用。

漢堡包（hamburger）是西式快餐的代表食品。傳統漢堡包由兩片小圓麵包夾一塊牛肉餅組成，改良漢堡包還會夾入奶油、番茄片、洋葱碎、生菜、酸黃瓜等食材，同時添加芥末、番茄醬、沙拉醬等調味料，所夾牛肉餅也可能改為鱈魚或火腿等。漢堡包製作簡單、食用方便，現已成為風靡全球的大眾食品。

三文治是一種類似漢堡包的快餐食品。漢堡包是將肉餅和蔬菜夾在切開的小圓麵包之間，三文治是將肉餅和蔬菜夾在兩塊切片麵包之間。三文治是最常見的西方家庭食品，在餐館也有售賣。漢堡包一般加熱食用；三文治可熱食，也可冷食。

漢堡包所含鹽主要存在於麵包、肉餅和芝士中，芥末、番茄醬、沙拉醬也含一定量的鹽，新鮮蔬菜含鹽極少。漢堡包含鹽量與所夾食材有關，各連鎖店生產的漢堡包含鹽量不盡相同。在西方飲食中，麵包是鹽攝入的重要來源，原因是麵包日常消費量很大。

炸雞塊（fried chicken）是西式快餐的另一代表食品。炸雞塊的製作方法是，將整雞按部位切分成小塊。將麵粉加水後製成麵糊，麵糊中加入雞蛋、牛奶、膨化劑、食鹽、胡椒、辣椒、蒜末、沙拉醬等。肯德基聲稱，其麵糊中還加入了 11 味本草（具體成份和含量屬商業機密）。將雞肉塊放入麵糊中上漿 2-4 分鐘，然後加壓油炸 7-10 分鐘，油溫一般控制在 185℃。之後炸雞被放置在台架上自然冷卻 5 分鐘，食用前在微波爐中加熱。肯德基規定，出鍋後 90 分鐘仍未銷售的炸雞就必須丟棄，以保證炸雞的新鮮度。因此，炸雞含鹽主要存在於包裹麵糊中，雞肉本身含鹽較少。

炸薯條（french fries）是深受兒童與青少年喜愛的快餐食品。炸薯條的油一般採用植物油加小量牛油。炸好的薯條臨時放置在濾篩內或濾布上控油，同時加入適量鹽。高溫油炸能使薯條產生誘人的香味，加入食鹽可增強香味，同時使薯條口味更鮮美。因此，炸薯條含鹽明顯高於薯仔，而含鉀明顯低於薯仔。吃炸薯條時還會搭配番茄醬等蘸料，其中也含有較高水平的鹽。

比薩（pizza），是源自意大利的一種快餐食品。傳統比薩的做法是，在發酵圓麵餅上覆蓋番茄醬、芝士、蔬菜條、水果塊、肉丁及其他食材，然後烘烤而成。由於麵餅、番茄醬、芝士和調味料都含鹽，因此比薩含鹽也較高。

近年來，包裝快餐在中國快速發展，很多上班族和學生的午餐都以包裝快餐形式送達。在火車、輪船或飛機上，運營商也為乘客提供包裝快餐。包裝快餐是將加工好的米飯、麵食、糕點、肉食、蔬菜、水果等定量打包成份，銷售給消費者。包裝快餐需預先製作，有的需存放較長時間，為了防腐和保持口味，會加入較多鹽。

「鹽重」的危害

根據研究，吃鹽多會升高血壓，增加中風、胃癌、骨質疏鬆等疾病的患病風險。還會引發數十種疾病。

鹽與高血壓

人體血壓高低主要取決於血容量、心臟排血量和血管阻力三大要素。鈉離子是血清中含量最多的陽離子，體內鈉離子總量會影響血容量。參與循環的血量總和稱為血容量，正常人血容量相當於體重的 7%-8%。由於循環系統是一個封閉體系，血容量增加時血壓升高，血容量減少時血壓降低。因此，體內水鈉瀦留會引起血壓升高。《黃帝內經》記載：「多食鹹，則脈凝泣而變色。」可見，早在五千多年前，中國醫學就觀察到吃鹽多會引起血液循環的改變。

1904 年，法國學者阿姆巴德（Ambard）和畢奧嘉德（Beaujard）測量了高血壓患者膳食鈉和尿鈉含量。結果發現，吃鹽量明顯減少時，鹽排出量超過攝入量，受試者進入負鹽平衡（體內鹽減少），這時即使增加蛋白質攝入，血壓也會下降。相反，吃鹽量明顯增加時，鹽排出量少於攝入量，患者進入正鹽平衡（體內鹽增加），這時即使減少蛋白質攝入，血壓也會上升。這是人類首次認識到鹽可升高血壓。

1948 年，美國學者柯普楠（Kempner）發明治療高血壓的米果飲食（rice-fruit diet）。米果飲食的基本配方是：每天 20 克蛋白質，小量脂肪，不超過 0.5 克鹽。米果飲食主要由大米、蔬菜和水果組成，含鹽量極低。在對 500 例高血壓患者進行治療後，柯普楠發現，米果飲食不僅能降壓，還能保護心臟，預防眼底病。雖然降壓效果明顯，但米果飲食卻難以推廣，主要原因是這種飲食索然無味，絕大部份人短期都難以忍受，更何況長期堅持。

所羅門群島（Solomon Islands）是南太平洋上一個島國，由 990 個島嶼組成，面積 2.8 萬平方公里，2014 年人口約 57 萬，美拉尼西亞人、波利尼西亞人、密克羅尼西亞人等原住民佔總人口的 99%。1568 年，西班牙航海家門達尼亞（Álvaro de Mendaña y Neira, 1541-1595）率領探險船隊抵達該群島。船隊遠遠望見原住民佩戴着閃亮的黃金飾品，以為找到了傳說中的所羅門王寶藏，於是將這裏命名為所羅門群島。第二次世界大戰中太平洋戰場的轉捩點瓜島戰役（Guadalcanal campaign）也發生在這裏。所羅門群島由於地處大洋深處，長期與世隔絕，直到 20 世紀 60 年代，大部份地區仍處於原始狀態，是世界上最不發達地區之一。「二戰」後，隨着交通和通訊設施改善，旅遊業興起，島上居民生活方式逐漸西化。美國學術界敏鋭地意識到，這種快速轉型的社會生態為研究人類文明起源和現代社會慢性病衍生提供了絕佳機會。1967 年，美國發起「哈佛所羅門計劃」，對這一偏遠島國進行二次探索。哈佛大學組織專家對島上原住民生活方式、飲食結構、生理指標、遺傳特徵、罹患疾病等進行了全面調查。

「哈佛所羅門計劃」的目標之一，就是在原住民中探索吃鹽量和高血壓之間的關係。研究者選擇了六個有代表性的原始部落：納西奧依（Nasioi）、納格維西（Nagovisi）、拉烏（Lau）、畢古（Baegu）、艾塔（Aita）和科威奧（Kwaio）。這些部落居民有的採用海水煮食，有的採用淡水煮食；有的受西方飲食文化影響大，有的受西方飲食文化影響小。因此，各部落居民吃鹽差異很大，血壓高低不一。拉烏部落居民每天吃鹽 13.2 克，甚至超過同時代西方人，其高血壓患病率高達 9.0%。科威奧部落居民每天吃鹽只有 1.2 克，高血壓患病率只有 0.8%。另外，在西方人群中發現的血壓隨年齡升高的現象，僅出現在吃鹽多的部落中；在吃鹽少的部落，居民血壓並不隨年齡增長而升高。在「哈佛所羅門計劃」開展不久，20 世紀 80 年代，在澳洲等國資助下，所羅門群島啟動了以採礦和農墾為主的大開發，西方文化大舉入侵，徹底顛覆了群島的原始生態，居民吃鹽量迅速飆升，原先很少見到的高血壓、冠心病、中風開始在原住民中盛行。

INTERSALT 研究在全球 32 個國家測量了 52 個人群的吃鹽量。這些人群每天吃鹽量在 0.1 克到 15 克之間，各人群吃鹽量與血壓水平顯著相關，吃鹽越多血壓越高，吃鹽多使血壓隨年齡增加的趨勢更明顯。如果每天多吃 6 克鹽，三十年後血壓會額外增加 9 毫米汞柱。INTERSALT 發現，有 4 個原始部落人群吃鹽極少，人均每天不超過 3 克，這些部落居民血壓都較低，而且血壓不隨年齡增加而升高。居住在巴西亞馬遜叢林中的亞諾瑪米人，每天從天然食物中攝取的鹽不到 0.1 克，成人平均血壓只有 96/61 毫米汞柱，沒有高血壓患者，而且老年人和青年人的血壓沒有差別。

葡萄牙人喜歡吃鹽，居民吃鹽量在歐洲各國名列前茅。為了探索降低人群吃鹽量的可能性，里斯本大學的研究小組在兩個村莊開展了對照研究。兩村莊各有居民八百多名，生活習慣和經濟條件相差無幾。兩村居民都以吃鹽多聞名，人均每天吃鹽 21 克，高血壓患病率超過 30%。在第一個村莊，通過逐家逐戶的宣傳和集體講座，告訴村民吃鹽多的危害，給村民分發限鹽傳單，指導村民如何減鹽，通過這些活動使該村居民吃鹽量降到每天 12 克。在第二個村莊卻不宣傳限鹽，村民吃鹽仍維持在每天 21 克。在開展限鹽的村莊，村民的平均血壓在第一年降低了 4/5 毫米汞柱，第二年降低了 5/5 毫米汞柱。兩年期末，未開展限鹽的村莊居民血壓有所上升，兩村居民平均血壓相差 13/6 毫米汞柱。在實施限鹽的村莊，吃鹽量降幅大的村民血壓下降更明顯。

1980 年，在比利時的兩個小鎮也開展了類似研究。兩鎮相距 50 公里，分別有居民 12,000 人和 8,000 人，居民飲食習慣和生活水平相當。在第一個小鎮，通過媒體（報紙廣告）宣傳吃鹽多的危害，第二個小鎮不進行宣傳。五年後，開展宣傳的小鎮女性吃鹽降低了 1.5 克，沒有宣傳的小鎮女性吃鹽增加了 0.5 克。奇怪的是，兩鎮女性血壓都降低了 7.5/2.3 毫米汞柱左右。開展宣傳的小鎮男性吃鹽降低了 0.7 克，而未宣傳的小鎮男性吃鹽降低了 0.8 克，兩鎮男性居民血壓降低幅度也相當。這一研究並未取得預期結果，其可能原因包括，比利時人均吃鹽不超過 10 克，而前述葡萄牙村民人均吃鹽高達 21 克，加之宣傳力度小，居民吃鹽降幅有限。這一研究結果也強調，僅靠媒體宣傳，可能達不到減鹽目的。

吃鹽量與血壓的關係

多個大型研究分析了減鹽對高血壓的預防和治療效果。高血壓預防研究（TOHP）分析了三種生活方式——減肥、限鹽、緩解生活壓力對血壓的影響。在 18 個月觀察期，減肥者體重平均減輕了 3.9 公斤，收縮壓降低了 2.9 毫米汞柱，舒張壓降低了 2.3 毫米汞柱。限鹽者每天吃鹽減少了 2.5 克，收縮壓降低了 1.7 毫米汞柱，舒張壓降低了 0.9 毫米汞柱。研究者認為，減肥是最有效的非藥物降壓方法，而限鹽也能降低血壓。TOHP 還開展了隨訪研究，吃鹽量每降低 2.5 克，可將未來十年心腦血管病風險降低 25%。

2002 年，優素福（Yusuf）等學者發起了規模龐大的城鄉流行病學研究（PURE）。PURE 研究納入了 156,424 名受試者，這些受試者來自 5 大洲 17 個國家 628 個城鄉社區。研究發現，吃鹽每增加 2.5 克，收縮壓升高 2.11 毫米汞柱，舒張壓升高 0.78 毫米汞柱。PURE 研究的發現是，吃鹽量和血壓之間並非線性關係，在高鹽攝入人群，鹽的升壓作用更明顯。每天吃鹽量超過 12.7 克的人，吃鹽量每增加 2.5 克，收縮壓升高 2.58 毫米汞柱；每天吃鹽量在 7.6 到 12.7 克之間的人，吃鹽量每增加 2.5 克，收縮壓升高 1.74 毫米汞柱；每天吃鹽量低於 7.6 克的人，吃鹽量每增加 2.5 克，收縮壓僅升高 0.74 毫米汞柱。PURE 研究還發現，中國居民鹽敏感性高於其他國家，也就是，鹽的升壓作用在中國居民中更明顯（圖 12）。

鹽敏感

同樣採取高鹽飲食，有的人血壓升高，有的人血壓不升高或升高不明顯。吃鹽量改變後血壓升降明顯的現象稱為鹽敏感（salt sensitive），吃鹽量改變後血壓升降不明顯的現象稱為鹽抵抗（salt resistant）。吃鹽多導致的高血壓稱為鹽敏感高血壓。總體來看，約有一半高血壓是鹽敏感高血壓。鹽敏感的人除了容易患高血壓，也容易患心腦血管病、胃癌、慢性腎病、骨質疏鬆等疾病。鹽敏感現象是美國學者路易斯・達赫博士（Lewis Dahl, 1914-1975）發現的。

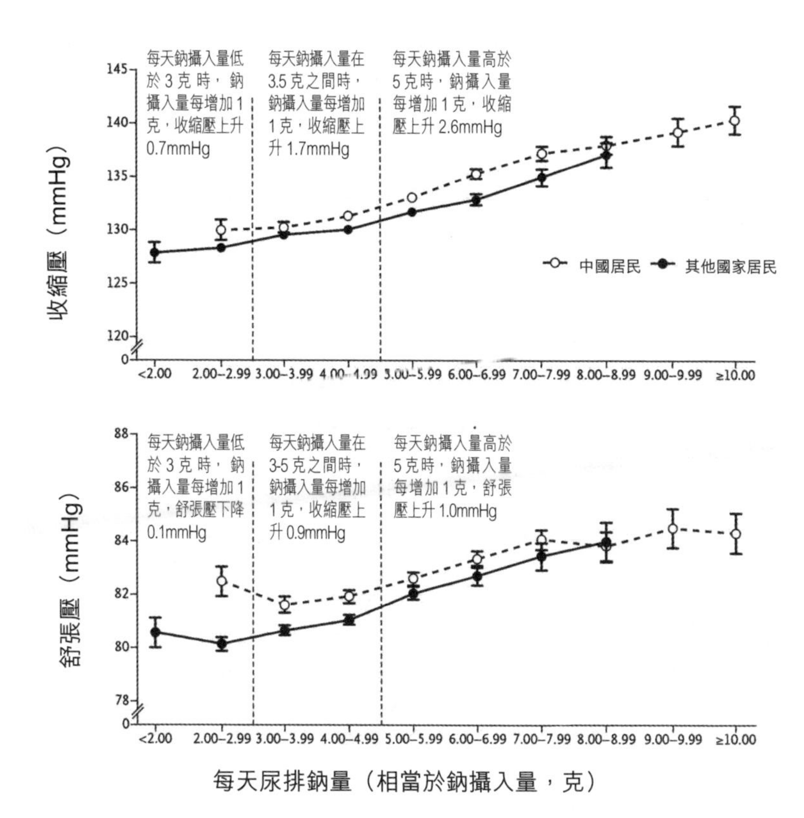

圖 12 吃鹽量與血壓的關係（PURE 研究）

參與人數

中國居民		1,876	6,012	9,794	10,101	7,177	4,093	2,035	1,002	952
其他國家居民	1,613	7,384	15,101	16,015	10,810	5,211	2,048	992		

在 PURE 研究調查的 102,216 名居民中，有中國居民 43,042 人（42.1%），有其他 17 國居民 59,174 人（57.9%）。隨吃鹽量增加，收縮壓和舒張壓逐漸升高。在吃鹽量相同時，中國居民血壓高於其他國家居民。在調查人群中，中國居民無人吃鹽低於 5 克；其他國家有 1,613 人（2.7%）吃鹽低於 5 克。中國居民有 1,954 人（4.5%）吃鹽超過 22.3 克；其他國家居民無人超過 22.3 克（9 克鈉）。

數據來源：Mente A, et al. Association of urinary sodium and potassium excretion with blood pressure. N Engl J Med. 2014; 371:601-11.

實驗證明高鹽飲食引致健康隱患

大猩猩是人類近親，其基因與人類高度一致（98.8%），身體結構和生理功能也與人類相仿。野生大猩猩每天吃鹽一般不超過 1 克，均源於天然食物，而現代人每天吃鹽高達 10 克以上。野生大猩猩極少患高血壓，而現代人高血壓盛行。1990 年，來自澳洲、加蓬、美國、法國的科學家在大猩猩中探索了鹽對血壓的影響。該研究由墨爾本大學丹頓（Denton）教授擔綱，所觀察的 26 隻大猩猩屬於同一家族，均飼養於加蓬弗朗斯維爾（Franceville）國際醫學研究中心。這些大猩猩長期以蔬菜和水果為食，飲食中從不加鹽，每日經天然食物攝入的鈉為 253 毫克（相當於 0.6 克鹽），攝入的鉀為 7,020 毫克。丹頓教授將大猩猩分為兩組，一組接受高鹽飲食，另一組維持天然低鹽飲食。接受高鹽飲食的大猩猩，通過配方奶將每天吃鹽量由 0.6 克逐漸增加到 15 克（相當於中國北方居民吃鹽量）。到 20 個月時，接受高鹽飲食的大猩猩收縮壓平均上升了 33 毫米汞柱，舒張壓上升了 10 毫米汞柱。之後，丹頓又將這組大猩猩吃鹽量由 15 克逐漸降回到 0.5 克，6 個月後發現，猩猩血壓又恢復到原先水平。丹頓小組的研究證實，鹽是血壓升高的根源。

完成上述實驗後，丹頓小組移師美國，在位於得克薩斯州巴斯特羅普（Bastrop）的安德森中心（MD Anderson Cancer Center）展開了更大規模的大猩猩研究。巴斯特羅普研究的不同之處在於，這裏的大猩猩常年以美式餅乾為食，每天吃鹽高達 15 克，有些大猩猩已患高血壓多年，並在接受降壓治療。丹頓將 110 隻大猩猩分為兩組，60 隻繼續接受高鹽飲食；50 隻接受低鹽飲食，吃鹽量由每天 15 克降低到 7.5 克。經過兩年觀察，減鹽大猩猩收縮壓降低了 10.9 毫米汞柱，舒張壓降低了 9.4

毫米汞柱。丹頓認為，將吃鹽量減少到野外水平（每天0.5克），可能會進一步降低血壓。有趣的是，這些在美國長大的大猩猩，已經習慣了高鹽美食，根本不接受低鹽飲食，展開了群體性絕食。丹頓為牠們精心設計了低鹽餅乾，外觀和其他成份與高鹽餅乾一模一樣，但幾乎所有大猩猩都拒絕進餐，幾個月後，這些大猩猩變得骨瘦如柴。迫於強大的動物倫理學壓力，丹頓不得不終止研究，給猩猩們恢復了高鹽點心。

在舊石器時代，人類飲食結構和野生大猩猩相仿，只是在農業文明開始後，吃鹽量才逐漸增加，到工業革命前後達到巔峰。家庭冰箱應用後，人類吃鹽量曾有小幅下降，但加工食品的暢銷再次增加了吃鹽量。鹽在促進人類文明發展、帶來美味享受的同時，也將高血壓等慢性病引入人間。就像丹頓教授飼養的那些大猩猩，鹽帶來的味覺享受如此美妙，已然讓我們對它難以割捨，哪怕為之付出健康甚至生命的代價。

鹽與中風

中風（Stroke）也稱腦卒中或腦血管病變。在全球範圍內，有 62% 的中風與高血壓有關。吃鹽多會升高血壓，由此可推知，高鹽飲食會增加中風的發病風險。在芬蘭開展的研究發現，吃鹽每增加 6 克，中風發病風險增加 23%。從全球來看，中國、韓國、中亞和東歐諸國吃鹽較多，居民血壓水平較高，中風發病率和死亡率也居全球前列。

中國各地中風發病率差異很大。2013 年，在對各地中風發病率進行分析後，筆者所在的研究組發現，東北、華北、西北和西藏這一 C 型地帶中風風險明顯高於其他地區，我們將這一地帶命名為「中風帶」。中國中風帶包括黑龍江、吉林、遼寧、北京、河北、內蒙古、寧夏、新疆、西藏等 9 個省市自治區，帶內居民中風發病率是其他地區的 2.2 倍。分析表明，這些地區中風高發與高血壓有關，而高血壓又與吃鹽多有關。

中風帶包括北方大部份地區，這些地區居民傳統上吃鹽較多。北方居民吃鹽多與飲食習慣、地理氣候特徵、社會經濟狀況、都市化、農作物種類等因素有關。根據中國居民營養與健康狀況調查，吃鹽越多血壓越高。在中國開展的流行病學調查也證實，居民吃鹽多的地區高血壓患病率也高。

從歷史上看，中國南方（秦嶺至淮河以南）為傳統稻米產區，水產及海產豐富，居民以大米為主食，輔以魚和其他水產。《史記》載：「楚越之地，地廣人稀，飯稻羹魚，或火耕而水耨。」

可見，早在漢代以前，長江中下游地區居民就以大米為主食，以魚蝦為輔食。北方為傳統小麥和玉米產區，豬、牛、羊飼養量大，居民以麵食為主食，以豬牛羊肉為輔食。在麵食製作過程中，往往需添加蘇打（碳酸鈉）以控制發酵並中和酸性產物。在麵條加工過程中，需添加食鹽以增加筋道及防止霉變，進餐時還要佐以鹵汁和調味品，這些特徵使麵食含鹽高於米食。

從地理上看，中國北方屬溫帶季風氣候，夏季暖熱多雨，冬季寒冷乾旱。蔬菜、水果集中在夏秋上市，牛羊也多在深秋出欄。冬春季缺乏鮮菜、鮮果、鮮肉和鮮活水產，醃菜、醃肉以及各種醬類是家庭越冬的主要輔食。醃製品和醬類含鹽較高，這種飲食特徵成為北方居民吃鹽多的重要原因。

近年來，隨着溫室技術推廣和交通運輸業發展，北方在冬春季也能獲得鮮菜、鮮果、鮮肉和鮮活水產，但根據在蘇北開展的調查，農村居民醃製品消費量依然很高。導致這種現象的原因包括：醃製品是農業社會形成的飲食習慣，這種食品已融入日常生活，甚至成為居民自我身份認同的重要方式。近年來城鄉生活水平大幅提升，但醃製品仍然是很多居民節約開支的策略。由於文化水平相對較低，獲得健康知識的途徑相對匱乏，農村居民對長期食用醃製品的危害缺乏認識，而周圍人普遍食用醃製品的現實，也讓他們誤以為長期食用醃製品並無大礙。

從社會經濟發展水平來看，北方相對落後，尤其是廣大農村地區，加之自然和氣候因素，鮮菜、鮮果、鮮蛋、鮮肉、鮮活水產等消費總量偏低。2015 年，全國農村居民蔬菜（包括蘑菇）消費最多的是重慶，人均 134.7 公斤；蔬菜消費最少的是西藏，人均 13.4 公斤。2015 年，全國農村居民水果（包括乾果）消費最多的是天津，人均 66.7 公斤；水果消費最少的是西藏，人均 2.0 公斤。在蔬菜水果消費較少的西藏地區，居民高血壓患病率較高，中風發病率也居各省市自治區之首。由於含鈉很低，蔬菜水果消費量大的地區往往吃鹽較少。蔬菜水果還能提供豐富的鉀，這些因素都有利於降壓和預防中風。

中國北方河流和地下水硬度明顯高於南方，水源中鈉含量也普遍高於南方。目前仍有部份居民飲用含鈉很高的苦鹹水。在城市自來水處理時，含鈣鎂高的硬水在軟化過程中，會加入鈉離子以置換鈣鎂離子，因此水軟化會進一步增加水鈉含量，使飲水成為北方居民吃鹽的一個重要來源。北方降水量明顯少於南方，工農業生產與居民生活排放到環境中的鹽都需降水沖刷稀釋，降水量少意味着地下水和地表水更容易發生鹽污染，使飲水鹽（鈉）含量進一步升高。

北方氣候乾燥，城市化水平相對較低，長期從事戶外勞動的農民顯性及隱性出汗量均較大，很容易形成喜鹽口味。另外，較高強度的體力活動勢必增加食量（飯量），食量大也會增加吃鹽量。

根據 1992 年中國居民膳食營養調查，江西居民人均每天鈉攝入量為 9,488 毫克，相當於人均每天吃鹽 24.1 克，其中烹調用鹽 19.4 克，兩項指標均高居全國之首；居第二位的安徽居民每天鈉攝入量為 8,886 毫克，相當於人均每天吃鹽 22.6 克，其中烹調用鹽 17.4 克；位居第三位的吉林居民每天鈉攝入量為 8,671 毫克，相當於人均每天吃鹽 22.0 克，其中烹調用鹽 17.9 克。甘肅居民吃鹽較少，每天鈉攝入量為 3,874 毫克，相當於人均每天吃鹽 9.8 克，其中烹調用鹽 7.8 克。

20 世紀 60 年代，台灣地區經濟開始起飛，居民飲食結構也逐漸西化。米食消費量減少，麵食消費量增加，肉類、蔬菜、水果和加工食品消費量增幅明顯。到 90 年代，65 歲以上老人佔總人口超過 7%，台灣步入老齡化社會。飲食結構改變和人口老齡化導致台灣慢性病盛行，其中以腫瘤及心腦血管病最為突出。為了應對慢性病，衛生部門於 1984 年推出台灣地區膳食指南，其中推薦成人每天吃鹽 8-10 克。其後，台灣地區曾數度對膳食指南進行修訂，並下調鹽的推薦攝入量。台灣地區目前採用《美國膳食指南》，推薦居民每天攝入鈉不超過2,300毫克（相當於 6 克鹽）。根據 INTERSALT 研究，1984 年台灣地區居民 24 小時尿鈉平均為 3,244 毫克（其中，男性為 3,344 毫克，女性為 3,144 毫克），相當於人均每天吃鹽 9.2 克。2008 年，台灣地區營養與健康調查（NAHSIT）表明，居民平均每天攝入鈉 4,017 毫克（其中男性 4,514 毫克，女性 3,519 毫克），相當於每天吃鹽 10.2 克。24 年間，吃鹽量似有小幅上升，但相對大陸各省份，台灣地區居民吃鹽量明顯偏低。2008 年，台灣地區營養與健康調查表明，成人高血壓患病率為 17.2%，其中男性為 20.9%，女性為 13.4%，在十年間均無明顯改變。台灣地區居民高血壓患病率和中風發病率均明顯低於大陸居民，可能與吃鹽量偏低有關。

香港地區在回歸前一直沿用《英國膳食指南》。根據 1998 年的調查，香港地區居民人均每天攝入鈉 4,680 毫克（其中男性 4,841 毫克，女性 4,518 毫克），相當於每天吃鹽 11.9 克。香港地區居民吃鹽量與台灣地區居民相當，明顯低於同期內地居民平均水平。香港地區居民高血壓患病率和中風發病率也低於內地居民。

中國在世界上是中風高發區。根據全球疾病負擔研究（GBD），中國居民中風發病率居全球前列。中風是中國居民第一死亡原因，而高鹽飲食是增加中風風險的重要因素。遺憾的是，採用標準方法測量各地居民吃鹽量的研究還非常少。由於資料匱乏，目前尚無法直接分析各地居民吃鹽量與中風發病的關係。要遏制中風等慢性病在中國高發的態勢，當務之急是採用 24 小時尿鈉法對各地居民吃鹽量進行監測，並對不同地區、不同民族、不同職業的居民吃鹽來源進行分析，進而制定針對性的限鹽策略和長遠的中風防治計劃。

鹽與胃癌

2015年，中國新發胃癌67.9萬例，因胃癌死亡49.8萬人，因胃癌死亡者佔腫瘤死亡人數的17.8%，中國胃癌發病率和死亡率均居各類腫瘤第二位，僅次於肺癌。中國每年胃癌新發病例約佔全球一半，每年因胃癌死亡人數超過全球一半，中國胃癌平均發病年齡明顯低於西方國家。

中國胃癌高發的主要原因是居民吃鹽太多。有充份證據表明，吃鹽多會增加胃癌風險。除了鹽以外，煙熏食品、醃製食品、泡菜、高鹽食品、吸煙等都會增加胃癌風險，蔬菜和水果可降低胃癌風險。

1959年，日本學者佐藤（Sato）分析了日本各地居民吃鹽量和胃癌死亡率之間的關係，首次提出鹽可增加胃癌風險的觀點。之後的研究證實，高鹽飲食能降低胃液黏稠度，破壞胃黏膜，誘導幽門螺桿菌（helicobacter pylori, HP）生長和增殖。幽門螺桿菌能促使硝酸鹽轉化為亞硝酸鹽及亞硝胺，進而誘發癌變。另外，胃內鹽濃度升高還可破壞胃黏膜，加重炎症反應，誘導內膜增生和癌變。

在INTERSALT研究調查的32個國家中，有24個國家有胃癌死亡率數據。分析發現，居民吃鹽量和胃癌死亡率呈直線相關。在這些國家中，韓國男性吃鹽量（每人每天13.3克）居第一位，胃癌死亡率（180/100,000）也高居首位；韓國女性吃鹽量（每天10.3克）排第二位，胃癌死亡率（70/100,000）仍高居首位。中國男性吃鹽量（每天 12.0 克）排第五位，胃癌死亡率（93/100,000）居第三位；中國女性吃鹽量（每天 10.8 克）排第一位，胃癌死亡率（45/100,000）居第二位。美國居民吃鹽量較低（男性每天 8.6 克，女性每天 6.7 克），胃癌死亡率也很低（男性 15/100,000，女性 7/100,000）。美國胃癌死亡率還不到韓國的 1/10。

2000 年之前，胃癌曾是中國死亡率最高的腫瘤，之後逐漸被肺癌超越。為了探索中國胃癌高發的原因，1991 年，來自美國國立衛生研究所（NIH）和英國癌症研究中心的科學家與中國預防醫學研究院的學者一起，對中國 65 個縣居民飲食特徵和胃癌死亡率進行了分析。結果發現，中國各地胃癌死亡率相差高達 70 倍，北方胃癌死亡率明顯高於南方。居民吃鹹菜多的縣，胃癌死亡率高；居民吃新鮮蔬菜多的縣，胃癌死亡率低。研究的最終結論是，南方多新鮮蔬菜、北方多醃製蔬菜是造成中國胃癌死亡率北高南低的根本原因。

2008 年，西安交通大學顏虹教授分析了中國 67 個縣居民吃鹽量、幽門螺桿菌感染率和胃癌死亡率。結果發現，甘肅武都、山西壺關等居民吃鹽多的區縣胃癌死亡率高，而廣東番禺、四會等居民吃鹽少的縣市胃癌死亡率低。該研究還發現，吃鹽量與胃癌死亡率並不呈直線關係，僅在幽門螺桿菌感染率高的縣，吃鹽量與胃癌死亡率有關。同時，僅在吃鹽多的縣，幽門螺桿菌感染率與胃癌死亡率有關。這一研究表明，鹽增加胃癌患病風險主要是通過幽門螺桿菌起作用。

世界各國胃癌發病率最高相差 10 倍以上。移民研究表明，胃癌主要與飲食結構、生活方式及環境因素有關，而遺傳只起很小作用。其中，吃鹽多可明顯增加胃癌風險。20 世紀 60 年代，松金章一郎（Shoichiro Tsugane）等學者對移民到世界各地的日本人進行跟蹤調查發現，當日本人移居到美國夏威夷後，二代移民胃癌發病率由本土的 80/100,000 降低到 34/100,000；而當日本人移民到巴西聖保羅後，二代移民胃癌發病率仍高達 69/100,000。分析發現，移民到夏威夷的日本人飲食已基本美國化，很少喝味噌湯，也很少吃泡菜，吃鹽量降低到 10 克以下；而移民到巴西聖保羅的日本人，仍保持本土飲食特色，喜歡喝味噌湯，喜歡吃泡菜，每天吃鹽高達 14 克以上。這一研究提示，日本胃癌高發可能是由高鹽與醃製食品所致，而非遺傳原因。胃癌病因研究也推動了日本的限鹽活動，大幅降低了中風和胃癌等慢性病的發病率與死亡率。

幽門螺桿菌感染是引起胃潰瘍和胃癌的重要原因，世界衛生組織將幽門螺桿菌定為一級致癌物。在亞洲，印度、巴基斯坦、孟加拉國等南亞國家幽門螺桿菌感染率遠高於中國、日本和韓國等東亞國家，但南亞國家胃癌發病率卻很低，這種現象曾是流行病學一個不解之謎。最近的研究發現，中國、日本和韓國胃癌高發的原因是高鹽飲食與幽門螺桿菌感染並存。

吃鹽多可增加胃癌風險，這種關聯不僅存在於亞洲人中，也存在於歐美人中。歐洲營養與腫瘤前瞻研究對 10 個國家 23 個城市的 521,457 名成人進行了 6.5 年跟蹤，結果發現，經常吃加工肉製品的人胃癌風險增加 62%。美國學者曾對 17,633 名移民進行 10 年跟蹤，發現每月吃鹹魚超過一次的人，胃癌死亡風險增加 110%。

最近的薈萃分析將居民吃鹽量分為低、中、高三等，與吃鹽量低的居民相比，吃鹽量居中的居民胃癌風險增加 41%，吃鹽量高的居民胃癌風險增加 68%。鹽增加胃癌風險的現象在東亞人中更明顯。經常吃泡菜會將胃癌風險增加 27%，經常吃鹹魚會將胃癌風險增加 24%，經常吃加工肉製品會將胃癌風險增加 24%。

在歐美國家，胃癌在死因排行榜中也曾名列前茅。20 世紀 60 年代之後，西方國家胃癌發病率持續下降。2014 年，美國胃癌死亡人數僅為 1 萬人左右，佔腫瘤總死亡人數（58.5 萬人）的 1.7%，胃癌在美國已成為少見腫瘤。在這期間，西方國家並沒有針對胃癌展開大規模防治活動，甚麼原因導致美國胃癌發病率持續下降是學術界另一不解之謎。多數學者認為，20 世紀 60 年代之後，冰箱逐漸進入家庭，加之溫室等農業技術推廣增加了新鮮蔬菜和水果消費量，同期醃製品消費量大幅降低，這是西方國家胃癌發病率降低的主要原因。

吃鹽多的國家，胃癌發病率也高。東亞、中亞、東歐這些吃鹽較多地區的國家，胃癌死亡率大都在 10/100,000 以上，而非洲、西歐、北美、大洋洲吃鹽較少地區的國家，胃癌發病率大都在 2.5/100,000 以下。在中國、日本、韓國三個東亞國家，胃癌都曾是頭號腫瘤殺手。自 20 世紀 60 年代起，日本通過降鹽宣傳和膳食改良使胃癌發病率在 70 年代開始下降。中國居民胃癌發病率在 20 世紀 90 年代達到高峰，其後也開始下降。目前中日兩國胃癌死亡率均居各類腫瘤第二位（僅次於肺癌）。韓國人喜歡泡菜，這種嗜好已深深融入韓國飲食文化之中，甚至植根於國民性格之中。近年來，在學界和政府呼籲下，韓國居民吃鹽量和泡菜消費量有所降低，胃癌發病率也呈現下降趨勢，但目前韓國胃癌死亡率仍高居全球首位。

鹽與骨質疏鬆

骨質疏鬆症（osteoporosis）是以骨量減少、骨微結構破壞、骨脆性增加、易發生骨折為特徵的全身性骨病。根據2003至2006年的調查，中國40歲以上女性骨質疏鬆症患病率為19.9%，40歲以上男性骨質疏鬆症患病率為11.5%。中老年女性每5人就有1人患骨質疏鬆症，中老年男性每8人就有1人患骨質疏鬆症。隨着年齡增加，骨質疏鬆症患病率逐漸升高。

骨質疏鬆症的表現包括全身疼痛、脊柱變形、身材縮降、駝背和呼吸受限等。骨質疏鬆症的直接後果是骨脆性增加，在受到輕微衝擊或在日常活動中就會發生骨折。骨質疏鬆性骨折常發生於脊椎和股骨（大腿骨），這種骨折危害大，易導致殘疾，也容易因併發症而死亡。因骨質疏鬆發生大腿骨折的老年人，一年內因各種併發症而死亡的高達20%，倖存者也有50%生活不能自理。

骨質疏鬆症是一種多病因疾病。增加骨質疏鬆症患病風險的因素包括：體重偏低、吸煙、酗酒、經常喝咖啡、運動不足、鈣缺乏、維生素D缺乏、婦女絕經、高齡等。鹽會影響鈣代謝，吃鹽多是發生骨質疏鬆症的一個潛在危險因素。

現代人鈉攝入量是舊石器時代原始人的10倍左右，而鉀攝入量卻不到原始人的1/4。高鈉低鉀飲食會增加尿鈣排出，增加體內鈣流失。年輕時流失的鈣尚可通過鈣吸收增強得以補充，老年後胃腸吸收能力下降，流失的鈣若得不到及時補充，血鈣就會暫時下降，為了將血鈣維持在正常水平，骨鈣就會溶解到血液中，骨鈣含量逐漸減少最終發展為骨質疏鬆症。

針對鹽和骨質疏鬆症之間的關係，學術界曾開展大量研究。20 世紀 70 年代，諾定（Christopher Nordin）等學者發現，吃鹽多的人尿鈣排出增加。諾定據此認為，吃鹽多會引起骨質疏鬆症。然而，其他研究並未直接證明鹽可導致骨質疏鬆症。這主要是因為，在高鹽飲食增加鈣流失的同時，胃腸會增強對鈣的吸收，最後體內總鈣變化並不大。因此，只有在鈣攝入相對不足，或鈣吸收能力下降時，高鹽飲食才會引起骨質疏鬆症。另外，飲食中鉀、鎂、磷、蛋白質等也會影響鈣的吸收和排出。多種因素交互影響，使鹽與骨質疏鬆症之間的關係變得異常複雜。

鹽敏感的人容易發生高血壓，也容易發生骨質疏鬆，鹽對鈣流失的影響也存在敏感性問題。也就是說，有些人增加吃鹽量，鈣流失明顯；而有些人增加吃鹽量，鈣流失並不明顯。鹽引發鈣流失同樣受飲食中鉀含量影響。採取高鹽飲食的同時補鉀，可明顯減少尿鈣流失，對抗高鹽飲食對骨骼的不利影響。鉀對尿鈣排出的影響與年齡有關，青春期女孩補鉀，尿鈣排出沒有明顯變化，成人補鉀，尿鈣排出明顯減少。

腎臟是維持體內鈣平衡的主要器官。血鈣經腎小球濾過後進入原尿。原尿中的鈣有 95% 在腎小管被重吸收後再次進入血液。因此，決定鈣流失的關鍵在於有多少鈣被腎小管重吸收。原尿中大部份鈣離子（60%-70%）以被動方式在近端腎小管和髓袢被重吸收，這一比例基本恆定。在遠端腎小管，鈣和鈉的重吸收呈反向關係。也就是說，鈉吸收多時鈣吸收少，鈉吸收少時鈣吸收多。

吃鹽多能增加尿鈣排出，當 24 小時尿鈣排出量超過 4 毫克 / 公斤體重時，稱為高鈣尿症，大約相當於成年男性每天尿鈣排出超過 300 毫克，成年女性每天尿鈣排出超過 250 毫克。尿鈣排出過多，不僅會增加鈣流失，還會誘發腎結石和輸尿管結石。通過對尿鈉排出量與骨密度進行檢測發現，每天吃鹽超過 16 克，骨密度降低的風險將增加 4 倍。

吃鹽多能增加尿鈣排出，這一點在學術界已是不爭事實。根據綜合分析，吃鹽量每增加 6 克，尿鈣流失量將增加 40 毫克。儘管每天增加的鈣流失量並不大，但十年間會流失鈣 146 克，佔全身總鈣量（1,000-1,300 克）10% 以上，如果未能及時補鈣，就可能引發骨質疏鬆。

採用鈣 47 放射示蹤技術檢測發現，吃鹽量增加時，胃腸對鈣的吸收率提高。如果每天飲食含鈣 800 毫克，鈣吸收率由 30% 增加到 35%，則意味着可多吸收 40 毫克鈣，足以補償因高鹽飲食導致的鈣流失（40 毫克）。如果鈣吸收率維持 30% 不變，則每天飲食中含鈣量要增加 140 毫克，才能補充因高鹽飲食導致的鈣流失。通過調整飲食實現長期補鈣多少有些困難。由此看來，高鹽飲食是否會導致骨質疏鬆，腸道鈣吸收是否增強是關鍵。

吃鹽多增加尿鈣排出，可短期降低血鈣水平。血鈣水平降低會觸發一系列代償機制，使血鈣水平盡快恢復正常。這些機制包括，增加甲狀旁腺素（PTH）分泌，而甲狀旁腺素能促進骨鈣釋放入血；提高維生素 D 水平，增強胃腸對鈣的吸收。但隨年齡增長，胃腸對維生素 D 的敏感性下降，因此老年人鈣吸收很難增強，這是老年人容易發生缺鈣和骨質疏鬆的原因。

雌激素對維持骨骼健康具有重要作用。雌激素能減少破骨細胞數量，抑制破骨細胞由靜息態轉化為活化態，對抗甲狀旁腺素的骨吸收作用。在絕經期婦女中，由於體內雌激素水平急劇下降，破骨作用明顯增強。這是絕經後婦女容易發生骨質疏鬆的主要原因。

吃鹽多能影響體內鈣平衡，這一過程還受到飲食中鉀、鎂、磷和蛋白質等營養素的影響。血磷升高可增加甲狀旁腺素分泌，促進骨鈣入血和尿鈣重吸收。鉀能促進鈉和氯經腎臟排出，進而降低細胞外液離子滲透壓，使鈣排出減少。另外，鉀還能減少腎臟排酸量，進一步減少鈣流失。研究表明，鉀攝入每增加 780 毫克（20 毫摩爾），鈣排出將減少 12 毫克（0.3 毫摩爾）。每天補充 90 毫摩爾枸櫞酸鉀（含鉀 3,510 毫克）就能彌補因高鹽飲食（每天 13 克鹽）導致的鈣流失。遺憾的是，目前中國居民平均每天鉀攝入只有 1,617 毫克，遠遠低於這一水平，這是中國骨質疏鬆高發的重要原因。

骨質疏鬆症是由骨形成減少、骨吸收增加所致。尿液中羥脯氨酸含量是骨吸收的一個標誌。澳洲學者對 154 名成人尿液進行檢測發現，吃鹽多則尿羥脯氨酸含量增加，預示骨吸收增加。日本學者井藤（Itoh）在社區開展的研究發現，吃鹽量和尿羥脯氨酸之間的關係只存在於老年婦女中。這一結果證實，老年婦女是高鹽性骨質疏鬆症的高危人群，她們更應控制吃鹽。

希爾梅耶（Deborah Sellmeyer）等學者在絕經後婦女中分析了鈉和鉀對骨質疏鬆的影響。這些婦女首先被分為低鹽和高鹽組，低鹽組每天吃鹽 5 克，高鹽組每天吃鹽 13 克。將高鹽組婦女進一步分為補鉀和非補鉀組，補鉀組每天補充 90 毫摩爾枸櫞酸鉀（相當於 3,510 毫克鉀），非補鉀組服用安慰劑。四週後發現，與低鹽組相比，高鹽非補鉀婦女，每天尿鈣流失增加

42 毫克，骨吸收量增加了 23%；高鹽補鉀婦女，每天尿鈣流失反而降低了 8 毫克，骨吸收量沒有改變。這一研究證實，高鹽飲食能增加鈣流失，而補鉀可減少甚至逆轉鈣流失。

澳洲開展的一項研究對 124 名絕經婦女的骨骼健康進行了檢測。經過 24 個月跟蹤發現，吃鹽越多股骨（大腿骨）密度越低。高鹽飲食的同時補鈣可防止骨密度降低。將每天吃鹽量從 8.8 克（3,450 毫克鈉）降低到 4.4 克（1,725 毫克鈉），對骨骼產生的作用相當於每天補鈣 891 毫克。

探索鹽對骨骼的影響，往往需要開展多年跟蹤研究，這一要求大幅增加了研究難度。目前，直接探索鹽與骨骼健康的研究還非常少。但可以明確的是，吃鹽多會增加體內鈣流失。在多數情況下，高鹽飲食導致的鈣流失可因鈣吸收增強而得以補充；但當飲食中鈣缺乏，腸道吸收能力下降，或體內鈣需求劇增（如懷孕）時，就會引起體內鈣不足，導致骨密度下降，甚至發生骨質疏鬆症。

高鹽飲食威脅健康

醫學研究發現，高鹽飲食還與四十多種疾病有關，可見吃鹽多是人體健康的一大威脅。

鹽與冠心病

冠心病是由於冠狀動脈發生粥樣硬化，引起血管狹窄或閉塞，導致心肌缺血和壞死。在全球範圍，大約有 49% 的冠心病與高血壓有關，可見高血壓是冠心病的主要危險因素。高鹽飲食會升高血壓，高血壓會導致冠心病，由此不難推測，吃鹽多會增加冠心病風險。高血壓預防研究（TOHP）發現，血壓偏高者（舒張壓在 80-89 毫米汞柱之間）經飲食指導，將每天吃鹽量減少 2.6 克（44 毫摩爾鈉），十五年後心腦血管事件降低了 30%，死亡率降低了 20%。

鹽與心臟衰竭

心臟衰竭是由於心臟收縮和舒張功能障礙，不能將血液充份排出，導致靜脈系統血液淤積、動脈系統血液不足，從而引起循環障礙的一類疾病。從發病機制推斷，吃鹽多會增加血容量，從而加重心臟衰竭。因此，世界各國制定的心臟衰竭防治指南都推薦患者控制吃鹽量。然而，臨床研究所得結果並不一致，有的甚至觀察到減少吃鹽增加心臟衰竭死亡風險。分析認為，這可能與吃鹽量急降導致腎素—血管緊張素系統激活有關。

目前普遍認為，心臟衰竭患者吃鹽應與同齡健康人相當。

鹽與動脈瘤

動脈瘤是由於動脈管壁病變，使局部擴張或膨出。動脈瘤可發生在所有動脈中，主動脈和顱內動脈是好發部位。顱內動脈瘤是蛛網膜下腔出血的主要原因。在澳洲開展的研究表明，經常吃肥肉和帶皮肉會增加蛛網膜下腔出血的風險；經常在餐桌上加鹽的人，蛛網膜下腔出血風險增加 1.58 倍。用大鼠開展的研究發現，高鹽飲食還會誘發腹主動脈瘤。另外，吃鹽多會升高血壓，從而增加動脈瘤破裂的風險。

鹽與慢性腎病

人體代謝產物大多經腎臟排洩，因此，腎功能正常才能保證代謝產物及時排出體外。腎功能受損的一個標誌就是尿液中出現蛋白質。用高鹽飼養動物，能增加尿蛋白量，説明高鹽會損害腎功能。讓高血壓患者每天減鹽 3 克，能減少尿蛋白量，延緩慢性腎病的進展。薈萃分析表明，高鹽飲食可將慢性腎病風險增加 8%。另外，慢性腎病患者若吃鹽多，更容易發生心腦血管病。美國杜蘭大學何江教授對 3,757 名慢性腎病患者進行了 6.8 年隨訪，與吃鹽少的患者相比（採用四分位法分類），吃鹽多的患者心腦血管事件增加 36%，心臟衰竭增加 34%，中風增加 81%。對於腎功能嚴重損害的患者，因無法及時排出體內多餘的鹽，限鹽尤其重要。

鹽與哮喘

1987 年，伯尼（Peter Burney）根據英格蘭和威爾士各地居民食鹽購買量及哮喘發病率推測，吃鹽多的人易患哮喘病。其後開展的研究證實，吃鹽多會增加氣道反應性，加重哮喘症狀。但有關吃鹽多是否導致哮喘，目前尚無定論。

鹽與糖尿病

糖尿病是一組以血糖升高為特徵的代謝性疾病。糖尿病發生的主要原因是胰島素分泌減少或胰島素作用效果下降。血糖長期升高會導致各種組織，特別是眼、腎、心臟、血管、神經的慢性損害和功能障礙。根據發病機制將糖尿病分為Ⅰ型和Ⅱ型。病例對照研究發現，在餐桌上經常加鹽的人，患糖尿病風險增加 1 倍。在糖尿病患者中，吃鹽多的人更容易發生糖尿病腎病。2017 年 9 月 14 日，來自瑞典卡羅林斯卡學院的學者拉蘇里（Bahareh Rasouli）在歐洲糖尿病協會年會（EASD）上報告了大型流行病學研究 ESTRID 的結果，吃鹽量每增加 2.5 克（相當於 1 克鈉），Ⅱ型糖尿病風險增加 43%，成人自身免疫性糖尿病（Ⅰ型糖尿病的一種）風險增加 73%。如果將受訪者按飲食特徵分為低鹽（每天吃鹽 6 克以下）、中鹽（每天吃鹽 6-7.9 克）和高鹽（每天吃鹽 7.9 克以上），高鹽者發生Ⅱ型糖尿病的風險比低鹽者高 58%。

鹽與腫瘤

根據現有研究結果，吃鹽多與多種腫瘤有關。這種關聯部份是高鹽飲食直接作用、部份是飲食模式間接作用的結果。在各類腫瘤中，胃癌與高鹽飲食關係最為密切。

在烏拉圭開展的大型對照研究將鹹肉（醃肉）與多種腫瘤聯繫起來。該研究共納入了 13,050 名受試者，其中腫瘤患者

9,252例，健康對照者3,798例。研究將每週吃鹹肉超過一次（每年超過52次）認定為經常吃鹹肉。經常吃鹹肉的人食道癌風險增加128%，結直腸癌風險增加53%，肺癌風險增加57%，子宮頸癌或子宮癌風險增加76%，前列腺癌風險增加60%，膀胱癌風險增加123%，腎癌風險增加62%，淋巴瘤風險增加81%。

鹹肉增加腫瘤風險並不一定是直接作用的結果，也可能是通過飲食模式間接作用的結果。吃鹹肉多的人可能吃鮮菜、鮮果和鮮肉少。蔬菜、水果富含纖維素，可降低結直腸癌的風險，這些食物含鹽也較低。在美國加利福尼亞州和猶他州開展的研究發現，經常吃蔬菜可將結直腸癌風險降低28%，經常吃水果可將結直腸癌風險降低27%，經常吃全穀食物可將結直腸癌風險降低31%，但經常吃深加工食品可將結直腸癌風險增加42%。吃鹹肉多的人，蛋白質攝入多，纖維素攝入少，這兩方面的因素共同增加了結直腸癌風險。對以往研究進行綜合分析發現，水果和蔬菜會降低口腔癌、食道癌、胃癌和結直腸癌的風險。因此《美國膳食指南》建議，每天蔬菜和水果攝入量不應少於4.5杯（約450克）。另外，鹹魚會增加鼻咽癌風險，兒童與青少年不宜經常食用。在上海開展的病例對照研究發現，經常吃蔬菜水果會將口腔癌風險降低50%-70%；經常吃鹹魚和鹹肉（每週1次以上）會將口腔癌風險增加1.47倍。蔬菜和水果還能降低膀胱癌風險，高鹽飲食則增加膀胱癌風險。在中國49個農業縣開展調查發現，經常吃醃菜還增加腦腫瘤死亡風險。

鹽與自身免疫性疾病

2013 年 4 月 25 日，《自然》（*Nature*）雜誌同時發表兩項來自不同實驗室的研究結果，證實吃鹽多可改變免疫功能，誘發自身免疫病（autoimmune diseases）。由於自身免疫病種類多，患者數量大，這兩項研究在科學界引發了強烈反響。常見的自身免疫病包括：橋本氏甲狀腺炎、瀰漫性毒性甲狀腺腫、Ｉ型糖尿病、重症肌無力、潰瘍性結腸炎、A 型萎縮性胃炎、嗜酸細胞性食管炎、原發性膽汁性肝硬化、多發性硬化、視神經脊髓炎、急性播散性腦脊髓炎、吉蘭巴利綜合症（急性特發性多神經炎）、類天皰瘡、系統性紅斑狼瘡、乾燥綜合症、類風濕關節炎、巨細胞動脈炎、硬皮病、皮肌炎、自身免疫溶血性貧血等。

多發性硬化主要損害神經髓鞘（相當於電線外的絕緣層）。最近幾十年來，西方國家多發性硬化發病率逐年上升，有研究者認為可能與居民吃鹽增加有關。在阿根廷開展的研究發現，相對於每天吃鹽少於 5 克的多發性硬化患者，每天吃鹽 5-12 克的患者，復發率增加 1.75 倍，每天吃鹽超過 12 克的患者，復發率增加 8.95 倍。

萎縮性胃炎是以胃黏膜上皮萎縮變薄、腺體數目減少為主要特點的消化系統疾病。萎縮性胃炎可分為 A、B 兩型。A 型萎縮性胃炎好發於胃體部，血清壁細胞抗體陽性，血清胃泌素水平增高，胃酸和內因子分泌減少，容易伴發惡性貧血，又稱自身免疫性胃炎。B 型萎縮性胃炎好發於胃竇部，血清壁細胞抗體陰性，血清胃泌素水平多正常，胃酸分泌正常或輕度減低，癌變風險較高。韓國開展的研究表明，高鹽飲食會將萎縮性胃炎風險增加 1.87 倍。

類風濕關節炎主要損害全身小關節，可導致關節畸形和功能喪失。在西班牙開展的大型研究對18,555名居民進行了調查，結果發現，相對於吃鹽少的居民（採用四分位法進行分類），吃鹽多的居民患類風濕關節炎的風險增加50%。在吸煙者中開展的研究表明，吃鹽多（採用三分位法）會將類風濕關節炎風險增加1.26倍。可見高鹽飲食和吸煙會協同誘發類風濕性關節炎。

高鹽飲食能增強炎性反應，誘發結腸炎；高鹽飲食能激活輔助性T淋巴細胞17，誘發狼瘡性腎炎，加重自身免疫性腦脊髓炎；高鹽高脂飲食可引發脂肪肝；高鹽飲食可提高活性氧簇水平，引起肝硬化；高鹽飲食還能誘發主動脈纖維化。

鹽與偏頭痛

對美國全民營養與健康調查（NHANES）的數據進行分析，按照吃鹽多少將居民分成四個等份。相對於吃鹽最少的人，吃鹽最多的人患偏頭痛的比例低19%。這種趨勢在身材苗條的女性中更為明顯。研究者認為，吃鹽少的人，細胞外液中鈉離子濃度低，從而改變了神經細胞的興奮性，容易發生偏頭痛。

鹽與抑鬱症

抑鬱症的主要表現是持續心情低落和興趣下降，有些患者有悲觀厭世甚至自殺的企圖或行為。在以色列開展的研究表明，抑鬱症患者經常給食物中加鹽的比例比健康人高50%。

鹽與痛風

痛風是由尿酸鹽沉積在組織中所導致的代謝性疾病，其主要原因是嘌呤代謝紊亂或尿酸排洩障礙。痛風最重要的生化改變是血尿酸水平升高。在美國開展的研究發現，每天吃鹽量由 3.5 克增加到 7 克，血尿酸水平降低 0.3 毫克 / 分升；當吃鹽量進一步增加到 10.5 克時，血尿酸水平降低 0.4 毫克 / 分升。吃鹽量增加引起血尿酸下降，能否降低痛風發病風險，目前尚無定論。

鹽與白內障

白內障是因晶狀體變性而發生混濁的一種常見眼科疾病，光線被混濁的晶狀體阻擋無法投射在視網膜上，會導致視物模糊甚至失明。在澳洲開展的研究表明，吃鹽多（四分位法）可將白內障風險增加一倍。在韓國開展的對照研究也發現，吃鹽多會將白內障風險增加 29%。

鹽與感冒

有研究者認為，吃鹽多的人容易感冒。這是因為，鹽能抑制呼吸道上皮細胞的活性，減弱抗病能力；鹽還能抑制唾液分泌，減少口腔中的溶菌酶，增加病毒和細菌感染的機會。但這一假説尚未在人體證實。在小鼠研究中觀察到，增加鹽攝入並不改變甲型流感的嚴重程度。

鹽與生育

流產是常見的妊娠併發症。發生流產的原因很多，包括炎症反應和自身免疫性疾病。吃鹽多會激活輔助性 T 細胞 17 和相關炎性因子，增強炎性反應。因此，有學者提出，妊娠期吃鹽多會增加流產風險。有意思的是，古代中醫曾用鹽加雞蛋來打胎。在小鼠中開展的研究表明，高鹽飲食可抑制卵巢中卵泡形成，導致雌鼠不孕。

鹽與肥胖

吃鹽多少和肥胖之間沒有直接聯繫。但是，吃鹽多會增加飲水量，如果將每天吃鹽量由 10 克減為 5 克，飲水量大約會減少 350 毫升。飲水中很大一部份是含糖飲料，而含糖飲料會導致肥胖。因此，吃鹽多會間接導致肥胖，減少吃鹽也可能發揮減肥作用，這種效應在年輕人中更明顯。1985 到 2005 年間，全美食鹽銷量和碳酸飲料銷量具有明顯相關性，即食鹽銷量增加，碳酸飲料銷量也增加，兩者增加的同時，美國居民肥胖率也同步升高。最近一項分析英國兒童與青少年（4-18 歲）飲食結構的研究發現，吃鹽量與飲水量有關，也與含糖飲料消費有關。每天吃鹽量增加 1 克，飲水量增加 100 毫升，含糖飲料消費增加 27 毫升。研究者認為，減少吃鹽有利於遏制肥胖症在兒童與青少年中蔓延。在澳洲和韓國開展的調查也發現，吃鹽多的人容易發生肥胖。

鹽與美容

法國有句俗語：「美女長在山裏，不長在海邊。」一種可能的解釋就是，海邊的人吃鹽多，皮膚容易出現皺紋；山區的人吃鹽少，皮膚光潔細膩。法國專家認為，鈉離子和氯離子在保持人體滲透壓和酸鹼平衡方面發揮着重要作用，但如果吃鹽過多，體內鈉離子增加，會使表皮細胞失水，加速皮膚老化，時間長了就會形成皺紋。埃及學者分析了影響粉刺的因素，結果發現，吃鹽多的人更容易發生面部粉刺，而且初次發生粉刺的年齡更低。

鹽與性生活

歐美很多國家流行一種説法，認為鹽可防治陽痿。在結婚那天，新郎口袋裏總要裝上一小袋鹽，防止在新婚之夜，新郎因過度緊張而發生陽痿，這種説法其實並沒有科學依據。

反鹽浪潮

限鹽先驅：芬蘭

早在 1972 年，芬蘭就開始了限鹽宣傳。1979 年，芬蘭制定全民減鹽計劃，使其成為世界上第一個由政府參與控鹽的國家。在強調個人自由和生活方式不受干涉的西方社會，推出這一計劃所面臨的挑戰可想而知；然而當時芬蘭居民健康狀況惡化，迫使政府不得不採取行動。

20 世紀 70 年代，芬蘭居民冠心病死亡率高達 5‰，居世界各國前列，居民高血壓患病率也很高。芬蘭營養委員會（National Nutrition Council）調查後發現，飲食不當是導致居民心腦血管病盛行的主要原因。奶油麵包為芬蘭人的傳統主食，其鹽含量、脂肪含量和熱量均較高。獨特的飲食結構使芬蘭居民普遍患高血壓和高血脂，從而導致心腦血管病高發。當時芬蘭成人每天吃鹽約 14 克（與目前中國居民吃鹽量相當）。因此，要降低心腦血管病發病率，必須從改變不合理的飲食結構着手，而首先需要改變的就是高鹽飲食。

芬蘭在推動全民限鹽活動時，採取了循序漸進的策略。首先由營養委員會於 1979 年發起限鹽宣傳，讓居民了解吃鹽多的危害，告訴居民高鹽飲食是心腦血管病的危險因素。1979 年，政府推出北卡累利阿計劃（Karelia Project），在北卡累利阿省實施全民限鹽。該計劃由衛生行政部門主導，醫療機構、研究院所、學校、非政府組織、媒體和食品企業均被邀請參加。其中一項超常措施就是，由研究機構對同類但不同品牌的食品含鹽量進行檢測，將結果在報刊、廣播和電視上公佈。民眾通過比較後發現，原來同類食品含鹽量存在如此巨大的差異，但口味卻相差無幾。這一舉措使高鹽食品銷量急劇下降，而低鹽食品則大行其道，最後迫使企業減少食品用鹽。

1982 年，芬蘭政府將限鹽計劃推向全國，並加大了媒體宣傳力度。首先由芬蘭最大報紙《赫爾辛基日報》（Helsingin Sanomat）連續刊載高鹽飲食的危害。在主流媒體打響限鹽第一槍後，其他報刊、電視、電台紛紛跟進。芬蘭衛生部還發佈戶外廣告，分發限鹽傳單。大規模宣傳使民眾意識到，不合理飲食不僅影響個人健康，加重家庭負擔，而且危及國民身體素質，影響國家長遠發展和民族前途命運。

1980 年，芬蘭公共衛生研究院（National Public Health Institute）發起全民膳食和健康監測計劃——FINRISK。FINRISK 每五年開展一次全民膳食營養調查，採用 24 小時尿鈉法監測居民吃鹽量。FINRISK 還對居民膳食營養結構進行分析，讓參與調查的居民記錄膳食日誌，根據所吃食物類別和數量，分析居民膳食結構是否合理。1980 年開展的調查表明，芬蘭居民平均每天吃鹽 12 克，所吃鹽有 30% 是在廚房或餐桌上添加，有 70% 來自加工食品或餐館食品。按食物分類來看，芬蘭人吃鹽的最大來源是肉食和麵包，兩者合計超過 40%。

考慮到居民吃鹽來源以加工食品和餐館食品為主，芬蘭衛生部組織專家對餐館、學校食堂、快餐店、政府和企業食堂的廚師及管理人員進行專門培訓，使他們認識到高鹽飲食的危害，教會他們減少烹調用鹽的方法，為消費者準備更多低鹽食品，並鼓勵他們使用低鈉鹽。為了配合限鹽活動，芬蘭高血壓協會開發出泛鹽（pansalt，混合鹽），這種低鈉鹽含 56% 氯化鈉、

28% 氯化鉀、12% 硫酸鎂和 4% 其他成份。1980 年，餐館、學校、快餐企業和機構食堂等開始推廣低鈉鹽。跨國快餐企業也響應號召，芬蘭境內的麥當勞門店都使用了低鈉鹽。

1980 年開始，芬蘭對食品標準進行更新，逐漸減少麵包與肉製品含鹽量，推薦用低鈉鹽代替常規鹽。1993 年 6 月 1 日，芬蘭工業貿易部和衛生部聯合推出《食品鹽含量標示法》，要求含鹽超標的食品必須標示「高鹽」警示。常見高鹽食品包括：含鹽超過 1.3% 的麵包、含鹽超過 1.8% 的香腸、含鹽超過 1.4% 的芝士、含鹽超過 2.0% 的奶油、含鹽超過 1.7% 的早餐麥片等。反之，含鹽達標的食品可標註「低鹽」。常見低鹽食品包括：含鹽低於 0.7% 的麵包、含鹽低於 1.2% 的香腸、含鹽低於 0.7% 的芝士等（表 10）。

表 10 芬蘭高鹽食品和低鹽食品標準（含鹽量，克 /100 克食品）

食品種類	須標示「高鹽食品」	可標示「低鹽食品」
麵包	>1.3	≤0.7
香腸	>1.8	≤1.2
芝士	>1.4	≤0.7
奶油	>2.0	≤1.0
早餐穀物	>1.7	≤1.0
脆餅	>1.7	≤1.2
魚類食品	—	≤1.0
烹製好的菜餚	—	≤0.5
湯和調味汁	—	≤0.5

數據來源：Karppanen H, Mervaala E. Sodium intake and hypertension. Progress in Cardiovascular Diseases. 2006; 49(2):59-75.

《食品鹽含量標示法》出台後，食品企業都面臨一個抉擇，要麼停產高鹽食品，要麼改良配方以降低鹽含量，因為高鹽食品已難在市場存身。《食品鹽含量標示法》還規定，加入低鈉鹽的食品可使用專用標識「pansalt」。由於前期開展了大量宣傳，pansalt 早已深入人心，食品標註 pansalt 後往往會銷量大增，這一策略有效推動了低鈉鹽在加工食品中的應用。

2000 年，芬蘭心臟協會（Finnish Heart Association, FHA）推出「心的選擇（better choice）」標識，旨在幫助消費者選購對心臟有益的低鹽低脂食品（圖 13）。芬蘭心臟協會為每類食品設置了含鹽標準，食品含鹽達標後，生產商向協會申請使用權，在交納使用費後就可在相應食品上標註「心的選擇」。這種標識使用費每年交納一次，費率根據食品種類和銷售區域決定。芬蘭食品安全局和工貿部均聲明支持「心的選擇」；《芬蘭膳食指南》也推薦居民選購有「心的選擇」標識的食品。目前，芬蘭市場上有六百多種食品使用了「心的選擇」標識。芬蘭心臟協會開展的宣傳使「心的選擇」家喻戶曉，超過 80% 的居民知道「心的選擇」，過半居民選購食品時會優先考慮「心的選擇」。2008 年，芬蘭心臟協會將「心的選擇」推廣到快餐和餐館食品中，使用該標識的條件是，每餐食品含鹽量不超過 2 克。

圖 13 芬蘭心臟協會（FHA）推出的「心的選擇」標識

食品包裝上標記「心的選擇」圖標，表明該食品已達到芬蘭心臟協會制定的低鹽和低脂標準。

1972年芬蘭開展限鹽宣傳時，居民人均每天吃鹽高達14克，其中男性15克、女性12克。2002年，芬蘭人均每天吃鹽下降到9克。2007年，FINRISK調查表明，芬蘭男性平均每天吃鹽8.3克，女性平均每天吃鹽7.0克，35年間降低了40%。同期，芬蘭加工食品含鹽量降低了25%。與此對應的是，芬蘭居民平均收縮壓和舒張壓分別下降了10毫米汞柱，中風死亡率下降了80%，冠心病死亡率下降了65%，國民預期壽命延長了6歲。研究者將芬蘭取得的傑出公共衛生成就主要歸因於減鹽所致的血壓降低；低鈉鹽（pansalt）增加了鉀攝入，為降低心腦血管病死亡率也做出了貢獻。另外，蔬菜水果攝入增加、脂肪攝入減少、戒煙等也發揮了一定作用。

最新的分析認為，如果芬蘭人只選擇低鹽食品，拒絕高鹽食品，那麼，男性吃鹽量還會降低1.8克，女性吃鹽量還會降低1.0克。因此，芬蘭居民吃鹽量仍有下降空間。2008年，芬蘭政府頒佈的限鹽指導文件提出，雖然限鹽活動取得了成效，政府應繼續推進限鹽活動，進一步降低居民吃鹽量。

芬蘭下一步擬採取的限鹽措施包括，以立法形式強制所有製成食品（加工食品、快餐食品和餐館食品）提供含鹽信息；向高鹽食品徵稅，給低鹽食品補貼；逐漸將居民吃鹽量降低到5克以下；1歲以下嬰兒食品不再加鹽，1-3歲嬰兒食品減少加鹽量，3-12歲兒童每天吃鹽控制在3克以下。目前，芬蘭政府正在和歐盟其他國家一起，探討將食鹽列為「食品添加劑」的可行性。如果這一計劃獲得批准，今後向食品中加鹽將受到嚴格管控。

芬蘭人口只有五百多萬，但在慢性病防治方面取得的驕人成就令世人矚目。在實施四十年後，北卡累利阿計劃已成為公共衛生領域兩大標誌性項目之一（另一項目是美國 1948 年發起的弗拉明翰計劃，Framingham Study）。北卡累利阿計劃成為世界各國構建社區慢性病防治體系的典範，為控制全球慢性病流行和延長人類壽命作出了巨大貢獻。北卡累利阿計劃也提升了芬蘭的國家聲望。

英國的限鹽活動

英國是現代公共衛生學起源地。由於政府和民間都具有很強的公共衛生意識，英國開展的限鹽活動卓有成效。

1994 年，英國醫學會（BMA）分析了吃鹽量與高血壓的關係，提議制定國家限鹽指南，可惜這一提議被英國衛生部否決。1996 年，英國 22 個營養學和心血管病專家發起成立了鹽與健康行動組織（CASH），該組織自發向民眾宣傳高鹽飲食危害，勸導企業減少食品用鹽，説服政府制定限鹽政策。2000 至 2001 年開展的膳食營養調查（NDNS）表明，英國居民人均每天吃鹽 9.5 克（3800 毫克鈉）。這一結果改變了政府對限鹽活動的觀望立場。2003 年，英國衛生部醫學總監簽署《全民限鹽指導》，推薦居民將吃鹽量控制在 6 克（2300 毫克鈉）以下。2005 年，布萊爾政府發佈《公共健康白皮書》，明確提出要把英國居民吃鹽量控制在 6 克以下，衛生部責成食品標準局（FSA）制定具體限鹽措施。

在開展限鹽活動前，英國居民人均每天吃鹽約 9.5 克，超出推薦標準 3.5 克。膳食營養調查發現，居民所吃鹽的 5%（0.5 克）是食物天然含鹽，15%（1.4 克）是在廚房或餐桌上添加的，80%（7.6 克）是食品企業和餐館添加的。為了將鹽控制在每天 6 克以下，須將吃鹽量降低 3.5 克（40%）。因此，企業和餐飲業須將食品含鹽降低 40%，使每天經加工食品和餐館食品攝入的鹽由 7.6 克降低到 4.6 克，家庭和個人也須將烹調鹽和餐桌鹽由 1.4 克降低到 0.9 克（降幅 40%）。

為了確保食品業和餐飲業實現減鹽目標，在徵詢居民與企業意見後，英國食品標準局制定了短期和長期減鹽計劃。英國食品標準局將加工食品分為 80 大類，自 2003 年起為每一大類食品設定分期減鹽目標，並將這些目標印製成單行本在全國發行，當然這些目標是指導性而非強制性的。食品標準局對居民吃鹽量進行動態監測，同時收集公眾和企業對限鹽活動的意見和建議，再根據反饋意見和居民吃鹽量，每五年對各類食品減鹽目標進行修訂。為制定分類減鹽目標，英國食品標準局研發了專用軟件系統，這一系統也向公眾開放，使居民能合理規劃家庭飲食，逐步降低吃鹽量。

在制定限鹽政策時，英國食品標準局遵循的一個原則就是，循序漸進地降低食品含鹽量，一般將同類食品含鹽量每兩年的降幅控制在 10% 以內。

英國食品標準局採集了大量加工食品含鹽信息，甚至不惜花費重金，從私營企業那裏購買了 13 萬種食品銷量和含鹽量數據，建立了龐大的食品營養數據庫。利用該數據庫，監測居民吃鹽量的變化，及時對降鹽目標進行修訂，並將降鹽效果反饋給企業。根據食品標準局的監測，多數食品企業都能積極響應降鹽號召。2003 至 2010 年，各類食品含鹽量降低了 20%-40%。

餐館食品由於種類龐雜，操作流程和用料無法標準化，因此不可能制定統一的減鹽目標。考慮到這種情況，英國食品標準局要求所有餐飲企業，包括餐館、自助餐廳、食堂、快餐店等簽署自願減鹽聲明，這些聲明留存在食品標準局，並且每年更新一次。儘管這些聲明沒有強制約束力，但它會提醒餐飲從業者，在為顧客準備飯菜時，自己肩負有減鹽義務。食品標準局也鼓勵餐飲業為消費者提供食品含鹽信息。政府也積極參與到限鹽活動中，一些政府機構為訂購的外賣食品制定了含鹽標準，使這些外賣成為低鹽食品典範。

英國食品標準局每兩年召開一次限鹽會議，對限鹽成效進行總結和評價；聽取企業在限鹽活動中面臨的困難；收集公眾對限鹽活動的建議；討論食品改良和食品安全問題；對限鹽目標進行修訂。2010 年 3 月，英國食品標準局發佈公告，強調食品企業、零售商、貿易組織和餐飲業在限鹽活動中應承擔的義務，表彰了在降鹽活動中發揮積極作用的企業和機構。

在制定減鹽目標的同時，英國食品標準局還開展了大規模限鹽宣傳。**第一期**宣傳活動於 2004 年 9 月啟動，其目標是讓民眾了解高鹽飲食的危害。在這期宣傳中，食品標準局推出了「鹽殺懶蟲（Sid the Slug）」這一限鹽口號。懶蟲（slug）是花園中一種類似蝸牛但沒有殼的蟲子，學名叫蛞蝓。懶蟲行動緩慢，身上有黏液，當園丁將鹽撒在牠們身上，因為脱水很快就會死去。「鹽殺懶蟲」這一口號既形象又富於震撼力，能號召人們盡快行動起來，避免因吃鹽太多而患病早逝。在數月內，英國食品標準局花費 400 萬英鎊，在報刊、網絡、電視和戶外大量投放公益廣告，同時印製了海報和宣傳手冊分發到全國。一時間，「鹽殺懶蟲」這一口號響徹英倫。

有趣的是，「鹽殺懶蟲」這一口號激怒了英國鹽業協會（SMA）。鹽能殺死懶蟲，意味着也能殺死人。英國鹽業協會認為，這一口號過於誇張，缺乏科學依據，會讓民眾誤以為鹽是一種毒物，導致部份人因極度恐慌而拒絕吃鹽，最終危及健康。鹽業協會向英國廣告管理局（ASA）提出控訴，要求英國政府和食品標準局立即停用這一危言聳聽的口號。廣告管理局經廣泛徵詢意見後認為，這一略帶幽默的口號不太可能會危及公眾健康，進而駁回了鹽業協會的控訴。

英國食品標準局**第二期**限鹽宣傳從 2005 年 10 月開始，主要目的是讓民眾了解合理吃鹽量，即每天吃鹽不超過 6 克；同時鼓勵居民在餐桌上評估吃鹽量。為了宣傳合理吃鹽量，食品標準局制定了系列影視資料，於 2006 年夏季在各大電視台播放。在這輪宣傳期間，英國居民對合理吃鹽量的了解率從 3% 提升到 34%。

第三期限鹽宣傳從 2007 年 3 月開始，主要目的是讓民眾了解吃鹽來源。英國居民吃鹽大部份源於加工食品，其中麵包、早餐粥、麥片、餅乾和蛋糕等穀類食品貢獻了大約 38%，肉製品貢獻了 21%，湯、鹹菜、調味品、燒烤等貢獻了大約 13%。了解吃鹽來源有助於居民針對性選擇低鹽食品。

第四期限鹽宣傳從 2009 年 10 月開始，目的是強調個人在限鹽活動中應發揮的作用，鼓勵並指導居民閱讀食品營養標籤，比較不同食品含鹽量，學會利用營養標籤和紅綠燈警示系統選購低鹽食品。食品標準局通過電視、廣播、報刊和網絡宣傳營養標籤和紅綠燈警示系統，在網站上推出可測算食品含鹽量的軟件，使個人和家庭能評估吃鹽是否超標。最近，食品標準局與蘋果公司達成協議，英國 iPhone 和 iPad 用戶可在網站上免費下載吃鹽量測算軟件，能使用戶在購買食品前預估吃鹽量。

英國食品標準局推出的一項特別限鹽措施，就是引入紅綠燈警示系統。在該系統中，紅燈、黃燈和綠燈分別代表高鹽、中鹽和低鹽。紅綠燈系統也被用於糖、脂肪和飽和脂肪的警示。紅綠燈系統引入市場後，受到英國民眾的普遍歡迎，因為紅燈警示能讓消費者一眼就識別高鹽食品。警示系統也為企業改良食品配方帶來了壓力，提供了動力。因為食品一旦被標示紅燈，銷量往往會下降；而一旦被標示綠燈，銷量往往會上升。

為了避免無序標示，食品標準局為紅綠燈警示設置了統一標準。食品含鹽不超過 0.3 克 /100 克應標示綠燈；食品含鹽超過 1.5 克 /100 克應標示紅燈；食品含鹽在 0.3-1.5 克 /100 克之間應標示黃燈（表 11）。英國食品標準局建議，消費者應盡量選購綠燈食品，紅燈食品只能偶爾食之。隨着民眾對高鹽飲食危害警惕性的提高，零售商也開始將低鹽食品作為一個賣點。2005 年英國 ASDA 超市（沃爾瑪子公司）要求，供應商生產的食品必須達到低鹽標準方能獲得上架資格。

在推出紅綠燈警示系統的同時，英國食品標準局還組織專家，對民眾如何理解和使用警示系統進行了調查。結果發現，不規範的標籤和警示往往會誤導消費者。另外還發現，個別消費者對單純用顏色標示含鹽量會產生誤解，而採用文字標註輔以紅黃綠警示能被多數民眾理解。儘管不是強制性的，目前絕大部份英國超市都引入了紅綠燈警示系統。鑒於紅綠燈警示在英國所發揮的突出作用，法國、德國、芬蘭等國也引入了這一系統。

表 11 英國食品營養素紅綠燈警示系統

（每 100 克或 100 毫升）

食品			
營養素	**低含量（綠燈）**	**中含量（黃燈）**	**高含量（紅燈）**
脂肪	● ≤3 克	● 3-17.5 克	● >17.5 克
飽和脂肪	● ≤1.5 克	● 1.5-5 克	● >5 克
糖	● ≤5 克	● 5-22.5 克	● >22.5 克
鹽	● ≤0.3 克	● 0.3-1.5 克	● >1.5 克
飲料			
營養素	**低含量（綠燈）**	**中含量（黃燈）**	**高含量（紅燈）**
脂肪	● ≤1.5 克	● 1.5-8.75 克	● >8.75 克
飽和脂肪	● ≤0.75 克	● 0.75-2.5 克	● >2.5 克
糖	● ≤2.5 克	● 2.5-11.25 克	● >11.25 克
鹽	● ≤0.3 克	● 0.3-0.75 克	● >0.75 克

數據來源：Department of Health, the Food Standards Agency. Guide to creating a front of pack (FoP) nutrition label for pre-packed products sold through retail outlets. Last updated: 8 November 2016.
https://www.gov.uk/government/uploads/system/uploads/attachment_data/file/566251/FoP_Nutrition_labelling_UK_guidance.pdf.

2003 年啟動全民限鹽活動時，英國人均吃鹽量為 9.5 克，2008 年人均吃鹽量降到 8.6 克，2011 年降到 8.1 克。單從數值上看，這一降幅似乎微不足道，但應該認識到，在限鹽計劃推出時，英國居民吃鹽量正處於上升階段。根據估算，實施全民限鹽以來，英國因少吃鹽每年避免了 9,000 例過早死，每年節約 15 億英鎊醫療開支，而限鹽花費每年只有 500 萬英鎊，效益成本比高達 300:1，而且限鹽所產生的社會效益還將陸續顯現出來。

英國開展限鹽的最初八年（2003-2011），人均吃鹽量下降了 15%，中風死亡率下降了 42%，冠心病死亡率下降了 40%。居民收縮壓平均降低了 3.0 毫米汞柱，舒張壓平均降低了 1.4 毫米汞柱。分析認為，居民血壓降低的主要原因是吃鹽減少。

英國限鹽獲得成功，首先得益於政府、企業、學術組織和居民的廣泛重視和積極參與；其次是政府通過徵詢民間意見，制定了切實可行的限鹽政策；最後，英國民眾具有較高文化水平和較強公共衛生意識，使各項限鹽活動能盡快實施。在限鹽方面，英國為其他國家樹立了榜樣。

日本的限鹽活動

20 世紀 50 年代，日本曾是世界上中風發病率最高的國家，當時很多地區居民每天吃鹽超過 20 克。20 世紀 60 年代，達赫博士在日本、美國和英國開展的調查發現，吃鹽多與高血壓密切相關。自此，學術界開始認識到，吃鹽多是日本中風高發的重要原因。

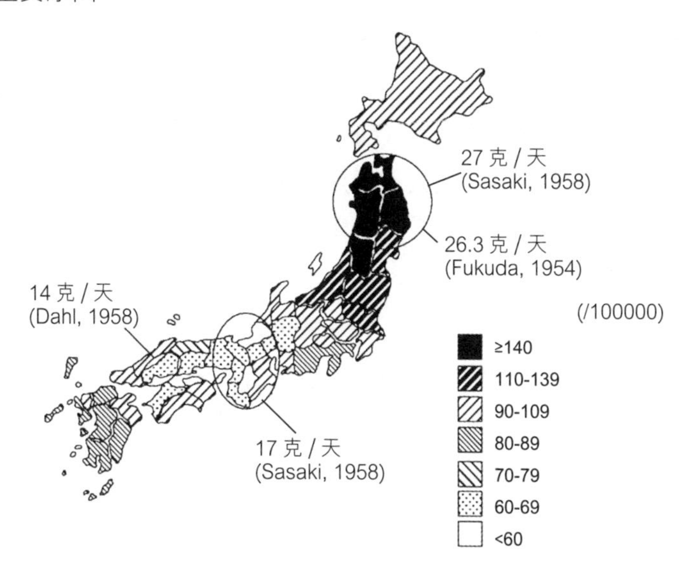

圖 14 20 世紀 50 年代日本 30-59 歲男性吃鹽量和腦出血死亡率的地理分佈

傳統上日本東北部居民吃鹽較多，當時每人每天吃鹽高達 27 克，當地居民腦出血發病率和死亡率均高居日本之首。西南地區居民吃鹽較少，每人每天為 14 克，腦出血死亡率也偏低。

數據來源：Takahashi E,et al. The geographic distribution of cerebral hemorrhage and hypertension in Japan. *Hum Biol*. 1957; 29:139-66.

日本東北居民傳統上偏愛鹹食。20 世紀 60 年代，東北部秋田縣居民每天吃鹽 20-30 克，是南部居民的兩倍（圖 14）。秋田縣高血壓患病率和中風發病率在日本高居榜首。1970 年，秋田縣男性平均預期壽命為 67.6 歲，女性平均預期壽命為 74.1 歲，在日本各縣中分列倒數第一和倒數第二，秋田縣因此被稱為短命縣。

20 世紀 60 年代，達赫博士的研究發表後，日本發起了限鹽宣傳，政府規劃將居民日均吃鹽量由 20 克降至 10 克。限鹽宣傳主要由社區醫務人員負責，他們向居民宣講高鹽飲食的危害，推介簡易的吃鹽量評估方法，幫助居民制定減鹽計劃，指導居民識別高鹽食品，鼓勵居民減少烹調用鹽，建設低鹽示範餐廳。

根據全民膳食營養調查（NHNSJ），日本居民吃鹽的主要來源包括含鹽調味品、泡菜、鹹魚和味噌湯等，通過減少上述食品消費量，或降低這些食品含鹽量，有望降低吃鹽量。日本企業積極引入減鹽技術，向市場推出各種低鹽食品，如減鹽醬油、減鹽雜醬、減鹽味噌湯等。企業還致力於開發低鈉鹽，果鹽的鈉含量只有普通鹽的一半，果鹽中含有多種天然香料，儘管鈉含量降低，等量使用後食物口味依然濃郁。降低醃製食品含鹽量的一個方法就是縮短醃製時間，企業因此研製出「一夜漬」，即在一夜之間完成蔬菜醃製，第二天就可食用。很多日本美食網站都公佈了減鹽食譜，有些企業還開發出減鹽快餐，通過引入快速冷凍技術，既可保持食品新鮮感，又可維持食品營養性。

在日本開展全民限鹽的五十年間，居民吃鹽量逐漸下降。根據日本膳食營養調查，20 世紀 60 年代，日本人均每天吃鹽超過 20 克，東北部份地區高達 30 克；1976 年人均吃鹽已降至 13.7 克；1987 年降至 11.7 克。之後隨着外出就餐次數增多和快餐普及，居民吃鹽量下降的趨勢有所減緩，甚至有短期回升，2006 年日本人均吃鹽量降至 10.6 克。2017 年，採用 24 小時尿鈉法檢測發現，日本男性每天吃鹽 11.8 克，女性每天吃鹽 8.9 克。

在啟動全民限鹽宣傳之初，日本居民平均血壓處於上升趨勢，高血壓患病率逐年攀升。開展限鹽之後，很快扭轉了全民血壓上升的趨勢。1965 到 1990 年間，50-59 歲人群平均血壓下降了 9.1 毫米汞柱，60-69 歲人群平均血壓下降了 14.6 毫米汞柱。同期，高血壓患病率也明顯下降，50-59 歲人群收縮壓超過 180 毫米汞柱的比例由 21% 降低到 4.2%，60-69 歲人群收縮壓超過 180 毫米汞柱的比例由 11% 降低到 3.3%。

1960 至 2010 年，日本居民中風死亡率下降了 80%，這一巨大公共衛生成就令全球為之驚嘆。讓人困惑的是，同一時期日本人吸煙、酗酒、肥胖、高血脂和高血糖的比例持續增加，日本人生活方式和飲食結構也逐漸西化，肉食比例增加，體力活動減少，生活節奏加快，心理負擔加重。按照慢性病發生的生態學理論，這些轉變勢必引起心腦血管病增加，但中風發病率在日本非但沒有增加，反而大幅下降，這種現象被學界稱為日本怪像（Japan Paradox）。很多學者認為，正是減鹽導致了日本中風死亡率的大幅下降。

根據世界衛生組織（WHO）2016 年發佈的各國預期壽命列表，日本居民預期壽命（84.2 歲）高居全球 193 個國家和地區之首，日本女性預期壽命（87.1 歲）高居榜首，日本男性預期壽命（81.1 歲）以微弱差距僅次於瑞士（81.2 歲）。至此，日本蟬聯全球長壽冠軍已有二十年。對於更能代表國民整體健康水平的健康壽命（HeaLY，預期壽命減去患病年限），早在1990 年日本就榮獲男性健康壽命第一、女性健康壽命第一兩項殊榮，並將該紀錄一直保持到現今。

日本人為甚麼長壽？日本人為甚麼健康？這些問題正在成為全球關注的熱點，因為追求長壽和健康是人類的終極目標之一。根據日本學者分析，20 世紀 60 年代之後，日本人均預期壽命持續延長的主要原因是慢性病死亡率下降，其中中風死亡率下降的貢獻最大。從 1965 到 1980 年，日本中風死亡率的下降導致男性預期壽命延長了 1.1 歲，而女性預期壽命延長了 1.0 歲。20 世紀 80 年代之後，中風死亡率下降幅度有所放緩，但依然是日本人預期壽命延長的主要原因。

日本中風死亡率之所以大幅下降，並非治療水平高，而是因為飲食結構優化和高血壓控制使慢性病發病人數大幅減少。1969 年，日本政府發起了全民預防和控制高血壓運動，主要措施包括：強化居民血壓監測、及時發現高血壓、積極治療高血壓、將抗高血壓藥物列為醫保優先保障範圍、通過健康宣教降低居民吃鹽量、改變不良生活方式等。為了提升高血壓的防治效果，在 1972 年頒行的《職業健康法》和 1982 年頒行的《社區健康法》中，詳細規定了醫生和衛生從業者在高血壓防治中的責任和義務。日本在全球率先將測定吃鹽量納入健康體檢範圍。這些舉措使居民吃鹽量逐漸降低，高血壓控制率逐年提高，心腦血管病發病率和死亡率大幅降低，居民預期壽命不斷延長，最終使日本成為長壽之國和健康之國。

美國的限鹽活動

1969 年，時任美國總統尼克遜和參議院麥戈文委員會（McGovern Committee，也稱營養委員會，20 世紀 60 年代，美國國會為促進國民營養健康而成立的專門委員會）發起白宮大會，主要議題是食品營養與健康。除科研人員外，參加本次大會的還有國會議員、政府官員、企業代表和社區工作者等。尼克遜總統親自擔任大會名譽主席並兩度發言，為改善國民營養狀況規劃了五項重大任務，其中一項就是控制居民吃鹽量。白宮大會標誌着美國限鹽活動的開端。

在白宮會議四十年後，2009 年美國衛生部（HHS）和醫學研究所（IOM）成立的限鹽委員會對限鹽活動進行了總結。根據限鹽委員會的報告，白宮大會召開以來，學術團體、衛生機構、食品產銷企業等在限鹽活動中都做出了巨大努力，美國人的飲食結構、就餐地點、食品來源也發生了明顯改變，然而居民吃鹽量始終沒有下降，高鹽飲食導致心血管病盛行。限鹽委員會據此宣佈，美國四十年的限鹽活動以失敗告終。

美國國立心肺血液研究所（NHLBI）在限鹽活動中發揮了主導作用。該研究所組織實施了全美高血壓教育計劃（NHBPEP），以預防和控制高血壓為目的，對衛生專業人員、患者和社區居民進行宣教，分發限鹽手冊和傳單，為集體餐制定減鹽規劃，在廣播、電視和網絡上傳播限鹽知識，組織專家開展限鹽講座。全美高血壓教育計劃分別於 1972、1993、

1995、1997 和 2003 年發佈限鹽指南。1994 年開展了居民飲食信息採集專項研究，對美國居民吃鹽量進行監測。各州、市也開展了形式多樣的限鹽活動。在時任市長布隆伯格（Michael Bloomberg）推動下，紐約市出台了多項限鹽措施，並要求連鎖快餐店在菜單上標示高鹽警告。

1979 年美國國會通過決議，每五年制定（修訂）一次《美國膳食指南》。由專家對相關研究證據進行系統回顧和分析，為居民提供基於循證的飲食指導，目的是改善飲食結構，加強身體鍛煉，以降低慢性病發病率，最終提高國民身體素質和健康水平。《美國膳食指南》由農業部（USDA）和衛生部共同負責完成。截至 2016 年，已有 8 版《美國膳食指南》發佈。從第 1 版到第 8 版，《美國膳食指南》均推薦居民控制吃鹽量。《美國膳食指南 2016-2020》推薦，成人每天鈉攝入量不應超過 2,300 毫克（6 克鹽）。

為了讓居民更容易理解並遵循《美國膳食指南》，2005 年，美國農業部推出「我的膳食寶塔（My Pyramid）」，以圖片形式將日常食物分為穀物（27%）、蔬菜（23%）、水果（15%）、油脂（2%）、奶製品（23%）、肉和豆製品（10%）6 大類，對每類食物攝入量進行了推薦。這一卡通圖片推出後受到民眾歡迎，但也招致了一些公共衛生專家的批評。有學者認為，該項目受到肉奶企業僱用的説客影響，使肉製品和奶製品的推薦比例過高。2010 和 2015 年版《美國膳食指南》對「膳食寶塔」進行了修訂，並將活動重新命名為「我的餐盤（My Plate）」（圖 15）。「我的餐盤」將食物分為四大類——穀物、蔬菜、水果、蛋白質，將奶製品作為飲料，對各類食物攝入量進行了推薦。2011 年，時任美國第一夫人米歇爾·奧巴馬擔任「我的餐盤」

代言人，向民眾推薦健康飲食模式。

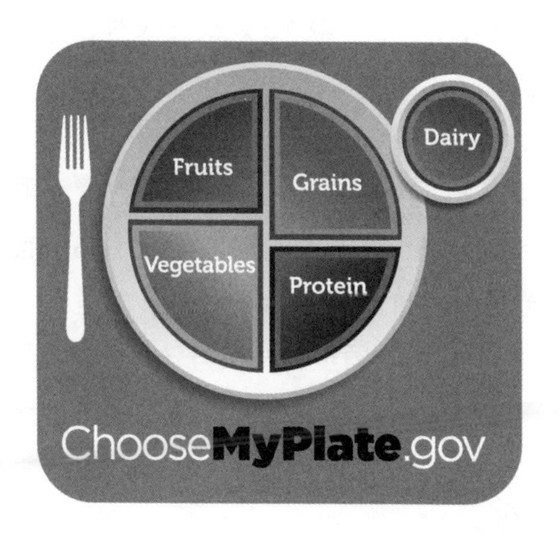

圖 15 美國農業部「我的餐盤」項目

餐盤中一半食物為蔬菜和水果。水果最好是整體的，而不是果汁或果凍。蔬菜種類應盡量豐富；一半穀類應該是全穀食物；選擇低脂或無脂奶製品；蛋白質來源要豐富；飲食總量應進行控制。

圖片來源：US Department of Agriculture (USDA). MyPlate. https://www.choosemyplate.gov/MyPlate.

2010 年，美國農業部在網站上推出膳食追蹤器（Food Tracker）。膳食追蹤器是一個功能強大的營養分析工具，居民只需輸入一天所吃食物的種類和數量，就能了解各種營養素攝入是否達標。最近，美國農業部又推出手機版膳食追蹤器（Food Tracker App）。目前膳食追蹤器可計算總能量、飽和脂肪酸、添加糖和鹽（鈉）的攝入量，以及實際攝入量佔推薦量的百分比。膳食追蹤器包含了美國市場銷售的大部份天然食物及加工食品。

兒童時期是口味喜好形成的關鍵階段。長期選擇高鹽食品的兒童，成年後口味重；長期選擇低鹽食品的兒童，成年後口味淡。因此，控制兒童吃鹽尤為重要。1995 年，美國農業部在學校餐農產品配給計劃中，為 10 類食品設置了含鹽上限。2004 年，美國農業部發起健康校園計劃和婦幼營養補充計劃，其中都有限鹽條款。

美國心臟協會（AHA）於 1973 年開始發起限鹽宣傳，這一活動一直持續到今天。美國心臟協會在網站上推出了大量科普文章及卡通圖片，向公眾宣傳高鹽飲食的危害，分析飲食中鹽（鈉）的來源，介紹吃鹽量的檢測方法，指導低鹽食品選購，推薦低鹽烹飪技巧等。美國心臟協會還出版了低鹽飲食專著，定期組織專家制定限鹽指南。最近，美國心臟學會推出了中文版網絡限鹽宣傳。

美國早期限鹽活動主要針對高血壓患者、血壓偏高者和老年人等。隨着研究證據的積累，限鹽活動面對的人群逐漸擴展到普通人。《美國膳食指南 2010》推薦成人每天吃鹽不超過 6 克（2300 毫克鈉），而推薦高血壓患者、黑人和 50 歲以上中老年人每天吃鹽不超過 3.8 克（1500 毫克鈉）。

在普通人中推行限鹽曾在美國招致非議。其中，最強的反對聲音來自美國鹽業協會（Salt Institute）和各大食品企業。美國鹽業協會僱請專家廣泛收集限鹽的「反面證據」，在報刊和媒體上撰文批評限鹽活動，認為吃鹽多並無危害，而限鹽會導致重大公共健康問題。因為有雄厚的資本在背後運作，這些反對聲音干擾了民眾對限鹽活動的認識，這是四十年來美國限鹽失敗的一個重要原因。

20 世紀 60 年代，美國居民飲食以家庭烹飪為主，吃鹽主要來源是烹調用鹽和餐桌加鹽，最初限鹽也主要建議家庭主婦減少烹調用鹽，鼓勵家庭成員減少餐桌加鹽。其後的調查發現，這些宣傳確實降低了自主用鹽量。自主用鹽（包括烹飪用鹽和餐桌加鹽）由 70 年代人均每天 3.5 克（1,376 毫克鈉）大幅降低到 90 年代的 1.2 克（476 毫克鈉），下降幅度高達 65%。然而採用 24 小時尿鈉法檢測發現，同期居民吃鹽量非但沒有下降，反而有所上升。其主要原因是，從 70 到 90 年代，美國居民在外就餐的次數明顯增加，加工食品消費量大幅上升，快餐業急劇擴張（中國當前的情況與之類似）。到 90 年代末期，美國居民吃鹽有 80% 來源於加工食品和餐館食品，而自主用鹽僅佔 10%。飲食結構和就餐地點的轉變，使居民自己能控制的鹽越來越少，這是美國四十年來限鹽失敗的又一原因。

基於居民吃鹽主要源於加工食品這一事實，2000 年後，美國限鹽重點轉向食品生產和銷售環節。在食品生產環節，由於缺乏限制用鹽的法規，主要措施是號召企業自發降低用鹽，盡可能向市場投放低鹽食品。早在 1979 年，就有學術組織向政府建議，制定食品含鹽限量，以減少居民吃鹽量。可惜，當時美國食品藥品管理局（FDA）並未重視這一建議，直到 2009 年美國限鹽委員會宣佈限鹽活動失敗後，這一建言才被重新提上議事日程。

1990 年，老布殊總統簽署《食品營養標籤和教育法》，所有加工食品必須強制標示鈉（鹽）含量。最近有專家呼籲，快餐和餐館食品也應提供鹽含量信息。2015 年，在時任第一夫人米歇爾．奧巴馬推動下，食品藥品管理局對營養標籤的內容和格式進行了改進，使之更易被民眾所理解。

米歇爾在奧巴馬總統任期內的主要工作，就是致力於促進居民營養健康，尤其是兒童營養健康。米歇爾組織發起了「讓我們行動起來（Let's Move）」活動，以期在美國居民中推行健康飲食理念，其中包括健康校園、健康媽媽（孕婦）、健康家庭、健康社區等項目。2011 年 1 月 20 日，在第一夫人支持下，大型連鎖超市沃爾瑪（Walmart）推出限鹽活動（僅限美國境內店面），控制高鹽食品在該超市的銷售比例，給高鹽食品標示警告信息，最終使沃爾瑪銷售的食品含鹽量在五年內降低了 25%。

根據美國聯邦貿易法，食品生產商在保證信息真實和無惡意誘導的前提下，可隨意對食品營養價值和保健作用進行廣告宣傳。因此，最初的限鹽活動被食品業視為推銷良機，商家將「無鹽」、「低鹽」或「減鹽」當作賣點，宣稱各種低鹽食品能降低血壓，預防心臟病、胃癌和骨質疏鬆等。這些標識均出於企業行為，並無統一標準。被標註「無鹽」、「低鹽」或「減鹽」的食品種類在 20 世紀 90 年代達到高峰，但在 2000 年之後驟然減少。其原因是，經過十多年嘗試，消費者已經認識到，「低鹽」或「減鹽」食品往往口味不佳，因而不願再選購這類食品。由此可見，缺乏像英國那樣的全國統一減鹽規劃，由企業無序開展減鹽，根本不可能降低居民吃鹽量，這是美國四十年來限鹽失敗的又一原因。

美國食品藥品管理局的最初設想是，鼓勵企業自發降低食品用鹽就可達到全民減鹽目的。然而事與願違，居民吃鹽量在 1990 年後非但沒有下降，反而有所上升。學術界和民間曾強烈要求食品藥品管理局推出更嚴厲的措施，採用行政手段降低食品含鹽量。2005 年，這些呼籲以公民聯署的形式送達國會，國會也通過了相關撥款法案，要求食品藥品管理局組織專家，評估通過立法降低食品含鹽量的可行性。食品藥品管理局於 2007 年舉行了聽證會，收集了立法減鹽的各類信息，但由於相關利益方的反對，該提案目前仍為懸案。在制定重大公共衛生決策時，美國政府往往會面臨來自利益攸關方的各種羈絆，使政策制定和落實變得遙遙無期，這是美國四十年來限鹽失敗的又一原因。

1971 年，在白宮會議召開兩年後，美國成年男性每天吃鹽 7.3 克（2900 毫克鈉），成年女性每天吃鹽 4.8 克（1900 毫克鈉），6-11 歲兒童每天吃鹽 6.0 克（2400 毫克鈉）；2006 年，美國成年男性每天吃鹽 10.1 克（4050 毫克鈉），成年女性每天吃鹽 7.4 克（2950 毫克鈉），6-11 歲兒童每天吃鹽 7.6 克（3050 毫克鈉）。各類人群吃鹽量均有增加，兒童吃鹽量增長尤其明顯。

隨着居民吃鹽量的增加，美國高血壓患病率也在逐年升高。1988 年，美國膳食健康狀況調查（NHANES）發現，成年男性高血壓患病率為 26%，成年女性高血壓患病率為 24%；2006 年的調查表明，成年男性高血壓患病率為 32%，成年女性高血壓患病率為 30%。另外，有 1/3 的美國人處於高血壓前期。龐大的高血壓患者群體，產生了驚人的治療費用，據美國疾病控制中心（CDC）估計，2010 年美國高血壓治療費用高達 506 億美元。

美國冠心病發病率由 1970 年的 2.5‰ 上升到 2010 年的 4.5‰，冠心病死亡率由 1970 年的 1.5‰ 上升到 2010 年的 3.5‰。儘管在這期間，中風發病率和死亡率有所下降，但心腦血管病總發病率仍在不斷攀升。以心腦血管病為代表的慢性病患者大幅增加，使美國醫療衛生系統不堪重負。1990 年，美國疾病負擔（以每 10 萬人 DALY 計算）在 19 個西方發達國家中排名第二（僅次於葡萄牙），2010 年，更是被葡萄牙甩在後面，成為疾病負擔最沉重的發達國家。

慢性病負擔的增加，使美國人長久以來引以為豪的醫療衛生體系陷入困境。這一問題在里根和老布殊政府時期開始顯現，在克林頓和小布殊政府時期逐漸惡化，到奧巴馬和特朗普政府時期全面爆發。醫療衛生問題已成為美國政府的頭號財務難題和無人敢碰的執政陷阱，聯邦政府甚至被拖累到停擺的窘境，醫保改革成為奧巴馬和特朗普兩屆政府交惡的根源。近二十五年來，美國醫療衛生支出節節攀升，由 1990 年佔 GDP 的 12% 上升到 2010 年的 18%，2010 年美國人均醫療花費超過 8,000 美元，超過當年中國人均 GDP，人均醫療費用長期高居全球首位。龐大的醫療負擔傳遞給企業，使美國製造在全球毫無競爭力，特朗普政府卻妄想通過貿易戰提振製造業，實在是緣木求魚。

多年來美國斥巨資建立了龐大而複雜的醫療體系，擁有全球最好的醫學院，培養了大量頂尖醫學人才，梅奧診所（Mayo Clinic）、麻省總醫院（Mass General）、克利夫蘭診所（Cliffland Clinic）成為各國醫生的朝聖之地，美國國立衛生研究所（NIH）支配的科研經費比全球其他國家醫學科研經費之和還多，美國各大公司引領着全球新藥和醫療器材研發。可笑的是，在世界各國醫療體系效率排名中，美國在各發達國家中墊底。2016 年，美國居民預期健康壽命為 68.5 歲，不僅遠低於領頭羊日本的 74.8 歲，甚至低於身居發展中國家的中國（68.7 歲）。美國醫療系統失敗的根本原因在於，利益糾葛使控鹽這種公共衛生措施根本無法實施，進而導致慢性病盛行。

對比美國和日本的醫療體制不難看出，日本的成功源於將資源優先投放到公共衛生和疾病預防領域。相反，美國將醫療衛生系統推向市場，在利益驅使下，醫療資源優先集中於心腦血管病、腫瘤、慢性腎病等慢性病的治療，這些慢性病和大病大多無法治癒，需要長期維持治療，投資者因此能獲得豐厚利潤。在慢性病預防等公共衛生領域，儘管小量投入就能獲得巨大的遠期社會效益，但無法讓投資者在短期內得到經濟回報，這種現實使私人投資者對公共衛生領域根本就沒有興趣。因此，儘管美國建立了世界上最龐大的醫療體系，擁有全球最領先的醫療水平，在醫療衛生領域投入的資金密度比其他國家高幾倍甚至十幾倍，卻無法換來國民的健康和長壽。

世界衛生組織的限鹽活動

世界衛生組織（World Health Organization, WHO）高度重視公共衛生，曾長期致力於限鹽活動，以降低全球居高不下的慢性病死亡率。2002 年，世界衛生組織發佈《世界健康報告》（World Health Report 2002），認為減少吃鹽是預防心腦血管病最有效的方法之一，也是促進人群健康最划算的策略之一。2003 年，世界衛生組織和聯合國糧農組織（UNFAO）聯合發佈指南，推薦成人每天吃鹽不超過 5 克（2000 毫克鈉）。

2004 年，世界衛生大會（WHA）通過《飲食、身體活動與健康全球戰略》呼籲成員方政府、國際組織、私營企業和民間團體在全球採取行動，促進飲食健康，加強身體活動。其中，減少吃鹽是促進飲食健康的關鍵一環。

2006 年，世界衛生組織在巴黎召開限鹽大會，商討如何在人群中降低吃鹽量。會後發佈公告強調，吃鹽多會導致多種慢性病；政府干預能有效降低居民吃鹽量；使用低鈉鹽和替代品可減少居民吃鹽量；只有多方參與才能確保限鹽獲得成功。

2010 年，世界衛生大會通過《關於向兒童推銷食品和非酒精飲料的建議》（WHA63.14）。《建議》敦促成員方制定衛生法規，規範兒童食品和飲料的生產銷售，減少食品和飲料對兒童健康的威脅，《建議》要求控制兒童食品含鹽量。

2011 年 9 月 19 至 21 日，聯合國召開大會，專門商討全球非傳染性疾病（慢性病）防控。會後各國領導人簽署《關於預防和控制非傳染性疾病問題峰會的政治宣言》，承諾推動飲食健康，降低食品含鹽量，減少居民吃鹽量，解除慢性病對人類健康的嚴重威脅。

2012 年，世界衛生組織發佈《成人和兒童鈉攝入指南》，建議 16 歲以上人群每天吃鹽不超過 5 克（2000 毫克鈉）。2-15 歲兒童應根據熱量攝入控制吃鹽。該建議既適用於高血壓患者，也適用於血壓正常者，還適用於孕婦和乳母。不適用於低鈉血症、心力衰竭和 I 型糖尿病患者，也不適用於 2 歲以下嬰幼兒。世界衛生組織強調，食用鹽應加碘，強化碘鹽有利於嬰幼兒腦發育，也有利於提高人群智商。

2013 年，世界衛生大會探討了防控非傳染性疾病（慢性病）的全球對策，制定了《世界衛生組織非傳染性疾病全球行動計劃 2013-2020》（WHA 66.10）。該計劃的總體目標是，到 2025 年將慢性病死亡人數減少 25%。為了在全球實施這一宏大願景，該計劃制定了 9 個具體目標，其中包括，2025 年將全球人均吃鹽量在 2013 年的基礎上降低 30%。參照《2014 年全球非傳染性疾病現狀報告》發佈的基線數據，各國分別確立了各自減鹽目標。2018 年，聯合國大會針對非傳染性疾病召開第三次領導人峰會，評估世界各國為實現 2025 年全球防控目標所取得的進展。

在通過限鹽預防非傳染性疾病方面，世界衛生組織不僅推出了鈉、鉀攝入指南，制定限鹽計劃，倡導成員方開展限鹽活動，還規劃限鹽行動方案。2016 年，世界衛生組織與喬治全球健康研究所（George Institute for Global Health）合作，針對如何實施和監測限鹽制定了一攬子建議，將其命名為 SHAKE。SHAKE 所提建議均來自成員方的成功經驗。

SHAKE 五大限鹽建議分別為：①監測（Surveillance），對居民吃鹽量進行監測；②控制企業用鹽（Harness Industry），號召企業通過配方改良和技術革新降低加工食品含鹽量；③規範食品標識和銷售模式（Adopt standards for labelling and marketing），規範食品營養標籤內容和格式，為消費者選購健康食品提供參考信息；④宣傳教育（Knowledge），通過宣教使居民了解高鹽飲食的危害，最終自覺減少吃鹽；⑤環境改善（Environment），改善飲食環境，使居民能夠降低吃鹽量，從而建立健康的飲食模式。這五大建議英文首字母縮寫就是 SHAKE。SHAKE 也意味着拋棄不良飲食習慣，以降低吃鹽量。

根據 SHAKE 策略，開展全民限鹽活動，首先要掌握居民吃鹽的基本信息，包括人群吃鹽水平、吃鹽主要來源、居民對鹽相關知識的掌握、影響吃鹽量的習慣和觀念，這些信息均可通過調查獲取。人群調查可採用世界衛生組織制定的逐步調查法，也可採用美國衛生部制定的人口和健康調查法。開展全民限鹽活動還須掌握食品含鹽信息，這些信息可通過兩條渠道獲取，其一是對餐館食品和加工食品進行調查（標示含量和聲稱含量），其二是採用化學分析對食品含鹽量進行檢測。另外，要評估限鹽效果還須動態監測居民吃鹽量，了解企業降鹽的落實情況，及時發現限鹽活動中出現的問題。

在監測居民吃鹽量方面，世界衛生組織表揚了蒙古國。蒙古國衛生部於 2011 年開展了居民吃鹽調查，該國居民平均每天吃鹽 11.1 克，居民吃鹽主要來源是酥油茶、臘腸、熏肉、泡菜和鍋巴等。有 87.5% 的人知道高鹽飲食的危害，有半數居民喜歡加鹽酥油茶，1/3 的居民對吃鹽沒有任何限制，1/5 的居民不清楚哪些是高鹽食品。這些監測數據為蒙古國制定限鹽政策提供了依據。世界衛生組織也表揚了英國在監測居民吃鹽量時所取得的成就。

世界衛生組織強調，在大部份發達國家和部份發展中國家，加工食品和餐館食品已成為居民吃鹽的主要來源。根據 SHAKE 策略，限鹽活動應取得企業與餐飲業的支持和配合，逐步而溫和地降低食品含鹽量，為消費者適應低鹽口味贏得時間，同時考慮減鹽對食品安全的影響，必要時使用替代鹽。世界衛生組織表揚了科威特在降低麵包含鹽量方面取得的成就。科威特居民吃鹽最大的來源是複合食品（29.4%），其次是麵包（28.0%）。在科威特，市場銷售的麵包有 80% 由科威特麵粉麵包公司（Kuwait Flour Mills and Bakeries Company）生產。科威特衛生部與該公司達成協議，將其生產的麵包含鹽量降低 10%。僅此一項就讓科威特居民平均吃鹽量降低了 2.3%。

在引導消費者選購低鹽食品方面，食品營養標籤發揮着關鍵作用。SHAKE 策略強調，食品營養標籤形式和內容應簡明易懂。研究表明，消費者做出購買決定前，注意力集中在食品標籤上的時間只有 0.025-0.1 秒，因此食品營養標籤的主要內容必須一目了然。世界衛生組織表揚了英國紅綠燈警示系統和芬蘭高鹽警示系統。

SHAKE 策略強調，應通過宣傳和教育，讓居民認識到高鹽飲食的危害，了解自己吃鹽的主要來源，並通過改變飲食習慣最終減少吃鹽（圖 16）。最近，越南採用整合營銷策略 COMBI 在富壽省（Phu Tho Province）開展了限鹽活動，所採取的措施包括：行政動員和公眾宣傳、社區宣教、面對面交談、針對性服務等。在開展該項活動後，當地居民人均吃鹽量由每天 15.5

克降低到 13.3 克。澳洲也採用 COMBI 策略在居民中開展了限鹽活動。

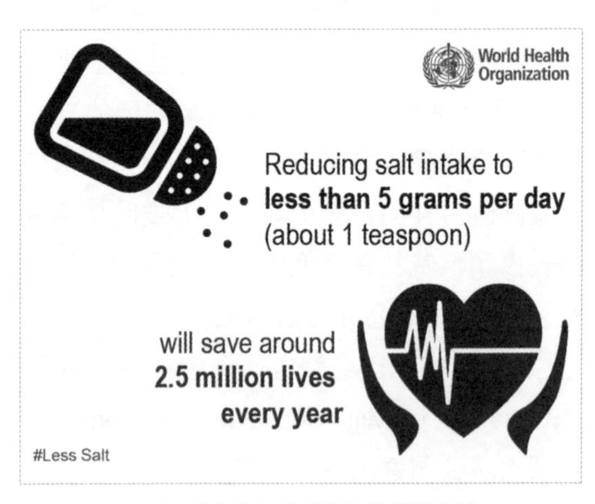

圖 16 世界衛生組織投放的限鹽傳單

圖中英文説明：
將吃鹽量降到每天 5 克以下（大約 1 茶匙），每年將拯救 250 萬條生命。
圖片來源：World Health Organization (WHO). http://www.who.int/mediacentre/infographic/salt-reduction/en/.

根據 SHAKE 策略，開展限鹽活動的環境包括生活、工作和娛樂等場所。最適於減鹽的環境是學校、工作單位和醫院，這些地方能對人群飲食進行集中管理。SHAKE 策略同樣能在社區開展，在這一方面，世界衛生組織表揚了中國山東省和衛生部開展的 SMASH 活動。SMASH 由衛生工作者在家庭和學校環境中展開宣教，以減少居民烹調用鹽。2011 至 2013 年，SMASH 使山東居民人均烹調用鹽由每天 12.5 克降低到 11.6 克。

另外，世界衛生組織也表揚了英國在學校限鹽中所取得的突出成就。

世界衛生組織能站在全球高度，掌握全球疾病流行病學信息，匯集世界各國限鹽經驗，制定綱領性限鹽指南，調動成員方積極性，為限鹽活動提供政策建議和技術支持，在全球限鹽活動中發揮着強大引領作用。

「新千年」全球反鹽浪潮

慢性病也稱非傳染性疾病，是全球第一殺手，其所致死亡比其他原因所致死亡人數之和還多。2008 年，世界衛生組織（WHO）發起「新千年」計劃（NMG），為控制慢性病制定了九大戰略目標。其中之一就是，到 2025 年將全球居民吃鹽量降低 30%。在這一計劃號召下，更多國家加入限鹽行列中。

加拿大

2004 年，加拿大居民平均每天吃鹽 8.5 克，在全球居中下水平。加拿大成人高血壓患病率為 20%，高血壓是第一就診原因。加拿大心血管學會（CCS）估計，如果居民吃鹽量降至指南推薦水平，高血壓患病人數將減少 30%。2007 年，加拿大政府成立了限鹽工作組（SWG）。2010 年，工作組制定了膳食指南，推薦居民每天吃鹽不超過 6 克（2300 毫克鈉）。加拿大限鹽工作組開展的活動包括：號召企業和餐飲業減少用鹽、監測並公佈居民吃鹽來源、宣傳高鹽飲食的危害、鼓勵學術界開展食鹽相關研究、支持企業開發低鹽食品技術等。2012 年，加拿大政府公佈減鹽計劃，為 15 大類 94 小類 463 種食品制定了含鹽限量，敦促企業在 2016 年 12 月 31 日之前，將食品含鹽控制在限量以下。

德國

德國聯邦政府的施政綱領是，讓德國公民健康地生活，讓德國兒童健康地成長，使德國公民具備強健體質和卓越智力，從而在求學、就業、創新等競爭領域處於優勢地位。1990 年，聯邦政府推出膳食營養和體育運動促進計劃（IN FORM)。該計劃的總體目標是，到 2020 年使居民普遍擁有健康的生活方式、平衡的膳食結構和合理的體育鍛煉。IN FORM 計劃由農業部和衛生部聯合實施，兩部門制定了一百多個具體措施，其中全民限鹽是重要一環。2011 年間，德國成年男性平均每天吃鹽 10.0 克，成年女性平均每天吃鹽 8.4 克，75% 的男性和 70% 的女性每天吃鹽量超過 6 克。高鹽、肥胖、缺乏運動導致高血壓盛行，51% 的成年男性和 44% 的成年女性患高血壓。德國居民吃鹽的主要來源是加工食品，包括麵包、肉製品和芝士等。大幅降低這些食品消費量並不現實，只有逐步降低其含鹽量才能到達減鹽目的。德國政府採取的另一措施就是鼓勵使用替代鹽和低鈉鹽。

法國

2001 年，法國啟動國民營養與健康計劃（PNNS），每五年修訂一次。該計劃的宗旨是，通過宣教使居民能識別健康食品；改善食品環境使居民有機會選擇健康食品。當時法國成人每天吃鹽約 10 克，國民營養與健康計劃制定了九大目標，其中之一就是將居民每天吃鹽量降至 8 克以下。法國限鹽活動主要由食品安全管理局（AFSSA）組織實施，所開展活動包括：宣傳鹽與健康知識；制定膳食指南；鼓勵企業推出低鹽食品，同時降低現有食品含鹽量；指導居民選購低鹽食品等。食品安全管理局還更新了食品營養標籤系統，要求包裝食品在標示每 100 克食品含鹽量的同時，標註每份食品含鹽量，便於消費者了解每餐吃鹽量；鼓勵企業在食品外包裝上標註「該食品含有足量鹽，食用前無須額外加鹽」。2002 年起，法國食品安全管理局開始對居民吃鹽量進行動態監測。

愛爾蘭

愛爾蘭居民人均每天吃鹽約 10 克，其中 65%-70% 源於加工食品和餐館食品。肉製品大約貢獻了 30% 吃鹽量；麵包貢獻了 26% 吃鹽量；餐桌用鹽貢獻了 20% 吃鹽量。愛爾蘭 50 歲以上居民高血壓患病率超過 50%。2016 年，愛爾蘭食品安全局（FSAI）更新膳食指南，建議居民將每天吃鹽控制在 6 克以下。該指南還強調，對於 97.5% 的人，每天 4 克鹽就已足夠。愛爾蘭食品安全局開展的限鹽活動還包括：號召居民減少烹調用鹽和餐桌加鹽、鼓勵餐館和家庭使用低鈉鹽、敦促企業自發降鹽、為部份包裝食品設定含鹽限值、規範食品營養標籤等。

意大利

2012 年，意大利居民平均每天吃鹽 9.0 克。意大利各地居民吃鹽量存在明顯差異，卡拉布里亞（Calabria）居民每天吃鹽 11.3 克；瓦萊達奧斯塔（Valle d'Aosta）居民每天吃鹽 8.1 克。在各發達國家，意大利居民吃鹽偏多，中風發病率也較高。2007 年，意大利政府成立了限鹽工作組（GIRCSI）。工作組開展的限鹽活動包括：宣傳世界衛生組織和歐盟的限鹽指南、根據各地飲食習慣制定減鹽方案、鼓勵低收入者參與限鹽、研究限鹽對其他疾病（如甲狀腺疾病）的影響、鼓勵企業自發降鹽。2009 年，限鹽工作組召集麵包生產企業簽署協議，倡議在 2 年內將麵包含鹽量降低 15%，並在其後逐步降低肉製品、芝士和罐裝食品的含鹽量。

瑞士

2004 年，瑞士成年男性平均每天吃鹽 10.6 克，成年女性平均每天吃鹽 8.1 克。居民所吃鹽 17% 源於麵包，11% 源於芝士，8% 源於肉製品。瑞士成人高血壓患病率為 26%，60 歲以上人群高血壓患病率超過 50%。2008 年，瑞士聯邦公共衛生辦公室（Federal Office of Public Health）推出食鹽戰略，確立的近期目標是將居民吃鹽量降低到 8 克以下，遠期目標是將居民吃鹽量降低到 5 克以下。聯邦公共衛生辦公室開展的限鹽活動包括：號召企業自發減少用鹽、向居民宣傳高鹽飲食的危害、改進食品標籤內容便於居民選購低鹽食品、研發食鹽替代品和低鹽食品。2013 年雀巢公司宣佈，在 3 年內將所有食品含鹽量降低 10%。根據 2017 年的最新報告，雀巢公司在四年間減少食品用鹽 2,700 噸，相當於將所生產食品含鹽量降低了 10.5%。瑞士屬缺碘缺氟地區，多年前就實施了食鹽加碘和加氟。在開展全民限鹽活動中，瑞士充份考慮到限鹽對補碘和補氟的影響。隨着居民吃鹽減少，適時增加了食鹽碘化和氟化強度。

韓國

2011 年，韓國成人平均每天吃鹽 12.2 克。30 歲以上韓國人高血壓患病率為 28.5%，其中男性為 32.9%，女性為 23.7%。高血壓、中風和冠心病花費佔韓國醫療總支出的 15.1%。韓國食品藥品安全部（MFDS）提出，在 2017 年前使居民吃鹽量由 12.2 克降到 9.9 克，在 2020 年前使居民人均吃鹽量進一步降到 8.9 克。食品藥品安全部開展的限鹽活動包括：推薦大型超市設立低鹽食品專區、鼓勵學術界開展限鹽宣傳、投放限鹽公益廣告、開展減鹽辯論賽、舉辦低鹽烹飪大賽、組織低鹽烹飪培訓、鼓勵企業研發低鹽醃製技術以降低泡菜含鹽、在餐飲業推行「低鹽服務週」。2015 年，韓國食品藥品安全部發起低鹽餐飲倡議（Samsam），鼓勵餐館和食堂每天至少提供一餐低鹽飲食，如一份午餐含鹽量應低於 3.3 克。食品藥品安全部還推出了低鹽示範餐館，組織營養專家為學生設計低鹽校餐，教育和科技部為學生與家長開設了限鹽課程。

阿根廷

阿根廷居民平均每天吃鹽約 12 克，其中麵包貢獻的吃鹽量超過 4 克。2010 年，阿根廷衛生部推出「吃鹽少，壽命長」（Menos Sal Más Vida, Less Salt, More Life）宣傳活動。2011 年，衛生部邀請 41 家企業簽署協議，規劃在四年內將肉製品、芝士和湯料含鹽量降低 5%-18%，將麵包含鹽量降低 25%。2013 年，阿根廷國會通過立法，為麵包、肉製品和湯料等 18 類食品設置了含鹽限值。其中規定，漢堡包含鹽不得超過 850 毫克 /100 克，湯類含鹽不得超過 352 毫克 /100 毫升，包裝食品每份含鹽不得超過 1.3 克（500 毫克鈉），違反規定的企業將被罰款 100 萬比索，並吊銷營業執照五年。同時還規定，餐飲業的營業菜單上必須標註「吃鹽多有害健康」這一警示語。

智利

2006 年，智利居民每天吃鹽約 10 克。成年居民高血壓患病率為 33.7%；45-64 歲人群高血壓患病率高達 53.7%。智利衛生部制定的膳食指南推薦，成人每天吃鹽應少於 5 克。2012 年，智利衛生部推出「選擇健康生活」（Elije Vivir Sano,

Choose Living Healthy）宣傳活動，強調吃鹽多是居民健康的一大威脅。在督導企業實施減鹽時，智利衛生部將重點放在麵包和肉製品上。衛生部先與中小企業簽訂協議，鼓勵他們降低食品含鹽，再將限鹽活動推廣到大企業。智利衛生部特別重視兒童限鹽，推薦 18 歲以下兒童每天吃鹽 3.0-3.8 克，根據年齡和熱量攝入水平而定。智利法律規定，禁止在學校銷售高鹽食品，禁止企業向兒童贈送高鹽食品。在貧困學生食品補助計劃（JUNAEB）中，企業提供的食品含鹽量不得超過限定標準。

南非

2005 年，南非非裔居民每天平均吃鹽 7.8 克，歐裔居民每天平均吃鹽 9.5 克，混血居民平均每天吃鹽 8.5 克。麵包貢獻了 40%-50% 的吃鹽量，這表明南非麵包含鹽量很高。其他對吃鹽量貢獻較大的食品包括肉製品、餅類、奶油、湯類等。2013 年 3 月 18 日，南非衛生部長莫措阿萊迪（Aaron Motsoaledi）簽署法令，全面限制加工食品含鹽量。這一舉措使南非成為全球第一個用法律手段強制降低食品含鹽量的國家。該法律涉及的食品包括麵包、肉製品、穀類早餐、人造奶油、薯片、零食、湯料、方便麵等，這些食品含鹽量必須在 2016 年 6 月之前達到預設標準，南非衛生部將在 2019 年 6 月再次調降食品含鹽量標準。2016 年 6 月之前，麵包含鹽量須降至 1.0 克 /100 克以下；2019 年 6 月之前，進一步降至 0.97 克 /100 克以下。2016 年 6 月之前，每份方便麵（100 克，包括調料包）含鹽量須降至 3.8 克以下；2019 年 6 月之前進一步降至 2.0 克以下。該法令對如何檢測食品含鹽量也進行了詳細規定。

澳洲

2005 年，鹽與健康行動組織（AWASH）的成立標誌着澳洲限鹽活動的開端。2007 年，AWASH 發起澳洲第一個限鹽活動——少用鹽（Drop the Salt!）。「少用鹽」活動包括：游說政府制定減鹽政策、確立減鹽目標、鼓勵企業參與限鹽活動、引導居民建立健康的飲食習慣、推動食品標籤改革、建立吃鹽量監測系統、向居民宣傳高鹽飲食的危害。2010 年，喬治全球健康研究所與保柏集團澳洲公司（BUPA Australia）合作，啟動了食品營養信息智能手機應用程式「食先知」（FoodSwitch smartphone application）。這一手機 APP 納入了澳洲市場銷售的 10,000 種食品營養素含量信息，並進行動態更新；該數據庫還接受眾包（公眾輸入）信息。安裝了 FoodSwitch 的手機，只需掃描食品包裝上的條形碼，立刻就能獲知該食品含鹽量等營養信息，該系統還會將各營養素含量轉換為紅綠燈標識，使消費者能清晰了解鹽含量是否超標，同時提供比該食品更健康的類似食品選項（圖 17）。截至 2016 年，已有超過 150 萬消費者下載了 FoodSwitch。

歐盟

歐洲聯盟，簡稱歐盟（EU），總部位於比利時布魯塞爾，有 28 個成員國（2020 年 12 月 31 日英國正式退出歐盟），總面積 242 萬平方公里，總人口 3.5 億。歐盟各成員國居民吃鹽量差異很大，大部份成員國居民每天吃鹽量在 8-12 克之間。2008 年，塞浦路斯報告的居民吃鹽量為 5 克，而匈牙利報告的男性吃鹽量為 17.5 克，女性為 12.1 克。歐盟國家居民吃鹽量有 75% 源於加工食品，其中麵包、肉製品和芝士是最主要來

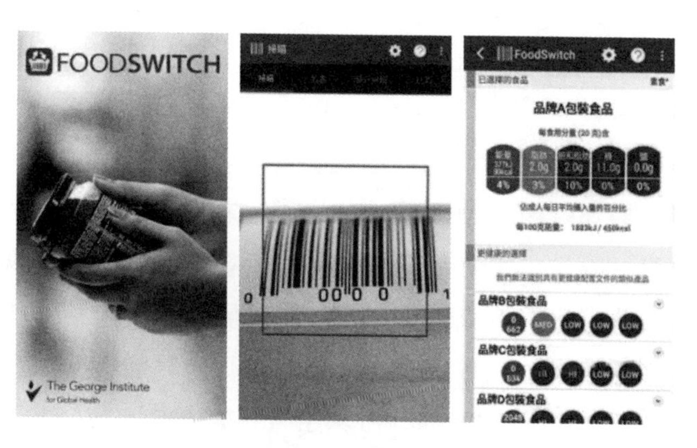

圖 17 食先知 FoodSwitch 手機應用

FoodSwitch 智能手機應用由喬治全球健康研究所開發，其主要用途是幫助消費者選購健康食品。消費者用智能手機掃描食品包裝上的條形碼，就能獲得該食品的各種營養信息，同時將鹽、糖、總脂肪、飽和脂肪酸轉換為紅綠燈警示，使消費者能輕易發現高鹽、高糖、高脂食品，同時還給消費者推薦比該食品更好的選項。消費者也可借助該系統，將自己購買食品的經歷與他人分享。另外，該 APP 可接受消費者輸入的信息（圖片和文字），增加掃描食品的種類。目前該 APP 已在澳洲、新西蘭、印度、南非、英國、美國、中國等國家投入使用。FoodSwitch 的中文名稱為食先知，其中有食先知、鹽先知、能先知三個模塊，分別評估膳食模式、鹽含量和熱量。iOS（蘋果）和 Android（安卓）手機用戶可免費從喬治全球健康研究所網站下載中文版 APP。

源。在世界衛生組織的倡議下，歐盟成立了限鹽行動聯絡組織（ESAN），其任務包括：①聯絡各成員國開展跨國限鹽活動；②發佈限鹽政策，提供限鹽信息，交流限鹽經驗；③研發降鹽新技術；④為成員國提供限鹽技術支持，如設立限鹽目標、評估居民吃鹽量、檢測食品含鹽量、開展公眾對話等。2012 年歐盟發佈的減鹽工作框架表明，限鹽在各國開展得並不順利。其主要原因在於，在降低加工食品含鹽量方面，歐盟各國都採用了比較溫和的政策，即與食品企業和餐飲業協商，簽訂不具約束力的協議：號召企業自發降低食品含鹽量。這種做法往往收效甚微。因此，葡萄牙等國家正在考慮採用立法形式，強制降低加工食品和餐館食品的含鹽量。

WASH

世界鹽與健康行動組織（WASH）成立於 2005 年。WASH 的目標是，降低加工食品含鹽量，減少餐桌鹽，使全球居民平均吃鹽量降至每天 5 克以下。WASH 開展的活動包括：號召跨國公司降低食品含鹽量、支持世界各國政府開展減鹽活動。目前，來自全球 95 個國家的 585 家組織和機構支持 WASH 活動。WASH 的網站（http://www.worldactiononsalt.com）不定期發佈限鹽報告，分析世界各國在限鹽活動中取得的成就和面臨的困難。從 2008 年起，WASH 在每年 3 月初都開展「低鹽宣傳週（World Salt Awareness Week）」，每年提出一個低鹽宣傳主題。2017 年的低鹽宣傳主題是「鹽——被遺忘的殺手（Salt：The Forgotten Killer）」（圖 18）。

國民健康是國家發展的保障，國民智慧是國家創新的源泉。秉持這種治國理念的西方國家，始終將促進國民身心健康放在國家發展的優先方向。目前，全球正式開展限鹽的國家已超過 80 個，荷蘭、丹麥、挪威、冰島、科威特等國開展的限鹽活動也卓有成效。但是，還有很多國家，尤其是廣大發展中國家，並沒有啟動限鹽活動，這些國家的居民往往深受高鹽飲食的危害。

圖 18 世界鹽與健康行動組織 2017 年宣傳減鹽海報

中國的限鹽活動

在五千年的文明發展史中，中華民族形成了豐富多彩的飲食文化和博大精深的養生哲學。飲食文化作為中華文明的重要組成部份，推動了民族進步和國家富強。自古以來，不論是達官顯貴還是布衣百姓都重視飲食，「民以食為天」就是對中國飲食思想的高度概括。

祖國醫學認識到高鹽飲食危害已有五千多年歷史。《黃帝內經》中記載：「多食鹹，則脈凝泣而變色。」吃鹽多會導致血液黏稠和血流緩慢，面色也會因之改變。這一描述説明，在上古時期，沿海產鹽區居民吃鹽已相當多了，否則不會引起血液和面色改變。有關吃鹽多是否有害，中醫曾長期存在爭論。

對中國居民吃鹽狀況的了解始於 INTERSALT 這一大型跨國研究。1985 年，INTERSALT 採用 24 小時尿鈉法，對全球 32 個國家居民吃鹽量進行了檢測。在中國選擇南寧、天津和北京三地徵集受試者。令人驚訝的是，在參與 INTERSALT 研究的 32 個國家 52 個地區中，中國天津居民吃鹽量（每天 14.1 克鹽）高居榜首，天津居民吃鹽量是巴西亞諾瑪米人的三百多倍。1998 年開展的 INTERMAP 研究再次驗證了中國居民的高鹽狀態，在參與研究的 4 個國家 17 個人群中，北京居民吃鹽量（每天 15.9 克鹽）高居榜首。北京居民人均吃鹽量接近英國居民（8.3 克鹽）的兩倍。INTERMAP 還發現，中國北方居民血壓明顯高於南方居民，其原因與北方居民吃鹽多有關。

1989 年，中國營養學會發佈《中國居民膳食指南》，並於 1997、2007 和 2016 年進行了三次修訂。《中國居民膳食指南 2016》再次建議成人每天吃鹽不超過 6 克。值得重視的是，《中國居民膳食指南》所推薦的吃鹽量僅指烹調用鹽，而國際通行的標準是將膳食中所有鈉換算為鹽當量。

2004 年 5 月，第 57 屆世界衛生大會（World Health Assembly, WHA）通過《飲食、身體活動與健康全球戰略》（WHA57.17）。世界衛生組織（WHO）呼籲各成員方政府、國際組織、私營企業和民間團體在全球採取行動，促進飲食健康，加強體育鍛煉。其中減少吃鹽是推動飲食健康的重要一環。中國衛生部響應號召，在部份地區發起了限鹽活動。

2007 年北京市政府推出「健康奧運，健康北京」活動，向市民免費發放限鹽勺，讓居民對烹調用鹽進行量化。2008 年上海市政府推出「健康世博，健康上海」活動，通過郵局和社區向 600 萬家庭免費發放限鹽勺，倡導市民養成「每人每天 6 克鹽」的習慣。2010 年，廣州市推出「健康亞運，健康廣州」活動，為 250 萬家庭發放限鹽勺，宣傳控油限鹽在慢性病預防中的作用。2010 年北京市啟動低鈉鹽推廣活動，鼓勵家庭、餐館和集體食堂使用低鈉鹽，以預防和控制高血壓。

2011 年，衛生部與山東省人民政府聯合啟動減鹽防控高血壓項目（SMASH）。山東省政府下發了《山東省減鹽防控高血壓項目實施方案》。該項目確立的限鹽目標是，到 2015 年使山東居民人均每天烹調用鹽降低到 10 克以下。根據 2002 年開展的全國居民營養調查，中國居民人均每天烹調用鹽為 11.9 克，山東省居民人均每天烹調用鹽為 12.6 克。為了實現減鹽目標，山東省開展了豐富的限鹽活動，推出了專用宣傳圖標（圖 19）。

圖 19 山東省減鹽防控高血壓項目（SMASH）標誌

2014 年，澳洲喬治全球健康研究所在中國啟動低鈉鹽與中風關係研究（China Salt Substitute and Stroke Study, SSaSS）。這是在中國第一次開展大規模食鹽干預，項目首席研究者是北京大學武陽豐教授和悉尼大學布魯斯·尼爾教授（Bruce Neal）。SSaSS 計劃在北方 5 省 10 縣選取 600 個行政村，採用整群隨機對照法，將入選村莊分為兩組，一組通過健康宣教、飲食指導、使用低鈉鹽等措施降低居民吃鹽量；另一組不進行干預。每個村莊預計會有 35 名受試者，參加人數高達 21,000 人。五年後，比較兩組村莊中風發病率和死亡率。該項目旨在評估低鈉高鉀鹽預防中風的效果，目前已在山西省長治市啟動。

為了增強限鹽效果，SSaSS 研究將兒童也列為干預對象。研究人員希望利用這些「小皇帝」、「小公主」在家庭的影響力，讓小學生把在學校獲得的限鹽知識帶回家，向父母宣傳吃鹽多的危害，並向他們傳授減鹽方法。這一策略產生了超乎預想的效果，有的學生回家後將鹽罐隱藏起來，有的則直接將鹽罐打碎，採用這種策略使家庭烹飪用鹽減少了四分之一。這一全新舉措也引起了國際媒體廣泛關注。

根據1992年開展的全國營養調查，西藏居民人均每天鈉攝入高達13,037毫克（相當於33.1克鹽），其中烹調用鹽31.9克，藏族同胞吃鹽明顯超過指南推薦標準，高居全國各省市自治區之首，當時全國城鄉居民人均每天烹調用鹽14.7克。同期開展的高血壓抽樣調查發現，西藏男性居民高血壓患病率為19.5%，居全國各省市自治區之首，當時全國高血壓患病率為11.3%。藏族同胞高鹽飲食可能與高原環境有關，居民蔬菜水果攝入少，醃製食品和發酵食品攝入多。高鹽飲食導致西藏居民高血壓和心腦血管病發病率均較高。2013年開展的中風地域性研究中，西藏中風發病率居各省市自治區之首。為了探索低鈉高鉀鹽在西藏居民中防控高血壓的可行性，喬治全球健康研究所發起了中國替代鹽研究（China Salt Substitute Study, CSSS），以期降低西藏居民心腦血管病發病率。

根據膳食營養調查，中國居民每天烹調用鹽（包括食鹽和醬油含鹽）由1992年的14.7克降到2002年的11.9克，2012年進一步降至10.6克。用烹調用鹽代表整體吃鹽，是因為以往膳食鹽絕大部份源於烹調用鹽。然而，二十年間中國居民膳食結構、就餐地點和飲食習慣已發生顯著改變，膳食鹽來源正在多元化，非烹調用鹽比例逐漸增加。1990年之前，居民吃鹽有84%源於烹調用鹽，其中食鹽佔77.5%，醬油含鹽佔6.5%。按食物鈉含量計算，2012年中國居民人均吃鹽14.5克（5707毫克鈉），其中烹調用鹽佔72.4%，這一比例在城市居民中更低。可見，烹調用鹽已難以代表居民整體吃鹽量了。

2013年，中國食鹽銷量達1,014萬噸；醬油銷量達500萬噸（每100克醬油平均含鈉5.757克，相當於78.8萬噸鹽）；味精銷量達230萬噸（每100克味精含鈉8.16克，相當於

47.7 萬噸鹽）。3 項合計換算為鹽當量 1,141 萬噸。當年全國人口 13.6 億，平均每人每年用鹽 8.38 公斤，相當於每人每天用鹽 23.0 克。

2013 年的調查表明，中國有近 3 億高血壓患者。根據美國和加拿大的經驗，要在人群中將高血壓控制率提升到 60% 以上，每位高血壓患者平均使用的降壓藥物為 2.5 種。目前一線高血壓藥物每月費用約 100 元，每位高血壓患者平均每月支出藥費為 250 元，加上就診、化驗和檢查等費用，每月直接醫療花費在 300 元左右。全國 3 億高血壓患者每年直接醫療費將高達 10,800 億元。2013 年中國各級政府衛生總支出為 9,546 億元，因此，在中國即使將全部衛生支出都用於高血壓治療，也難以保障所需的巨額費用。

2011 年，中國有 671 萬人次因心臟病住院，有 619 萬人次因中風住院。在江蘇南京，心臟病每次住院花費約 3 萬元，中風每次住院花費約 2.5 萬元，若全國以南京水平計，每年因心腦血管病住院的直接費用將高達 3,559 億元。中國目前有 1,300 萬中風和 TIA（短暫腦缺血發作）倖存者，有 700 萬心臟病倖存者。一位心腦血管患者每月維持治療費用大約需要 1,000 元，全國心腦血管病患者維持治療費用每年需 2,400 億元。據此估算，僅心腦血管病每年產生的潛在醫療費用就高達 6,000 億元。

令人擔憂的是，在人口老齡化、都市化、飲食模式西化等諸多因素助推下，中國居民高血壓患病率仍在持續攀升。根據現在的趨勢估算，2025 年中國將有 4 億高血壓患者，2035 年將有 5 億高血壓患者。中風、冠心病和慢性腎病的患病人數也將大幅增加。若不盡早採取應對措施，龐大的患者群體將給社會經濟發展帶來災難性後果。

減鹽對策

食品企業減鹽

從企業角度考慮，佔領市場並獲取最大利潤是其終極目標。加工食品只有不斷優化配方，迎合大眾持續改變的口味，才能贏得消費者青睞，企業才能在激烈的市場競爭中求得生存。中國居民口味普遍偏鹹，鹽在改善食品口味和口感的同時，還能延長保質期，降低儲存和銷售成本。因此，多用鹽是加工食品增強市場競爭力的常用策略。

美國的限鹽經驗表明，部份有「責任感」的企業曾通過改良食品配方以降低含鹽量，但這種努力難以為繼。其原因在於，消費者不久就會發現，低鹽食品沒有高鹽食品口味鮮美，結果導致低鹽食品在市場上乏人問津，這種局面沉重打擊了企業減鹽的積極性。2008 年，在美國食品藥品管理局（FDA）召集的減鹽聽證會上，食品業巨頭聯合利華的代表就曾抱怨：「當我們單方面降低了食品含鹽量後，大批消費者轉而購買其他品牌的高鹽食品，最終受傷害的是我們。因此，除非有一個涉及全行業的統一行動，並設定一個統一標準，讓大家處在同一起跑線上，否則任何公司都無法獨撐減鹽帶來的風險。」

對企業而言，降低食品含鹽還會面臨其他挑戰。當食品含鹽大幅降低後，不但口味和口感下降，而且保質期、安全性和物理特性也會改變。要維持低鹽食品的安全性，往往要加入食鹽替代品或其他添加劑。但是，綠色食品和兒童食品允許使用的添加劑受到嚴格限制，使得在這些食品中減鹽格外困難。因此，在應對減鹽所面臨的挑戰時，企業勢必會大幅增加生產成本，並冒着消費者流失的風險。

鹽的價格低廉，通過減鹽所能節約的成本微乎其微。而另一方面，含鹽量降低後，食品更容易腐敗變質，需要為食品生產、存儲和運輸設立更為嚴苛的條件，這會進一步推高食品售價。在發酵食品（如醬油和豆瓣醬）生產過程中，鹽具有控制發酵深度和抑制生物酶活性的作用，研發食鹽替代品將是一個巨大技術難題。加入替代品和引入新技術的代價遠高於鹽，採用低鹽配方和低鹽技術無疑會增加生產成本，擠壓利潤空間。因此，以利益為驅動的企業不可能自發完成這些變革，除非有外部動力，如消費者認識的改變催生了巨大的低鹽食品市場，或者國家法規強制要求降低食品含鹽量。

從消費者角度出發，選購食品時，首先考慮的是口味，即食品好不好吃，其次才考慮價格和健康效應，所有食品生產商對這一點心知肚明。因此，改善食品口味和口感是佔領市場的最佳營銷策略。減少吃鹽所能帶來的健康效應是非常遙遠的事情，而含鹽減少導致食品口味不佳卻是立刻能感受到的效果。因此，大多數人，尤其是年輕人不太可能因遠期的健康考慮而放棄眼前的美味享受，這種觀念極大阻礙了低鹽食品的普及。

中國食品企業數量多、規模小，地域差異大，缺乏能引領全行業的超大企業，也很少有企業擁有低鹽技術儲備。在這種環境中，即使個別企業想發起減鹽活動，恐怕也難以成功，因為大部份企業，尤其是中小企業根本就缺乏減鹽的動力和實力。在中國當前食品環境中，要想讓減鹽活動取得成效，有必要參考英國的經驗，由國家制定全域目標和長期計劃，由國家食品藥品管理局負責，督導企業和餐飲業開展減鹽。

由國家推動在加工食品中實施減鹽具有一定優勢，其一，可實現加工食品逐步而溫和地降鹽，避免居民因吃鹽驟減而引發副作用，同時又不明顯影響食品口味；其二，能使整個食品行業步調一致，避免某些食品減鹽後其他高鹽食品乘虛而入的被動局面；其三，在開展減鹽活動期間，由國家組織科研機構開展技術攻關，集中解決鹽含量降低所帶來的食品安全問題和口味改善問題；其四，制定逐步減鹽計劃，能夠給企業和餐飲業改進食品配方、引入新工藝和新技術留取時間，也為居民逐漸適應低鹽食品口味贏得時間。

根據西方國家的經驗，對加工食品實施減鹽有兩種策略，其一是明降法，其二是暗降法。**明降法**是通過大眾宣傳，讓消費者充份了解高鹽飲食的危害。同時，在食品外包裝上標註含鹽量，設立高鹽食品警示系統，曝光高鹽食品名單，充份引發消費者的積極性，鼓勵他們選擇低鹽食品，讓高鹽食品在市場難以生存，迫使企業降低食品含鹽。芬蘭在全民限鹽早期曾採用明降法，使居民吃鹽量得以顯著下降。

當前中國市場銷售的加工食品含鹽普遍較高，但大部份消費者對此並不知情。造成這種被動局面的原因在於，很多消費者並不關注食品含鹽，或者不具備辨識高鹽食品的知識和能力。根據西方國家的經驗，在食品外包裝上使用高鹽標識和警示系統，能顯著提高消費者辨別高鹽食品的能力。警示標識不僅使低鹽和高鹽食品一目了然，還能提高居民對高鹽食品危害的警惕性；更重要的是，迫使企業自覺降低食品含鹽量，最終達到全民減鹽的目的。芬蘭的食品高鹽警示系統由民間組織——芬蘭心臟協會（FHA）負責制定和管理。英國的高鹽警示系統由政府機構——食品標準局（FSA）負責制定和管理。

高鹽警示系統也可和其他營養素如總脂肪酸、反式脂肪酸、添加糖、熱量等一起使用，幫助消費者建立健康的飲食模式。一些西方國家制定了食品營養綜合評價系統，對包括鈉（鹽）在內的多種營養素含量進行評價，最後針對每種食品得出一個營養評分，將營養評分與價格標籤擺放在一起，以方便消費者選購健康食品。這些措施會給企業以無形壓力，使企業在改良配方時，不僅僅考慮食品的口味和口感，還注重食品的營養性和健康性。這些食品營養綜合評分系統最初由百事可樂（PEPSI）等大型食品企業發起（Smartspot, 2004），之後迅速普及歐美各國。目前在美國應用較為廣泛的食品營養評分體系包括 NuVal 和 Guiding Stars 等（見第 334-336 頁附錄）。

與明降法相反，**暗降法**在降低含鹽量的同時，並不在食品包裝上警示含鹽量。暗降法的原理在於，當食品中含鹽降幅在 15% 以內，人的味覺往往覺察不到這種變化；經過一段時間，當味覺系統逐漸適應了這種含鹽量稍低的食品後，再次小幅降低含鹽量。這樣就能在不知不覺中減少吃鹽。對於消費者而言，暗降法的好處在於，可在不影響美味享受的情況下減少吃鹽。對企業而言，暗降法的好處在於，可避免明降法導致的市場份額丢失，為食品技術改良贏得時間。暗降法的前提是，必須取得全行業一致行動，否則難以成功。

目前，絕大多數中國食品企業尚未擺脱低價競爭的桎梏，降低成本和改良口味是他們贏得市場的基本對策。大部份企業根本沒有實力和動力考慮食品的營養性與健康性。鹽不僅能改善食品口味，還能掩蓋金屬味和化學異味；食鹽價格低廉，能增加肉類食品重量，提高利潤率。因此，很多食品暢銷的秘訣其實就是提高含鹽量。

考慮到食品企業小而散的特點，中國目前根本不具備開展暗降法的條件。需要在相當長時間裏，由政府主導發起限鹽宣傳，加強含鹽量標示，引入高鹽食品警示系統，通過明降法將加工食品含鹽逐步降下來。當食品企業規模有所擴大，技術革新能力有所提高，消費者對高鹽的危害有所認識後，再考慮實施暗降法。

可以預見，隨着全球性健康意識的增強，未來低鹽食品將大行其道。西方一些高瞻遠矚的食品業巨頭已開始提前佈局，積極開發低鹽食品工藝，研製低鹽食品配方，研發食鹽替代品和鹹味增強劑，探索在低鹽含量下延長食品保質期和保鮮期。一旦低鹽食品市場成熟，這些產品和技術就可迅速切入，讓企業佔領市場，從而獲得高額利潤。在尋找食鹽替代品和增敏劑方面，西方國家也處於領先地位，部份無鈉添加劑已開始用於發酵食品、烘焙食品和乳化食品。

中國應鼓勵企業與科研院所研發食鹽替代品和鹹味增強劑，研製低鹽食品配方，探索低鹽食品的保鮮和防腐技術，進而形成針對未來低鹽食品市場的技術儲備。只有那些為未來做好準備的企業，才能在食品市場發生巨變時，贏得發展良機，也才能打破跨國企業巨頭壟斷高端食品市場的局面。

附錄 1：NuVal 食品營養價值評分系統

近年來，西方一些學術機構和商業公司研發出多種食品營養評分或評級系統，用於輔助消費者選購健康食品。NuVal（http://www.nuval.com）是由耶魯大學格里芬疾病預防中心（Yale-Griffin Prevention Research Center）研發的食品營養評分系統。研發者聲稱 NuVal 評分的依據是美國《營養標示和教育法》（NLEA），同時聲稱所納入的 19 項食品營養特徵與健康密切相關。NuVal 營養評分有兩步，第一步是入選評估，第二步是分值計算。某種食品要入選 NuVal 系統，必須滿足 4 個基本條件。滿足基本條件的食品，根據 19 項營養特徵評定出一個 1-100 之間的營養分。評分越高，該食品的營養價值就越高（表 12）。不符合基本條件的食品屬不健康食品。NuVal 評分系統的優勢在於，納入的營養素種類較多，給出的參考評分範圍較大，可用於比較不同企業生產的同類食品營養價值。截至

表 12 NuVal 評分系統（每 100 克食品）

入選指標	總脂肪含量 ≤13 克 飽和脂肪含量 ≤4 克 膽固醇含量 ≤60 毫克 鈉含量 ≤480 毫克
評分指標	低脂肪：飽和脂肪 ≤1 克，且提供 ≤15% 總熱量；總脂肪 ≤3 克，且膽固醇 <2 毫克 低鹽：鈉含量 ≤140 毫克 膳食纖維含量豐富：膳食纖維含量 ≥10% 每日需求量 蛋白質含量豐富：蛋白質含量 ≥10% 每日需求量 維生素 A 含量豐富：維生素 A 含量 ≥10% 每日需求量 維生素 C 含量豐富：維生素 C 含量 ≥10% 每日需求量 維生素 D 含量豐富：維生素 D 含量 ≥10% 每日需求量 鈣含量豐富：鈣含量 ≥10% 每日需求量 鉀含量豐富：鉀含量 ≥10% 每日需求量 膳食纖維含量極豐富：膳食纖維含量 ≥20% 每日需求量 蛋白質含量極豐富：蛋白質含量 ≥20% 每日需求量 維生素 A 含量極豐富：維生素 A 含量 ≥20% 每日需求量 維生素 C 含量極豐富：維生素 C 含量 ≥20% 每日需求量 維生素 D 含量極豐富：維生素 D 含量 ≥20% 每日需求量 鈣含量極豐富：鈣含量 ≥20% 每日需求量 鉀含量極豐富：鉀含量 ≥20% 每日需求量 符合綠色食品標準 符合無麩質食品標準 熱量 ≤100 卡路里

資料來源：NuVal, LLC. NuVal Attribute Criteria. http://www.nuval.com/docs/AttributeCriteria.pdf

2014年，美國已有27家大型連鎖超市使用了NuVal評分系統。開發者只給出NuVal評分的19項營養素條目，但對於如何計算評分卻嚴格保密，評分系統的不透明也招致了學術界和民間對該系統的批評。

附錄2：Guiding Stars 食品營養價值評分系統

Guiding Stars 是由漢納福德兄弟連鎖超市（Hannaford Brothers Supermarket Chain）研發的食品營養評估系統。Guiding Stars 依據各種營養素含量，分別給食品以0星、1星、2星和3星標識。1星表示該食品營養價值高，2星表示該食品營養價值更高，3星表示該食品營養價值最高，0星表示該食品營養價值沒有達標。在北美地區，Guiding Stars 不僅被廣泛用於超市、食品店，而且還被引入學校、醫院和機構食堂，對非包裝食品營養價值進行評價。Guiding Stars 設置了網上查詢系統（http://food.guidingstars.com），消費者輸入食品名稱就能查詢到該食品的星級評定。最近，澳洲也引入了Guiding Stars 系統。這類營養素評分或評級系統並不標示在食品外包裝上，而是擺在超市價格標籤旁邊，因此稱為貨架營養評估系統。在食品外包裝上也可能有營養素含量的警示或分級標示，稱為營養標籤評估系統。貨架評估系統和營養標籤評估系統所採用的標準和方法各不相同，有時會導致消費者困惑。學術界對於哪種評估系統更合理也存在爭論，這些評估系統能從多大程度上幫助消費者選購健康食品也存在疑問。因此，有必要由行政機構對各種評分系統進行規範，制定相關標準，然後再向市場推廣。

超市裏減鹽

超市是城市居民採購食品的主要場所。隨着農業生產集約化水平不斷提高，越來越多的農村居民也從超市或農貿市場採購食品。影響食品選購的因素包括口味、價格、習慣、營養、加工難易度等。遺憾的是，目前還很少有居民將含鹽量作為考量因素。

在超市裏只要稍加留意就會發現，不同企業生產的同類食品含鹽量可相差 10 倍甚至 100 倍之多。因此，在超市選購食品時，把握一些基本原則就可大幅降低個人和家庭吃鹽量。美國專家建議，將某種食品一餐量含鹽（鈉）作為判斷高鹽食品的標準。這一策略不僅考慮到食品的含鹽量，還考慮到食品的食用量。有些食品儘管含鹽很高，但每餐食用量很小，對吃鹽量的影響其實並不大。例如，每 100 克紫菜含鈉 711 毫克（相當於 1.8 克鹽），每 100 克麵包含鈉 311 毫克（相當於 0.79 克鹽，以良品舖子手撕麵包為例）。雖然紫菜含鹽量遠高於麵包，但紫菜每餐食用只有 5 克左右，而麵包每餐食用量約為 150 克。一餐因紫菜攝入鹽 0.04 克，基本可忽略不計；一餐經麵包攝入鹽可高達 2.37 克。由此可見，單用含鹽量判斷是否為高鹽食品會出現明顯偏差。

一般認為，某種食品一餐量含鹽超過 1 克（或含鈉量超過 400 毫克）就可認定為高鹽食品。根據這一標準，上述麵包為高鹽食品，而紫菜遠非高鹽食品。紫菜除了含鹽，還含有豐富的氨基酸，而且其中的穀氨酸還能發揮增味效應，若烹飪時使用得當，還能發揮減鹽作用。包裝食品的含鹽量可從食品標籤上的鈉含量計算而知。

1906 年，美國國會通過《食藥法》（Food and Drugs Act），禁止銷售假冒偽劣食品和藥品。1937 年，美國爆發磺胺酏劑（Elixir）事件，促使國會通過了《食品、藥品和化妝品法》（Food, Drug, and Cosmetic Act）。該法授權食品藥品管理局（FDA）負責食品和藥品上市前的安全評估及上市後的監管。1958 年，美國國會通過《食品添加劑修正案》（Food Additives Amendment），規定加工食品必須標示所有添加劑，對於新引進添加劑必須提供安全證據。

在 1969 年召開的白宮營養大會上，FDA 提出了食品營養標籤的最初概念，鼓勵生產商在食品包裝上標示營養素含量，使消費者能根據營養素含量規劃飲食，這一提議標誌着食品營養標籤的開端。1972 年，FDA 出台法規，對食品營養標籤的內容和格式進行了規範。1990 年，老布殊總統簽署《營養標示和教育法》（Nutrition Labeling and Education Act）。該法律強調，政府部門不僅應確保營養標籤的規範性和普及性，還負有教育消費者的責任，使他們學會利用營養標籤選購健康食品。2015 年，在時任第一夫人米歇爾・奧巴馬推動下，美國 FDA 更新了食品營養標籤內容和格式，便於消費者利用營養標籤選購健康食品。

中國目前尚未頒佈《食品標籤法》。2007 年，國家質量監督檢驗檢疫總局發佈《食品標識管理規定》，要求食品標籤內容應包括：食品名稱、配料表、淨含量、規格、生產者、聯繫地址和方式、生產日期、保質期、貯存條件、食品生產許可證編號、產品標準代碼等。2008 年國家衛生部發佈《食品營養標籤管理規範》，並先後制定了《預包裝食品標籤通則》（GB-7718）、《預包裝食品營養標籤通則》（GB-28050）等國家標準。《預包裝食品營養標籤通則》推薦在食品上標示 37 種營養素含量，其中熱量、蛋白質、碳水化合物、脂肪和鈉等 5 種營養素屬強制標示內容。酒精含量 ≥0.5% 的食品（如料酒）、現做現售食品、生鮮食品屬於豁免範圍。

中國《預包裝食品營養標籤通則》規定，熱量、蛋白質、碳水化合物、脂肪和鈉等 5 種營養素屬強制標示內容，一般稱為 1 ＋ 4，即熱量加 4 種營養素。《預包裝食品營養標籤通則》參考了國際食品法典委員會（CAC, Codex Alimentarius Commission）標準，世界上多數國家都沿用這一標準，因此，學會讀懂食品營養標籤，即使在國外或境外採購食品也同樣有用，只不過西方國家強制標示的內容更多。目前，中國大陸強制標示的營養內容為 1 ＋ 4 項，中國台灣地區為 1 ＋ 6 項，中國香港地區為 1 ＋ 7 項，新加坡為 1 ＋ 8 項，加拿大為 1 ＋ 13 項，美國為 1 ＋ 14 項。

食品包裝上標有食品營養素含量信息的規範性表格稱為營養成份表。如表 13 所示，典型營養成份表由 3 列 5 行組成，從左到右分別為營養素名稱、營養素含量和營養素參考值百分比；從上到下依次為能量、蛋白質、脂肪、碳水化合物和鈉，其間也可能列出其他非強制標示的營養素。在計算各營養素含量時，固體食品以每 100 克（g）計，液體食品以每 100 毫升（ml）計，也允許以每餐量為單位標示營養素含量。食品熱量值以千焦（kJ）或卡路里（kcal）計，蛋白質、脂肪、碳水化合物含量以克（g）計，鈉含量以毫克（mg）計。

表 13 營養成份表（一種全麥麵包）

項目 Items	每 100 克 Per 100g	營養素參考值 % NRV
能量 Energy	1068 千焦	13%
蛋白質 Protein	9.9 克	17%
脂肪 Fat	4.4 克	7%
碳水化合物 Carbohydrates	42.1 克	14%
鈉 Sodium	495 毫克	25%

以某種全麥麵包的營養標籤為例（表 13），這種全麥麵包每 100 克含熱量 1,068 千焦，相當於每日參考攝入量（8400 千焦）的 13%；含蛋白質 9.9 克，相當於每日參考攝入量（60 克）的 17%；含脂肪 4.4 克，相當於每日參考攝入量（60 克）的 7%；含碳水化合物 42.1 克，相當於每日參考攝入量（300 克）的 14%；含鈉 495 毫克，相當於每日參考攝入量（2000 毫克）的 25%。

在《預包裝食品營養標籤通則》中，為 32 種常規營養素設定了每日攝入量參考值。營養素參考值百分比（NRV%, nutrient reference values）是指，每 100 克或每 100 毫升食品某種營養素含量佔每日參考攝入量的百分比。

中國《預包裝食品營養標籤通則》規定，包裝食品上應強制標示鈉含量。這裏的鈉含量是指食品中所有形式的鈉，既包括以食鹽形式存在的鈉，也包括以碳酸鈉、穀氨酸鈉、亞硝酸鈉、磷酸二氫鈉等其他化合物形式存在的鈉。因此，食品含鈉量高於加工過程中所加鹽的含鈉量。

在標示各營養素含量時，固體食品以每 100 克（g）計，液體食品以每 100 毫升（ml）計。由於每餐或每份食品往往不是 100 克或 100 毫升，要了解自己一次吃了多少鹽，還要依據每份或每餐食品的量，計算含鹽（鈉）量。計算方法是：食物含鈉量（毫克 /100 克）× 每份食物質量（克或毫升）÷100，所得結果為每份食物含鈉量（毫克），該數值再乘以 0.00254 就是每份食物含鹽量（克）。為了避免這一計算問題，英國和美國均鼓勵企業在標示每 100 克食品營養素含量的同時，標示每份或每餐食品的營養素含量。

營養聲稱是指食品營養標籤上對食物營養特性的描述和説明，包括營養素含量聲稱、營養素比較聲稱和營養素功能聲稱。在包裝食品上標註營養聲稱的好處在於，一方面可方便消費者選擇適合自己的健康食品，另一方面可激勵生產商推出更多健康食品。各國對營養聲稱都制定了嚴格標準，以避免虛假標示或無序標示。中國《預包裝食品營養標籤通則》規定，有關鈉的功能聲稱有以下三條：

- 鈉能調節機體水份，維持酸鹼平衡
- 成人每日食鹽的攝入量不宜超過 6 克
- 鈉攝入過高有害健康

後兩條聲稱提醒消費者，多吃鹽有害健康，應降低吃鹽量，這兩條聲稱適用於低鹽（鈉）食品。第一條聲稱提示消費者，鈉攝入不足會導致人體水和酸鹼平衡失調。在現代飲食環境中，很少有人因吃鹽不足而導致血容量不足和酸鹼失衡，更少有人用加工食品去補鈉。因此，第一條聲稱幾乎沒有適用性。恐怕也很少有生產商願意在食品上標註這種聲稱，因為這一聲稱提示該食品為高鹽食品，鼓勵消費者增加鹽攝入。

除了鈉含量，還可利用食品外包裝上的各種營養聲稱選購低鹽食品（表 14）。中國《預包裝食品營養標籤通則》（GB28050-2011）規定，每 100 克（毫升）食品含鈉量 ≤5 毫克時，可標示「無鈉」、「不含鈉」、「無鹽」、「不含鹽」聲稱；每 100 克（毫升）食品鈉含量 ≤40 毫克時，可以標示「極低鈉」、「極低鹽」聲稱；每 100 克（毫升）食品鈉含量 ≤120 毫克時，可以標示「低鈉」、「低鹽」聲稱；食品含鈉量比參考食品低 25% 以上時，可標示「降鈉」、「減鈉」、「降鹽」、「減鹽」聲稱。

有些食品達不到低鹽或減鹽標準，生產商為了用低鹽含量誘惑消費者，在食品包裝上標示「薄鹽」、「稀鹽」、「少鹽」、「淡鹽」、「寡鹽」等聲稱。經過計算含鹽量後發現，標示這些不規範聲稱的食品大多並非低鹽食品。消費者應根據食品營養標籤上的鈉含量予以辨識，同時抵制這些虛假聲稱。有關部門在制定或修訂相關標準時，應考慮到這些情況，避免不良商業行為誤導消費者。對於發酵食品，有些商家在包裝上標示「低鹽發酵」、「低鹽固態發酵」，消費者也應注意，「低鹽發酵」並不等同低鹽含量。

表 14 包裝食品鈉含量聲稱標準

聲稱	中國標準每 100 克（毫升）鈉含量	美國標準 # 每 100 克（毫升）鈉含量
無鈉	≤5 毫克	<5 毫克
不含鈉	≤5 毫克	<5 毫克
無鹽	≤5 毫克	<5 毫克
不含鹽	≤5 毫克	<5 毫克
極低鈉	≤40 毫克	≤35 毫克
極低鹽	≤40 毫克	≤35 毫克
低鈉	≤120 毫克	≤140 毫克
低鹽	≤120 毫克	≤140 毫克
降鈉	比參考食品含鈉低 25% 以上 *	比參考食品含鈉低 25% 以上
減鈉	比參考食品含鈉低 25% 以上	比參考食品含鈉低 25% 以上
降鹽	比參考食品含鈉低 25% 以上	比參考食品含鈉低 25% 以上
減鹽	比參考食品含鈉低 25% 以上	比參考食品含鈉低 25% 以上

① * 參考食品含鈉量是指市場上該類食品含鈉量的平均值。

② # 美國 FDA 制定的無鹽、極低鹽、低鹽、降鹽聲稱還設置了其他條件。

③ 食品包裝上標示「薄鹽」、「稀鹽」、「少鹽」、「淡鹽」、「寡鹽」等聲稱並無國家標準，消費者應根據營養標籤上鈉含量進行識別，避免被這種不規範聲稱所誤導。

數據來源：中國《預包裝食品營養標籤通則》（GB28050-2011）；US FOOD AND DRUG ADMINISTRATION. CFR-Code of Federal Regulations Title 21. PART 101 FOOD LABELING. Subpart D-Specific Requirements for Nutrient Content Claims. Available at: https://www.accessdata.fda.gov/scripts/cdrh/cfdocs/cfcfr/CFRSearch.cfm?CFRPart=101&showFR=1&subpartNode=21:2.0.1.1.2.4.

廚房裏減鹽

在中國傳統家庭，一般由主婦司廚負責全家伙食。在這種模式下，家庭主婦的口味喜好決定着全家人的膳食結構，也主導着家庭成員的吃鹽量。在社區高血壓調查時發現，一個家庭多人患高血壓的情況相當普遍。有些人將這種現象歸因於遺傳，殊不知高鹽飲食是多數家庭高血壓集中發病的根源，這種現象可稱為一鍋飯效應。因此，在廚房裏限鹽尤其重要，一般可採取如下措施。

1. 清洗

蔬菜在烹飪前需清洗。短時間浸泡和洗滌不改變蔬菜的營養成份，但將蔬菜切碎後清洗，可溶性營養素（鉀、多種維生素、微量元素等）會大量流失，因此蔬菜和水果應在未切時清洗。為了清除殘餘農藥或殺滅細菌、寄生蟲，有的居民喜歡用鹽水或蘇打水浸泡蔬菜水果，這時更應保持蔬菜水果的完整性，避免鹽（鈉）滲入其中。相反，對於各種醃菜、醃肉和鹹魚，清洗能降低含鹽。對於大塊鹹菜，切絲或切塊後再行漂洗，脫鹽效果更明顯。對於含鹽極高的火腿，採用由高到低的梯級濃度鹽水漂洗，可明顯降低含鹽量。

2. 切菜

蔬菜和水果都是由植物細胞構成。細胞就像一個個密封的小房子，細胞膜如同房子的牆壁，能防止細胞內外物質自由進出，使蔬菜和水果中的營養素不致流失。切菜會破壞這些細胞結構，蔬菜切得越細碎，細胞結構破壞就越徹底，營養素流失就越多，烹飪時鹽也更容易滲入蔬菜內部。因此，蔬菜不宜切得過於細小。如有可能，在烹飪後切塊可減少營養素流失，也能減少鹽滲入。

3. 加熱

在加熱烹飪過程中，蔬菜內的細胞結構會逐漸破壞。細胞內高濃度鉀會流失到湯汁中，同時湯汁中的鹽（鈉）會滲入到蔬菜內部。因此，烹飪時間越長，加熱溫度越高，滲入蔬菜內的鹽就越多。相反，涼拌菜或生吃水果最能保持結構完整，鉀和可溶性營養素流失少，所加鹽主要分佈在蔬菜表面和湯汁中，能夠減少吃鹽。

4. 烹飪方式

中國傳統廚藝有幾十種烹飪方式，家庭廚房中常用的烹飪法包括蒸、煮、煎、炒、炸、燉、烤、醃等。採用不同方法烹製同一食材，用鹽量差異很大。根據曹可珂等學者在廣州、上海和北京三地餐館開展的調查，採用鹵、醃、燴、烙等方法烹製食物含鹽較多；採用蒸、煮、烤、炸等方法烹製食物含鹽較少。蒸煮雞蛋、番薯、薯仔、玉米棒、荸薺（馬蹄）、山藥、胡蘿蔔等天然食物一般很少加鹽。肉食和蔬菜常採用炒、燉、燴等方法烹製，需加入一定量鹽，燉菜或燴菜由於加熱時間長，鹽進入食物內部較多，用鹽也較多。包子和餃子中的鹽主要在內餡中，進食時首先與味蕾接觸的是含鹽少的麵皮，因此內餡加鹽很多才能吃出鹹味。另外，由於麵皮中含鹽少，吃包子和餃子時還需蘸料，這會進一步增加吃鹽量。

5. 加鹽時機

烹飪時鹽會滲入食物內部，這個過程需要一段時間。如果晚加鹽，鹽就來不及滲入食物內部，而較多分佈在食物表面；進餐時食物表面的鹽先與舌尖上的味蕾接觸，即使用鹽少也能突出鹹味，這樣就能減少用鹽。這一原則不僅適用於蔬菜和肉食，也適用於各種麵食。

6. 加鹽量

烹飪時加鹽多少是影響家庭成員吃鹽量的關鍵。大部份居民採用經驗法加鹽，也有一些居民採用品嘗法加鹽，極少有居民採用定量法加鹽。經驗法是根據以往烹飪經驗，或憑感覺決定加鹽量。經驗法帶有很大隨意性，不易把握加鹽量，容易導致加鹽過量。品嘗法是先放一定量的鹽，品嘗後再根據飯菜味道決定是否補充加鹽，最終只有兩種結果，要麼鹽量適中，要麼鹽量過多。定量法是根據菜譜或目標吃鹽量決定加鹽量。定量法的優點在於，能把握用鹽多少，控制總體吃鹽量，是最為科學的加鹽方法。

（1）養成定量加鹽的習慣。

參觀過德國家庭廚房的人，無不驚嘆於西方人的精準。在德國家庭廚房中有三樣必不可少的用具：計時器、溫度計和天平秤。計時器用於掌握烹飪時間，溫度計用於控制加熱溫度，天平秤用於稱取食材和調味品。一些中國人嘲笑德國人的迂腐，殊不知這種精準不僅是為了追求美味，更是出於對家庭成員健康的負責。所以，很多西方人離開菜譜就不會做飯，並非他們不善於創造，實在是因為他們對自己所吃東西太過小心。這也是西方人學不會中國菜的主要原因，他們太重視標準和規矩，學不來憑感覺做事。

（2）選擇合適的加鹽用具。

中國家庭使用的加鹽用具五花八門，有勺子、筷子、鏟子、竹板、鹽罐、開放鹽瓶、篩孔鹽瓶、竹筒、鹽袋等，還有居民不用工具，直接用手抓取食鹽。有些方法若控制不好，會導致用鹽極度超量。例如，用鹽袋、鹽罐、開放鹽瓶或竹筒傾倒加鹽，若控制不好，會失手將大量食鹽傾倒入鍋，由於鹽遇水後很快溶化，這時再想去除多加的鹽已非易事。手抓法憑手指感覺判斷用鹽多少，也容易導致加鹽過量。比較準確的加鹽方法是採用定量小勺。中國衛生和計生委在健康宣傳中，曾推薦居民使用限鹽勺和限鹽罐。早期限鹽勺有兩種，容量分別為 6 克和 2 克。在實際應用中發現，這兩種限鹽勺作用有限，因為不可能將一日用鹽（6 克）或一餐用鹽（2 克）加入一道菜裏。後來，有企業推出了更小容量的限鹽勺，如 0.2 克、0.5 克和 1 克等。針對醬油等高鹽調味品，也有企業開發出類似定量小勺。在應用限鹽勺時應注意，不同鹽堆積密度不同，一小勺鹽的重量可能差異較大，應根據鹽的種類酌情增減。在山東省開展的研究發現，限鹽勺和限鹽罐能降低吃鹽量。另一種定量加鹽用具是帶孔鹽瓶。這種鹽瓶只有一個或數個小孔，每次搖晃所撒落的鹽很少，不會因失手而加鹽過量。有研究者用標準鹽瓶進行測試發現，每搖晃一次撒落的鹽約為 45 毫克（0.045 克），可見非常精準。儘管加鹽可能會花一點時間，但烹飪者能根據鹽瓶搖晃次數，準確估算加了多少鹽。

（3）制定減鹽目標。

飯菜加鹽量可參考菜譜，也可根據目標吃鹽量進行分解。遺憾的是，國內出版的各式菜譜大部份並未註明具體用鹽量，而只是標註鹽小量、鹽少許、鹽適量。有些菜譜雖然註明了用鹽量，但是用量可能明顯偏高，甚至一些標榜為高血壓飲食指導的健康書籍，所列菜譜用鹽量也明顯偏高，若依此限鹽會適得其反。因此，最好的方法是對目標吃鹽量進行分解，然後決定用鹽量。具體做法是，先制定每人每天吃鹽量的目標值，再根據在家就餐的人數，計算每日飯菜可添加的鹽量，並分配到不同飯菜中。例如，每人每天目標吃鹽量 10 克（大多數中國人難以將烹飪用鹽一下由 12 克降到 6 克，不妨先設定為 10 克，過一段時間再調降目標），其三餐分佈為早餐 2.5 克、午餐 4 克、晚餐 3.5 克。若家庭中有 3 人進餐，則早餐可用鹽 7.5 克，午餐可用鹽 12 克，晚餐可用鹽 10.5 克。對一般家庭而言，晚餐可能包括 1 個葷菜、2 個素菜和 1 個湯。將用鹽量分配為：葷菜 2.5 克，素菜 2.0 克，湯 1.5 克，共加鹽 8.0 克；所加其他調味品如醬油、味精、雞精、醋等含鹽約 2.5 克。全家晚餐共計加鹽 10.5 克，人均 3.5 克。需要強調的是，這種方法並沒有計入食材和加工食品本身含鹽，也沒有計入零食和間餐的含鹽。

（4）把握家庭用鹽的長期趨勢。

中國居民飲食龐雜，用鹽量隨季節和食物構成波動較大。因此，僅計算一天用鹽難以反映家庭長期吃鹽狀況。可採用計鹽法評估一段時間（如數月到一年）用鹽量，了解不同時期吃鹽量是否有升降。應當注意的是，計鹽法所評估僅限烹調用鹽，在城市居民中只相當於吃鹽總量的 70% 左右。

7. 加水

炒菜時，如果有可能，可以加小量水。加水後，添加的鹽會溶解在湯汁中。因為大多數情況下不會食用湯汁，這樣就減少了吃鹽量，但加水的缺點是，會使飯菜味道變淡，因此不宜加水太多。在做麵食時，也可採用這種方法，但前提是吃完麵條後不喝湯汁，其中溶解了較多鹽。

8. 勾芡

烹製菜餚時加入芡粉稱為勾芡。勾芡的目的是增加湯汁黏稠度，使調味料容易黏附在食材表面。芡粉加熱後會發生糊化反應，成為透明的半液狀膠體，使菜餚色澤光亮誘人。膠樣芡糊緊包食材，可防止食材中水份和營養素外滲，使菜餚爽滑鮮嫩，形體飽滿而不易散碎；膠樣芡糊還能讓鹽和其他調料黏附在食材表面，使味道更突出。因此，芡粉使用得當有可能減少用鹽。但是，加入芡粉過多，就會在食材表面形成半固體狀膠凍。膠凍中的鹽不易溶解，不能被舌尖上的味蕾感知，菜餚味道就會明顯變淡，反而增加用鹽量。從限鹽角度考慮，烹製菜餚時不宜勾芡太多。

9. 天然調味品

葱、薑、蒜、辣椒、花椒、胡椒、咖喱、孜然、茴香、芥末等天然調味品能產生獨特味道。菜餚中加入這些調味品，不僅可提升口味，還能降低用鹽量。洋葱、韭菜、番茄、芹菜、香菜（芫荽）、青椒、苦瓜等蔬菜也具有特殊味道，烹製這些蔬菜時可減少用鹽。在西餐中，常使用檸檬汁、番茄汁、蘋果汁等作為調味品，以增強菜餚味道，果汁應用得當同樣能減少用鹽。

10. 加糖

家庭廚房用的蔗糖、冰糖和蜂蜜一般不含鹽，或者含鹽（鈉）極低。食物中加入糖會掩蓋鹹味，明顯增加用鹽量。在江浙部份地區，居民喜歡給飯菜中加糖或蜂蜜，使味道更香甜。但是，從限鹽角度考慮，糖和鹽最好不要同時加入飯菜。若要同時加，也應嚴格控制用鹽量。

11. 料酒

料酒含有15%左右的酒精，還含有鹽、多種氨基酸、酯類、醛類等成份。烹製菜餚時，加入料酒可去腥、增香。市場銷售的料酒含鹽極低，一般不超過0.5%（每100毫升含鹽0.5克），每道菜餚用料酒大約為10毫升，其中含鹽不會超過0.05克。這樣看來，來自料酒的鹽基本可忽略不計。

12. 嫩肉粉

嫩肉粉能使肉變得軟嫩可口，其主要成份是從番木瓜中提取的木瓜蛋白酶。木瓜蛋白酶能將結締組織、肌肉組織中的膠原蛋白及彈性蛋白降解，使部份氨基酸之間的連接鍵斷裂，從而使肉食變得軟嫩多汁。加入嫩肉粉後，由於細胞和組織結構破壞，鹽更容易滲入肉食內部。天然嫩肉粉含鈉很低，但為了增強嫩肉效果，延長嫩肉粉的保質期，市場銷售的嫩肉粉會加入亞硝酸鈉。因此，烹飪時應控制嫩肉粉的用量。

餐桌上減鹽

飯菜上了餐桌，並不意味着限鹽任務的完成，餐桌上的習慣也會影響吃鹽量。掌握一些營養知識，學會一些限鹽技巧，養成良好的就餐習慣，糾正不良的飲食偏好，不僅有利於降低吃鹽量，也有利於維持膳食營養均衡。

餐桌上加鹽

在介紹減鹽對策時，曾有專家建議將家庭餐桌上的鹽瓶或鹽罐拿走，因為沒有機會加鹽，就餐時就會減少吃鹽。然而這種建議並不被相關研究所支持。美國賓夕法尼亞大學開展的研究表明，在做飯時不加鹽或少加鹽，然後在餐桌上讓進餐者自行加鹽，可將吃鹽量大幅降低 30%。在英國食品研究所〔Institute of Food Research, 2017 年更名為誇德拉姆研究所（Quadram Institute）〕開展的研究中，將受試者分為兩組，一組接受常規飲食，另一組接受無鹽飲食。無鹽飲食一餐中天然含鹽約 0.46 克。進餐前告訴所有受試者可依據口味自行加鹽。結果發現，接受無鹽飲食的受試者僅添加了相當於常規飯菜 22% 的鹽，吃鹽量大幅降低。在分析上述結果時，研究者認為，餐桌鹽之所以能降低吃鹽量，主要是因為餐桌上所加的鹽更多停留在食物表面，所產生的鹹味更強烈；而烹飪時所加鹽更多地滲入到食物內部，所產生的鹹味較微弱。

西方國家在開展限鹽活動初期，也曾建議將餐桌上的鹽瓶拿走，使進餐者在餐桌上無法加鹽。上述研究結果發表後，現在已不再強調在餐桌上少加鹽。日本學者建議，如果有可能，最好在飯菜做好甚至上桌後再加鹽。很多飯菜都適合在餐桌上加鹽，或者烹飪時少加鹽，在餐桌上再根據各人口味補充小量鹽。在餐桌上加鹽的另一好處是，在家庭就餐環境中，餐桌上加鹽避免了一人喜鹹、全家多吃鹽的狀況，尤其當烹飪者口味較重時。

INTERMAP 研究發現，中國居民餐桌用鹽佔總吃鹽量不超過 3%。因此，即使將餐桌鹽減少一半，總吃鹽量也只能降低 1.5%（約 0.18 克），其作用微乎其微。相反，如果鼓勵在烹飪時不加鹽或少加鹽，等飯菜上桌後再依據個人口味適當加鹽，則可能大幅降低吃鹽量。當然，由於鹽在烹飪中的作用不僅僅限於產生鹹味，並非所有飯菜都適合在餐桌上加鹽。

麵食湯汁或鹵汁中往往含高濃度鹽。在家庭調配湯汁或鹵汁時，也可不加鹽或少加鹽，讓用餐者在餐桌上依據口味加鹽。這樣不僅能實現吃鹽量個體化，還能減少鹽向麵條內部滲入，增強鹹味，減少吃鹽。當然，鹵汁也最好在臨吃前添加。湯類、涮鍋、涼拌菜、燴菜和燒烤類食物，都可採用這種方法減少用鹽。

鹽瓶上的孔

歐美國家餐桌上一般會放置兩個小瓶，一個孔多，一個孔少（一般是單孔）。多孔瓶用於放置胡椒粉，單孔瓶用於放置食鹽。兩小瓶外形完全一樣，孔多孔少用於區分調味品。在歐洲個別地區，單孔瓶用於放置胡椒粉，多孔瓶用於放置食鹽。當然，也有在小瓶上直接標註名稱或字母（S 代表鹽，P 代表胡椒粉）。使用時將小瓶倒置過來上下搖晃，鹽或胡椒粉就會傾撒在食物上，因此西方人稱之為搖晃式鹽瓶（salt shaker）。這種帶孔鹽瓶由美國錫匠梅森（John Landis Mason）於 1858 年發明。20 世紀 20 年代，食鹽抗板結劑開始應用後，搖晃式鹽瓶迅速在歐美普及。30 年代，隨着陶瓷工業發展，搖晃式鹽瓶逐漸走向全球。在澳洲開展的研究表明，鹽瓶上孔的大小、位置和多少會影響加鹽量。

筷子的選擇

在傳統中國家庭餐中，食物選擇有兩次機會。第一次選擇在做飯之前，往往由家庭主婦決定吃甚麼飯菜。第二次選擇在餐桌上，由進餐者選擇吃甚麼飯菜，以及各種飯菜所吃的量。第二次選擇也會影響各人吃鹽量，尤其當飯菜種類較多，含鹽差異較大時。第二次選擇在南方以米飯為主食地區更為重要。如果多吃低鹽食物，少吃高鹽食物，就能減少吃鹽量。強調二次選擇對家中患有高血壓或心腦血管病的成員非常重要，也提醒家庭主婦應多準備低鹽飯菜，以實現家庭成員吃鹽個體化。麵食往往和蔬菜、肉類雜燴或包裹在一起，難以在餐桌上進行二次選擇。

控制食量

除了飯菜含鹽量，食用量也會影響吃鹽多少，減少高鹽飯菜的食用量可明顯降低吃鹽量。臊子麵是深受西北居民喜愛的家庭食品，一大碗臊子麵含鹽約 5.0 克，一小碗臊子麵含鹽 3.3 克。將臊子麵食用量由一大碗減為一小碗，吃鹽量就會降低 1.7 克（30%）。在減少高鹽飯菜食用量的同時，可補充豆製品、薯類、蔬菜和水果等低鹽食物。但是，有的人不適合減少食量，如重體力勞動者；有的人不能耐受食量減少，所以要根據個人情況有計劃地控制食量。

大多數人控制食量依據飽脹感，也就是説吃飽為止。飽脹感受很多因素影響，如食物種類、食物口味、進餐時間、各類食物進餐順序、就餐環境、進餐時心情等。因此，依飽脹感控制食量會波動很大。合理的方法是養成定時定量吃飯的習慣。對於主食和輔食均應進行定量，對於體重 65 公斤的人，若日常活動量不大，可將每天主食定為 250 克，其中早餐 50 克、中餐 100 克、晚餐 100 克。控制食量不僅有利於保持體形，預防和控制糖尿病，還能減少吃鹽。有專家建議，將水果、湯類放在正餐前可減少食量。

體重指數（body mass index, BMI）的算法是用體重除以身高平方，其中體重以公斤計，身高以米計。BMI 達到或超過 25 為超重，BMI 達到或超過 30 為肥胖。對於超重或肥胖的人，限制食量既能控制熱量攝入，發揮減肥作用，又能降低吃鹽量。需要強調的是，吃鹽多和肥胖都是高血壓的危險因素，兩者都會增加心臟負擔，因此，胖子吃鹽多危害尤其重。通過制定長期計劃，超重者將食量減少 15%，肥胖者將食量減少 30%（如上述大碗換小碗），就能達到減肥和降鹽雙重目的。對於標準體重者（BMI 在 18.5 到 25 之間），可依據身體情況控制食量；對於體重偏瘦（BMI<18.5）和營養不良者，不宜通過減少食量而降鹽。

不喝飯菜湯汁

減少麵食吃鹽的一個有效方法就是只吃麵不喝湯。一碗牛肉燴麵含鹽約 6.5 克，湯汁中含鹽約佔 40%，不喝湯就可減少吃鹽 2.6 克。包餡麵食（包子、餃子）可減少餡料中的鹽，適當增加蘸料或湯汁中的鹽，也能減少總體吃鹽量。

少吃剩飯菜

剛做好的飯菜，鹽停留在食材表面，吃起來味道鮮美。放置一段時間，鹽就會滲入食材內部，味道就會變淡。很多人都有這樣的體會，中午做的飯菜沒有吃完，到晚上就會變得索然無味，需要再加點鹽。因此，飯菜做好後不宜長時間放置，而應及時食用。另外，食物長時間放置容易滋生微生物，也容易產生亞硝酸鹽。

飯菜反覆加熱也會促使鹽進入食材內部，使口味變淡。在過去，城市上班族往往自帶午餐，早晨甚至前一天晚上做好飯菜，帶到單位加熱後作為午餐，這種做法經濟方便，但可能會增加吃鹽量，飯菜營養價值也會下降。

減少辣椒中的鹽

油潑辣椒是中國家庭餐桌上的必備調味品。鹽和辣椒可協同產生美味效應，增強香味，因此有些家庭製作油潑辣椒時會加入鹽。但從限鹽角度考慮，油潑辣椒中應盡量少加鹽或不加鹽，使進餐者能分開添加鹽和辣椒，有利於精確控制加量鹽，也能避免為了吃辣而增加吃鹽的現象。

餐桌上的減鹽計劃

鹽能帶來美味享受，但減鹽並不意味着放棄美味。根據研究，將含鹽量降低 15%，大多數食物口味並沒有明顯改變。人的味覺系統能逐漸適應低鹽食物，一定時間後還會喜歡上低鹽食物。根據這種機制，可逐步減少家庭吃鹽量，同時不影響美味享受。將家庭成員目標吃鹽量每年降低 15%，在三年內可將吃鹽量由 14 克降低到 8.6 克。中國居民目前吃鹽的主要來源仍然是烹調用鹽和醬油，兩者佔吃鹽量的 70%。通過精心規劃，在家庭內實現減鹽完全是可能的。

餐館裏減鹽

近年來，中國餐飲業飛速發展，居民外出就餐人數和頻次大幅增加，外送快餐呈指數式增長。另一方面，隨着生活節奏加快，女性就業比例增加，城鄉居民花在家庭烹飪上的時間越來越少，家庭外餐已成為居民鹽攝入的重要來源。因此，制定限鹽計劃時不應忽視餐館中的鹽。

規劃外出就餐

家庭食物中的鹽是自己添加的，餐館食物中的鹽是別人添加的。在外就餐的一個缺點就是自己無法掌控吃鹽。為了招攬顧客，餐館食物須迎合大眾口味，降低成本，加快備餐速度，減少食材浪費，這些目的往往能通過多加鹽而實現。鹽能顯著改善口味，掩蓋食物中的異味和苦味；加鹽後，很多食材（如麵糰）會變得更易操作，食物保質期和保鮮期會明顯延長，殘剩食物也不易腐敗。這些特點導致餐館食物含鹽明顯高於家庭食物。根據調查，餐館食物含鹽量是同類家庭食物 1.5 倍以上。因此，從限鹽角度考慮，應對個人和家庭外出就餐頻次進行規劃。如有可能，每週外出就餐次數應控制在四次（包括早餐）以內，這樣就能將家庭外吃鹽量控制在 20% 以內。

選擇就餐地點

中國飲食文化源遠流長，形成了多種餐飲經營模式，從路邊攤到主題餐廳，從簡易的露天大排檔到環境優雅的西餐廳，從百年老字號到新興自助餐，從地方小吃到各大菜系為主的大飯店。另外，還有早茶、夜市、燒烤、農家樂、酒吧、外賣等模式。中國居民選擇外出就餐地點常考慮的因素包括：口味、價格、食品安全和衛生、就餐環境、便捷性（遠近）、服務、習慣等，但目前還很少有居民將控制吃鹽作為一個考慮因素。

①**飯店和酒店**：大型飯店往往以某種或幾種菜系為主。在八大菜系中，魯菜以崇尚鹹鮮為特色，川菜以麻辣為特色，湘菜以香辣為特色。相對而言，浙菜、粵菜、閩菜較為清淡，含鹽量稍低。居民也可根據就餐經歷或比較，選擇口味清淡的就餐地點。飯店和酒店就餐的缺點是費用偏高，優點是食品安全和衛生相對有保障，還有機會向廚師提出減鹽要求。

②**餐館**：餐館提供的食物種類龐雜，飯菜烹製沒有固定流程和標準，加鹽量隨意性較大。大多數餐館經營多種菜餚或主食。一般而言，葷菜（肉菜）含鹽量高於素菜，無糖食物含鹽量高於有糖食物，醃製食物含鹽量高於新鮮食物，煎炒類食物含鹽量高於蒸煮類食物，油炸類食物含鹽量高於水煮類食物。辛辣類食物為了提味，會加入較多鹽；肉類、海鮮和河鮮需靠鹽或醬油掩蓋腥膻味。燒烤類食物會加入多種天然香料，肉類在高溫作用下會產生香味物質，用鹽量往往不多。有些餐館為了加快上菜速度和節約人力，會採用半加工或預加工食材。為了保質和保鮮，這些加工或半加工食材會多加鹽。外出就餐時，可根據這些特點選擇就餐地點，也可結合就餐經歷進行選擇。

③**麵食店**：麵食在加工過程中會加入一定量鹽，進餐時還要加入鹵汁；包餡麵食要配着含鹽蘸料吃，因此，麵食往往比米食吃鹽多。在北方很多城市，各式麵食店遍佈大街小巷。一

般而言，預加工麵食的含鹽量高於手工麵食，包餡麵食含鹽高於麵條，麵食連湯食用時鹽攝入會明顯增加。

④**自助餐**：相對於飯店和餐館，自助餐對食物選擇具有更大自主性，從這一點看，自助餐有利於控制吃鹽。但自助餐的缺點是，由於缺乏控制措施，往往會增加食量，間接增加吃鹽量。最近的研究發現，經常吃自助餐的人更容易出現超重和肥胖。享用自助餐時，通過品嘗和比較可發現並選擇低鹽飯菜，因此一次取食不宜太多。自助餐減鹽的關鍵是要控制食量。

⑤**火鍋店**：火鍋的食材包括牛肉、羊肉、海鮮、河鮮、各種蔬菜、豆製品等，其含鹽量都較低。火鍋底料中含有一定量的鹽，而蘸料含鹽更高。如果自己配製蘸料，應控制高鹽調味品的用量。

⑥**街邊餐攤**：路邊和街邊臨時經營的餐攤，衛生和食品安全難以保證。在一些城市路邊餐攤仍有經營，尤其在早餐和夜宵期間。這些路邊餐攤的優點是方便快捷、價格低廉。但街邊餐的含鹽量無法評估，若非不得已，應盡量避免在這些地方就餐。

點餐

在外就餐時，點餐為選擇低鹽食物提供了一次機會。集體就餐時，點餐者的飲食偏好會決定所有進餐者的吃鹽量。點餐時經常考慮的因素包括：就餐者的喜好、飲食禁忌（是否吃辣，是否吃肉）、價格、搭配、備餐時間等。點餐者應將含鹽量作為點餐的一個考慮，尤其當有兒童、孕婦、老年人、高血壓患者等共餐時。在選擇低鹽食物為主的同時，還應選擇小量中鹽或高鹽食物，這樣能使就餐者根據口味選擇食物，也有利於口味清淡者控制吃鹽量。

給廚師的建議

在酒店、飯店和大部份餐館就餐時，都有機會給廚師或配菜員提出建議，減少鹽和醬油用量。在多人共餐時，可讓廚師給飯菜中盡量少加鹽和醬油，然後將鹽和醬油擺放在餐桌上，由各人根據口味自行添加，很多分餐飯菜，如麵食、湯類、燴菜等都可採取這種措施達到減鹽目的。在飯店和餐館提出這些要求，不僅有利於降低就餐者吃鹽量，還會提醒和督促餐飲從業者推出低鹽飯菜。

進餐

在多人聚餐時，飯菜種類往往較多，而不同飯菜含鹽量差異很大，這就為希望減鹽的人提供了二次選擇的機會。涼菜一般提前烹製，點餐後很快就能上桌。由於要長時間保存，多數涼菜含鹽偏高，尤其是肉類和醃製蔬菜。熱菜因種類、烹製方法不同，含鹽量差異較大。需要強調的是，通過品嘗有時並不能準確判斷飯菜含鹽高低。在各類主食中，包餡類麵食含鹽量偏高，麵條和油炸類麵食次之，饅頭含鹽量較低，白米飯含鹽量基本可忽略不計，但炒米飯中會加入一定量的鹽。湯類食用量較大，即使口味不鹹，也可能攝鹽較多。大部份酒水不含鹽或含鹽極少。配方飲料、可樂、蔬菜果汁等均含低濃度鹽，若非大量飲用，對吃鹽量影響有限。茶水含鹽極低，尤其是綠茶。

餐飲業的責任

餐館食物的含鹽量很大程度上由廚師決定。美國等西方國家規定，在廚師職業培訓和資格認證時，除了食品安全方面的知識，還要講授和考核食品營養方面的知識，包括如何控制烹飪用鹽。儘管這些培訓能否發揮作用值得懷疑，但起碼能讓廚師意識到，你所加的鹽關乎他人健康。中國廚師培訓和餐飲業資格認證還沒有納入限鹽內容。在山東省開展的調查表明，很多廚師根本不知道每日推薦吃鹽量，對高鹽飲食危害毫無認識，對全民控鹽持消極態度。絕大多數廚師憑經驗或靠感覺加鹽，缺乏定量用鹽的意識和技能。廚師和餐飲管理人員應該是全民限鹽教育針對的重點對象。

對於大型連鎖快餐企業來説，菜單條目的定制相對規範和統一。麥當勞、肯德基和必勝客在製作食品過程中，食材的選擇、用量和加工都有標準操作流程（SOP），因此，其食品含鹽量相對恆定。出於法規要求和民眾較強的限鹽意識，麥當勞和肯德基在芬蘭、英國和美國的門店均主動降低了含鹽量。世界衛生組織（WHO）也曾發佈公告，敦促跨國食品公司在世界各國採用統一低鹽標準。但由於宣傳不到位，民眾限鹽意識不強，這些食品業巨頭在中國參與限鹽活動的意願並不高。根據一項國際調查，不同國家銷售的方便麵含鹽量差異很大，在調查的 10 個國家中，中國銷售的方便麵含鹽量最高，説明中國居民對高鹽危害的認識嚴重不足。

餐飲業實施減鹽，必須變更配料，改進加工和儲存方法，這就意味着增加成本；含鹽量降低必然會改變食品口味和口感，這就意味着顧客流失，這是每家餐館都無法容忍的結果。因此，餐館經營者不可能自發降低食品含鹽，除非變革能帶給他們利潤，這一點在美國已充份證實。因此，唯一可行的方法是，通過健康宣傳，使消費者首先認識到高鹽飲食的危害，使低鹽食品深入人心，在全社會形成低鹽飲食潮流，從而產生市場驅動力，使經營低鹽食品的企業和餐館有利可圖。

餐館食品含鹽標示

目前，已有西方國家要求餐館為消費者提供食品營養含量信息，就像包裝食品那樣。這種嘗試首先在快餐店、外賣店等標準化程度較高的領域推行。具體做法是，在宣傳冊、外賣單、菜單、網站、托盤、發票上提供食物營養素含量信息，包括鈉含量。這一措施能讓消費者了解自己一餐吃了多少鹽，也能提醒和敦促餐館自發降鹽。在前市長布隆伯格（Michael Bloomberg，也是彭博新聞社創始人）的推動下，紐約市的限鹽活動處於全美領先地位。2015 年 12 月 1 日，紐約市出台地方法規，要求在美國擁有 15 家以上門店的連鎖快餐企業，必須在菜單上對高鹽食物進行標示和警示。

替代鹽和低鈉鹽

鹽可改善食物口味和口感，將索然無味的食材變成令人垂涎的美味。除了產生鹹味，鹽還能增加湯類食物的濃稠感，增強食物的香味，增強含糖食物的甜度，掩蓋食物中的苦味和金屬味，使食物各種味道趨於均衡。鹽的多重美味效應成為尋找替代鹽的一大挑戰。

味蕾上存在兩種鹹味感受器，一種是上皮細胞型鈉離子通道（ENaC），另一種是 V1 亞型陽離子通道（TRPV1）。鹹味主要由 ENaC 感知，TRPV1 起輔助作用。ENaC 具有高度選擇性，只允許鈉離子和鋰離子通過。從理論上來看，能產生純粹鹹味的物質只有鈉離子和鋰離子。但鋰離子具有明顯毒性，不可能作為食鹽替代品。

因此，尋找替代鹽的唯一希望就是能使 TRPV1 興奮的物質。除了鈉離子，鉀離子也能使 TRPV1 興奮並產生鹹味。因此，現有低鈉鹽都以氯化鈉為主要成份，添加一定量氯化鉀。遺憾的是，氯化鉀除了產生鹹味，還會產生苦澀味，尤其在濃度較高時。研究表明，低鈉鹽中氯化鉀比例若高於 50% 就會有明顯苦澀感。所以，理想的替代鹽僅存在於理論中（表 15）。

表 15 食鹽替代品和增敏劑

食鹽替代品 食鹽增敏劑	用途	效果評價
氯化鉀（KCl）	與氯化鈉混合，比例一般不超過50%，用於多種食品。	氯化鉀除產生鹹味，還會產生苦澀味；會增加鉀攝入量，有利於控制高血壓和預防心腦血管病；不適用於腎功能嚴重損害患者，也不適用於正在服用 ACEI 或 ARB 類藥物的患者。
氯化鈣（$CaCl_2$）	個別食品	氯化鈣可產生一點鹹味，但對口腔黏膜有刺激作用。
氯化鎂（$MgCl_2$）	個別食品	氯化鎂可產生一點鹹味，但同時會產生苦澀味，尤其在濃度較高時。
硫酸鎂（$MgSO_4$）	個別食品	硫酸鎂可產生一點鹹味，但同時會產生苦澀味，尤其在濃度較高時。
改變鹽粒結構	部份食品	雪花鹽和多孔鹽有可能減少吃鹽量，尤其當鹽粒散佈在食物表面時。
模擬鹽	正在研發	在細小的澱粉顆粒上包裹一薄層鹽，能增加鹽與味蕾接觸的面積，從而增強鹹度，減少吃鹽。
乳化鹽	正在研發	採用乳化技術在小水滴外包裹一層脂肪層，脂肪層外再包裹一薄層鹽水，能增加鹽與味蕾接觸的面積，從而增強鹹度，減少吃鹽。
穀氨酸鈉（味精）	用於多種食品	味精能顯著增強鹹味，從而減少用鹽。穀氨酸鈉本身含鈉，若用穀氨酸鉀可進一步減少鈉攝入，但穀氨酸鉀具有明顯苦澀味。
植物蛋白水解物	部份食品	植物蛋白水解物的增味效應源於其中的穀氨酸鈉。
核苷酸	部份食品	核苷酸可與穀氨酸鈉起協同增味作用，增強食物鮮味；核苷酸還能減輕味精的苦澀感。味精與核苷酸的混合物能產生雞肉一樣的鮮味，因此得名雞精。
精氨酸和類似物	正在研發	精氨酸可增強食物鹹度。
乳製品濃縮物	多種食品	乳製品濃縮物能降低多種食品的用鹽量。
乳酸鹽	個別食品	乳酸鹽可增強氯化鈉的鹹度，但具有明顯酸味，影響了其應用。
草本香料	多種食品	草本香料能產生特殊味道，彌補減鹽後食物的寡淡口味，有利於減鹽。

資料來源：Henney JE, Taylor CL, Boon CS, Committee on Strategies to Reduce Sodium Intake; Institute of Medicine. Strategies to Reduce Sodium Intake in the United States. Washington DC: National Academy of Sciences, 2010. Available at: http://www.nap.edu/catalog.php?record_id=12818.

芬蘭和英國是世界上最早推行低鈉鹽的國家。落鹽（loSalt）是英國克林格食品公司（Klinge Foods）於 1984 年推出的一種低鈉鹽。落鹽含 66% 氯化鉀、33% 氯化鈉、1% 其他成份和抗板結劑（亞鐵氰化鉀）。如今，落鹽佔英國低鈉鹽市場的 60%，行銷全球三十多個國家。美國有 4,500 家超市和食品店銷售落鹽。

泛鹽（Pansalt）是芬蘭全民限鹽活動期間推出的低鈉鹽，由芬蘭高血壓學會前任主席、赫爾辛基大學卡爾帕寧（Heikki Karppanen）教授研發。含 57% 氯化鈉、28% 氯化鉀、12% 硫酸鎂、2% 賴氨酸、1% 抗板結劑和其他成份（圖 20），目前泛鹽已行銷歐洲及其他國家地區。

索羅海鹽（Solo sea salt）是 1999 年在歐美市場推出的一種新型低鈉鹽，含 41% 氯化鈉、41% 氯化鉀、17% 鎂鹽、1% 抗板結劑和其他成份。日本市場銷售的低鈉鹽氯化鉀含量在 20%-70% 之間。

圖 20 泛鹽的包裝

將各種天然調味品、蔬菜及水果提取物加入鹽中也能降低鈉攝入量，其原因在於，調味品具有相互增敏效應。歐美市場銷售的天然調味鹽（natural salt）和草本鹽（herb salt）、日本市場銷售的果鹽等都是為了減少鈉攝入。

1994 年，中國頒佈《低鈉鹽》行業標準（QB2019-1994）。2004 年，國家發展和改革委員會修訂《低鈉鹽》標準（QB2019-2004），將低鈉鹽分為三類：**I 類低鈉鹽**由氯化鈉、氯化鉀和七水硫酸鎂組成；**II 類低鈉鹽**由氯化鈉、氯化鉀和六水氯化鎂組成；**III 類低鈉鹽**由氯化鈉和氯化鉀組成。該標準規定，I 類和 II 類低鈉鹽氯化鉀含量應在 14%-34% 之間；III 類低鈉鹽氯化鉀含量應在 20%-40% 之間。中國市場銷售的低鈉鹽氯化鉀含量平均在 30% 左右。由中鹽上海鹽業公司生產的海星牌無碘精製低鈉鹽（lite salt）含 78% 氯化鈉和 22% 氯化鉀。由浙江頌康製鹽科技有限公司生產的中鹽牌竹香低鈉鹽含 70% 氯化鈉和 30% 氯化鉀。

氯化鉀也能產生鹹味，儘管其鹹味效應比氯化鈉弱，這是低鈉鹽能減少鈉攝入的原因。由於大部份低鈉鹽中氯化鈉佔 70% 以上，因此，使用低鈉鹽仍須嚴格控制用量，這樣才能達到減鹽目的。若低鈉鹽中氯化鉀含量以 30% 計，每人每天低鈉鹽用量不超過 8.6 克，才能使吃鹽量達到 6 克標準。若以為低鈉鹽含鈉很低，可隨意添加，那就完全違背了設計低鈉鹽的初衷。

中國居民烹飪用鹽佔鈉攝入比例較高，非常適合用低鈉鹽降低鈉攝入量。使用低鈉鹽代替常規鹽，同時保持用鹽量不變，將使鈉攝入量降低 30%。僅此一項就有望將城鄉居民烹調用鹽由 12 克降至 8.4 克。若能在全國普及低鈉鹽，無疑會產生巨大減鹽效應。

除了減少鈉攝入，低鈉鹽還能增加鉀攝入。在現代飲食環境中，絕大部份人鉀攝入不足。大量研究證實，增加鉀攝入可降低血壓，降低心腦血管病的風險。因此，低鈉鹽除了預防和控制高血壓，還能產生其他健康效應。

氯化鈉和氯化鉀具有相似的物理與化學特徵。因此，在家庭、餐館和食品加工中，大多數情況都可使用低鈉鹽。但低鈉鹽會改變部份食品的口味和安全特性，目前仍須探索低鈉鹽對食品安全的潛在影響。中國學者研究發現，使用低鈉鹽對乾醃（火腿醃製）影響不大；但在濕醃（蔬菜醃製）中，低鈉鹽會改變亞硝峰出現的時間，增加醃菜中亞硝酸鹽的含量。因此，居家醃製蔬菜最好仍使用常規食鹽。

低鈉鹽的安全性是一個全球性熱點問題。在老年高血壓患者中的研究表明，食用低鈉鹽（含 55% 鉀、鎂鹽）可顯著降低血壓，也未發現明顯毒副作用。中國台灣地區開展的研究發現，老年人長期食用低鈉鹽可降低心腦血管病風險，也未發現明顯毒副作用。中國和澳洲兩國專家在華北農村開展的研究表明，食用低鈉鹽（含 65% 氯化鈉、25% 氯化鉀和 10% 硫酸鎂）一年，可將高血壓患者收縮壓降低 4.2 毫米汞柱，舒張壓降低 0.6 毫米汞柱。儘管低鈉鹽有一定苦澀味，但大部份居民都能接受，只有不到 2% 的居民因口味不佳而停用低鈉鹽。另外，長期食用低鈉鹽對腎功能和其他臟器也未見明顯影響。

芬蘭從 1978 年開始推行低鈉鹽，美國從 1982 年開始推行低鈉鹽，英國從 1984 年開始推行低鈉鹽，人群普遍食用低鈉鹽已有約四十年歷史。這些國家的經驗表明，低鈉鹽可降低心腦血管病風險，健康人食用低鈉鹽是安全的。

健康人食用低鈉鹽是安全的，但低鈉鹽並非對所有人都適用。低鈉鹽中含有鉀鹽，鉀在體內發揮着多重生理作用，體內鉀平衡有賴於腎臟排鉀功能。腎功能嚴重受損的人，排鉀能力下降。這些人若攝入大量鉀鹽就可能引起高鉀血症，導致心律失常，甚至心臟驟停和猝死。血管緊張素轉化酶抑制劑（ACEI）和血管緊張素受體拮抗劑（ARB）兩類降壓藥能減少人體鉀排出，服用這些藥物的人若再食用低鈉鹽，可能引起血鉀升高。另外，高鉀血症患者也不宜食用低鈉鹽。2016 年 9 月 22 日開始實施的《食品安全國家標準：食用鹽》（GB2721-2015）明確規定，低鈉鹽標籤上應標示鉀含量，同時應警示：「高溫作業者、重體力勞動作業者、腎功能障礙者及服用降壓藥物的高血壓患者等不適宜高鉀攝入的人群應慎用。」《美國膳食指南》推薦健康人增加鉀攝入，同時也提醒腎功能受損患者每天鉀攝入量最好不要超過 4,700 毫克。

地中海飲食

地中海飲食（Mediterranean diet）是流行於希臘、西班牙、摩納哥、法國和意大利等地中海沿岸國家的飲食模式。傳統地中海飲食以粗製小麥麵粉為主食，輔以豐富的蔬菜、水果、海魚、雜糧、豆類，烹調採用初榨橄欖油。地中海飲食具有低鹽、低脂、高鉀、高纖維素，富含維生素和礦物質等特點。現在也常用地中海飲食泛指天然、清淡及富含營養的飲食模式。

地中海飲食的主要內容

- 烹調採用初榨橄欖油
- 增加蔬菜攝入，尤其是綠葉蔬菜
- 增加水果攝入，包括水果沙拉和水果零食
- 增加穀類攝入，以粗製小麥麵粉為主
- 增加堅果和豆類攝入
- 增加海產品攝入，以海魚為主
- 適量飲酒，以紅酒為主
- 限制禽肉和全脂奶，奶製品以芝士和酸奶為主
- 控制禽蛋、紅肉、加工肉製品攝入
- 控制甜點等含糖食物攝入
- 每天適量運動
- 保持樂觀的生活態度，維持悠閒的生活方式

研究表明，地中海飲食有利於防治高血壓、糖尿病、高血脂、冠心病、心臟衰竭、中風、慢性腎病、癌症、阿爾茨海默病、骨質疏鬆、關節炎、脂肪肝、肥胖等。地中海飲食還能減少過早死，提高生活質量，延長預期壽命。地中海飲食因此被譽為健康飲食和長壽飲食。

地中海沿岸國家陽光充沛，農業及漁業資源豐富，歷史上是多種文明的交匯點，這些地理歷史特徵使地中海沿岸居民形成了多元化飲食特色。20 世紀 40 年代，希臘、西班牙和意大利南部形成了當代地中海飲食模式；50 年代發現地中海飲食的健康效應；90 年代，隨着大量研究結果公佈，地中海飲食開始風靡全球。

1952 年，美國學者凱斯（Ancel Keys）受邀對西班牙居民的飲食進行調查。凱斯發現，西班牙巴列卡斯（Vallecas）和羅卡米諾斯（Cuatro Caminos）地區的居民幾乎不吃肉、奶油和奶製品，其血膽固醇水平很低，冠心病發病率相當低。相反，薩拉曼卡（Salamanca）和意大利那不勒斯（Naples）地區的居民吃肉多，冠心病發病率較高。受這一觀察結果啟發，凱斯發起了七國研究，在芬蘭、希臘、意大利、日本、荷蘭、美國和南斯拉夫入組了 12,000 名成年男性，對其飲食結構進行全面調查。結果發現，美國和芬蘭居民吃肉最多，血膽固醇水平最高，心腦血管病死亡率也最高。相反，地中海沿岸國家居民吃蔬菜、水果和雜糧多，吃肉少，心腦血管病死亡率最低。

根據研究結果，凱斯於 20 世紀 60 年代早期提出了地中海飲食這一概念。1975 年，安塞爾・凱斯（Ancel Keys）和瑪格麗特・凱斯（Margaret Keys，安塞爾的夫人兼助手，她本人是一位化學家）發表專著《吃得好活得好的地中海模式》（*How to Eat Well and Stay Well the Mediterranean Way*），詳細闡述了地中海飲食的構成特點和健康效應。凱斯也因此被譽為地中海飲食之父，並被選為美國《時代週刊》封面人物（圖 21）。

當地居民認為，地中海飲食不僅是一種飲食模式，而且是一種生活態度。2010 年，西班牙、意大利、希臘和摩納哥等地中海沿岸國家提出，將該地居民的特色飲食、喜好運動、悠閒的生活態度、不甚富裕的經濟狀況歸納為地中海文化，打包向聯合國教科文組織（UNESCO）申請世界非物質文化遺產（intangible cultural heritage, ICH）。有趣的是，最終只有地中海飲食被列入非遺名錄。地中海飲食入選的原因是：「地中海飲食涉及一系列技術、理論、禮儀、標識，在農耕、漁獵、飼養、食物保存、加工、烹製、分配和消費方面形成了獨特傳統。」

圖 21 地中海飲食發現者安塞爾．凱斯（Ancel Keys）

資料來源： Ancel Keys on the cover of TIME, January 13, 1961.

地中海飲食不只在當地居民中能發揮健康促進作用，在其他地區同樣有效。研究發現，在地中海國家出生的人移居澳洲後，心腦血管病死亡率比澳洲本土人低，其原因是這些人即使移居海外，其飲食習慣仍未改變。經十年跟蹤發現，相對於西方飲食，地中海飲食能將心血管病死亡風險降低 30%。

地中海飲食並非完美無缺，也並非適於所有人。2015 年，在發現地中海飲食五十年後，美國循證醫學協作中心（Evidencebased Synthesis Program Coordinating Center, ESPCC）委託布隆菲爾德（Hanna E. Bloomfield）等學者對地中海飲食的有效性和安全性進行了全面評估。ESPCC 發佈的報告認為，地中海飲食能夠預防多種慢性病；但地中海飲食中的麩質（麵筋、穀蛋白）可能會誘發過敏反應。小麥富含麩質蛋白，大多數人能消化麩質蛋白；但少數人對麩質蛋白過敏，進食含麩食物後會出現乳糜瀉、皰疹樣皮炎、穀蛋白共濟失調等症狀，這些統稱穀蛋白相關疾病（gluten-related disorders）。有研究認為，近年來穀蛋白相關疾病發病率上升，與地中海飲食在全球流行不無關係。

地中海飲食的一個突出特點就是低鈉高鉀，其食物成份構成更接近史前人類的天然飲食。研究也發現，地中海飲食能降低心腦血管病風險，一個重要原因就是地中海飲食含鹽少。

學校餐減鹽

兒童時期是鹽喜好的形成階段，兒童吃鹽多，成年後吃鹽也多。吃鹽多會升高血壓，使兒童過早罹患高血壓。兒童吃鹽多還會增加成年後高血壓、心臟病、中風的風險。因此，學校餐對健康會產生長遠影響，值得家長、學校和全社會高度重視。

目前中國在校學生供餐模式包括食堂供餐、企業供餐和家庭託餐等，其中以食堂供餐為主要模式。大部份幼兒園、小學和中學為走讀生提供午餐，個別中小學為住校生提供一日三餐。校餐的常見經營方式為，學生繳納伙食費，食堂提供點餐、套餐或自助餐。在食堂供餐模式下，學生吃鹽量基本由廚師和管理者主導。

2011 年，國務院發佈《農村義務教育學生營養改善計劃》，旨在提高農村學生尤其是貧困地區學生營養健康水平，增加學齡兒童入學率。2012 年，教育部出台《農村義務教育學生營養改善計劃實施細則》，提出加快農村地區學校食堂建設與改造，在一定過渡期內，逐步以學校食堂替代商業供餐模式，但由於條件所限，目前仍有相當部份學校採用商業供餐模式。商業供餐以盈利為目的，僱用的餐飲從業人員不太可能從兒童營養學角度設計學生餐，而會像餐館那樣，給學生餐中加入過多食鹽。另一值得注意的問題是，製作學生餐的廚師基本沒有經過專業培訓，往往以成人餐的經驗和標準烹製學生餐，兒童對鹽的生理需求明顯低於成人，若仍以成人口味決定飯菜用鹽，勢必會增加學生吃鹽量。

20 世紀 90 年代，在陝西漢中開展的調查發現，12-16 歲中學生平均每天吃鹽高達 13.4 克，這是當時全球報道兒童吃鹽最高的紀錄。其後在北京地區開展的調查表明，小學生平均每天吃鹽高達 8.4 克，中學生平均每天吃鹽高達 10.4 克。2012 年，黑龍江省膳食與營養諮詢指導委員會對學生飲食狀況進行了調查，23,667 名在校就餐的高中生每天從食鹽和醬油攝入的鹽就高達 10.4 克，其中大慶市在校學生每人每天吃鹽高達 16.6 克，是成人推薦攝入量的 277%。

中國家庭餐含鹽本已偏高，而學校餐含鹽更高，這種狀況導致兒童長期暴露在高鹽飲食環境中，久之便形成了與父母一樣甚至更強烈的鹽喜好。因此，要阻斷世代相傳的高鹽飲食輪迴，一個可行方法就是，利用兒童上學期間部份脫離家庭飲食環境的時機，以及兒童期鹽喜好尚未形成的特點，對學校餐進行系統規劃和指導，使孩子們從小養成低鹽飲食習慣，全面提高國民營養健康水平。

1996 年，衛生部推出的《學生集體用餐衛生監督辦法》規定，6-15 歲在校學生每人每天吃鹽量不宜超過 10 克，其中午餐不宜超過 3 克，這一限量明顯高於世界衛生組織推薦的每天 5 克鹽標準，也高於中國營養學會推薦的每天 6 克鹽標準。2011 年，國家衛生部廢止了《學生集體用餐衛生監督辦法》，目前尚沒有制定針對學生餐含鹽量的規定。

兒童營養事關國民身體素質和智力水平，影響國家發展潛力和民族競爭力，甚至關乎國家戰略安全。因此，很多西方國家將優化兒童營養列為優先解決的問題，對學校餐進行統一規劃和集中管理。發達國家在改善兒童營養方面採取的措施包括：

頒佈兒童營養法，制定學校餐營養標準，對兒童營養狀況進行定期監測，為在校學生提供免費或減費營養餐，為學校配備專職營養師，為學生開設膳食營養課程（食育）。

20 世紀 80 年代之前，西方國家在制定營養餐標準時，着重解決正性營養素攝入不足的問題。常見正性營養素包括蛋白質、維生素、鉀、鐵、碘等，這些營養素攝入不足會導致貧血、營養不良及發育遲滯等疾病。20 世紀 80 年代之後，西方國家開始重視負性營養素攝入過多的問題。常見負性營養素包括脂肪、反式脂肪酸、鹽（鈉）、糖等。負性營養素攝入過多會導致肥胖、糖尿病、高血壓，進而增加心腦血管病、慢性腎病、腫瘤等疾病的風險。其中，減鹽是設計學校營養餐的一個重要考慮。

英國

最早為學生提供免費或減費午餐的是英國。19 世紀後期，完成工業革命的英國自恃國勢強盛，發起了大規模殖民擴張戰爭，建立了「日不落帝國」。然而，在第二次布爾戰爭（Second Boer War, 1899-1902）期間，英國青年營養問題卻影響到戰爭進程。根據英軍服役標準，僅有 1/10 的應徵者能滿足徵兵體質要求。這一狀況令英國朝野震驚，促使英國議會於 1906 年通過了《教育供膳法》。該法旨在促進教育當局為受到營養不良威脅的兒童提供免費或減費午餐。第二次世界大戰期間，英倫三島遭到納粹德國狂轟濫炸。一方面為了提高兵源素質，一方面為了激勵戰時兒童教育，邱吉爾（Winston Leonard Spencer Churchill, 1874-1965）內閣在財政極其窘迫的情況下，為所有在校學生免費提供午餐，並由政府設立專項預算。

第二次世界大戰結束後，為了減少財政支出，英國歷任政府多次修訂學校免費午餐政策。1980年，戴卓爾夫人（Margaret Hilda Thatcher）修正了《教育膳食法》，不再強制要求校方為學生提供午餐，尤其是取消了實施多年的免費牛奶計劃。「鐵娘子」因此被冠以「牛奶剝奪者（milk snatcher）」這一惡名。1997年，貝理雅（Tony Blair）內閣推行新政，允許贏利性餐飲承包商進入學校。為了減少開支，學校餐也由食堂供餐模式轉為商業供餐模式，學校開始設立付費餐廳，並引入自動售貨機。商業化的學校食堂大量採購半成品食材，以簡化午餐製作流程，為學生提供快餐，有的學校甚至允許學生到校外快餐店購買食品，飲食模式的改變增加了鹽、脂肪和糖的攝入量。2005年，致力於兒童健康宣傳的廚師奧利弗（Jamie Oliver）在其主持的電視節目中指出，隨着深加工食品大肆「入侵」校園，英國兒童肥胖率急速攀升，並呈現低齡化趨勢。2006年，英國政府迫於民間壓力，再次修訂了學校餐營養標準，禁止在校園內出售鹹味香脆小食、加工肉製品、油炸食品等高鹽高脂食品。

美國

20世紀40年代後期，美國政府在檢討「二戰」的經驗教訓時發現，很多年輕人因營養不良或身體素質差，在入伍體檢時被淘汰。杜魯門總統認為，這種狀況已嚴重威脅到美國的戰略安全。同時發現，「二戰」後期開始推行的工農業激勵計劃導致農產品嚴重過剩，農民損失慘重，而大批在校學生又存在營養不良。這兩方面的因素促使國會於1946年通過了《學校午餐法案》。根據該法案，美國農業部發起了全國學校午餐計劃（National School Lunch Program, NSLP），通過採購農產品為在校學生提供免費或減費午餐。1966 年，又發起了全國學校早餐計劃（National School Breakfast Program, NSBP）。這些計劃一直延續到今天，其間經過多次修訂，使受惠學生數量不斷增加。學校午餐計劃讓美國兒童擺脱了飢餓，提升了國民身體素質和教育水平。

目前，美國學校午餐計劃為 99% 的公立學校和 83% 的私立學校學生提供營養午餐。校餐計劃還為 85% 的公立學校學生提供營養早餐。2012 年，有 3,160 萬學生受惠於學校午餐計劃，有 1,290 萬學生受惠於學校早餐計劃。校餐計劃每年提供約 57 億份午餐和 20 億份早餐。為了實施校餐計劃，美國農業部建立了校餐配送體系，在全國採購各種農產品。校餐計劃不僅改善了兒童營養狀況，還解決了農業豐收時農產品過剩問題，增加了農民收入。

20 世紀 80 年代，中國農業生產脱離計劃經濟並引入現代農業科技後，豐收和產銷失衡導致農產品過剩時有發生，每年都有農民大量傾倒和銷毀各種蔬菜、水果或其他農副產品；另一方面，偏遠地區學生蔬菜和水果攝入又明顯不足，這兩方面的矛盾有可能通過建立全國校餐系統而得到化解。

在美國學校午餐實施早期，主要解決貧困家庭兒童溫飽問題；1980 年之後，開始強調營養均衡、抵制垃圾食品、降低負性營養素攝入等問題。以前的學校餐只要求符合《美國膳食營養指南》的推薦標準，奧巴馬入主白宮後，第一夫人米歇爾成為改善兒童營養活動的代言人，她花費大量時間和精力，致力於提高校餐營養水平；她敦促美國農業部組織專家制定了《學校早餐和午餐營養標準》，該標準於 2012 年 3 月 26 日由奧巴馬總統簽署並生效。該標準在充份徵求專家、學校、食品供應商和民眾意見的前提下，對學校餐的設計、製作及成份進行了全面指導，對學校餐存在的問題進行了分析，並提出了解決方案，同時要求進一步增加學校餐的政府財政預算。值得一提的是，該標準對不同年齡兒童營養餐中的含鹽量進行了回顧分析，認為美國學校餐含鹽過高，幼兒園學童和小學生每份午餐含鈉高達 1,377 毫克（相當於 3.5 克鹽），初中學生每份午餐含鈉高達 1,520 毫克（相當於 3.9 克鹽），高中學生每份午餐含鈉高達 1,588 毫克（相當於 4.0 克鹽）。該標準提出，到 2022 年，分 3 個階段將學校早餐含鹽量降低 25%，將學校午餐含鹽量降低 50%，最終使在校學生每天鹽攝入達到指南推薦水平（每天 4.8-6.0 克鹽）。

美國《學校早餐和午餐營養標準》還提出，各州應對學校餐含鹽量進行定期監測，以確保在規定時間內使含鹽量達標。為了減少學校餐中的鹽，美國農業部要求，為學生提供的罐裝蔬菜每杯含鈉不得超過 280 毫克（相當於 0.72 克鹽），罐裝番茄、玉米粒、冷凍蔬菜和豆類在配送前不得加鹽，供應學校的鮮肉在注水時應控制含鈉添加劑用量（為延長保質期和保鮮期，美國市場銷售的鮮肉大多為注水肉，所注水一般為磷酸二氫鈉溶液），鼓勵用低鹽食品替代高鹽食品，大幅增加水果、蔬菜、全穀等低鹽食品採購量。對學校廚師和營養師展開專項培訓，使他們認識到高鹽飲食對兒童健康的危害，同時給他們傳授低鹽烹飪技術。

日本

明治維新期間，日本開始實施學校供餐計劃。1889 年（清光緒十五年），山形縣一所僧人開設的學校（寺子屋）為部份學生提供飯團、烤魚和泡菜等食物，以解決來自貧困家庭學生的飢餓問題，這是日本營養午餐的最初雛形。不久，這一做法迅速普及幾乎所有學校。這一策略不僅明顯降低了兒童營養不良的發生率，而且大幅提升了兒童入學率，提高了國民整體智力水平和身體素質，成為之後日本在對外擴張戰爭中具備良好兵源素質的重要原因。

第二次世界大戰期間，日本為了縮減開支，學校午餐制一度中斷。「二戰」結束後，日本政府在美國和聯合國兒童基金會（UNICEF）資助下，重新啟動學校午餐計劃。1954 年頒行的《學校午餐法》規定，學校午餐是教育的基本組成部份。實施學校午餐的宗旨在於，培養良好的飲食習慣，傳授營養學知識，增進學生協作精神，豐富學校生活。1956 年，學校供餐在所有義務制學校全面推行。

20 世紀 60 年代，學生負性營養素過量和不良飲食習慣卻成為突出問題。因此，日本文部省對營養午餐政策進行調整，強調以飲食為中心，對學生進行營養教育，指導學生建立良好的飲食習慣。2005 年，日本的《食育基本法》指出，膳食教育對所有國民都非常重要，特別是青少年，膳食教育有助於促進身心健康，有助於形成多元化人格。

在日臻完善的學校供餐制影響下，日本政府和學校均高度重視學生餐的營養及質量，積極開展食育。政府為學校午餐制定了多種法規、制度和標準。《學校供食營養需要量標準》規定，一份學校午餐應提供每日所需熱量的 33%，提供每日推薦鈣攝入量的 50%，提供每日蛋白質、維生素和礦物質推薦攝入量的 40%，每頓午餐含鹽量不得超過 3 克。

根據 2016 年開展的調查，在日本傳統吃鹽量較高的東北地區，小學生吃鹽量已控制到每天 7.1 克，中學生控制到 7.6 克，而家長吃鹽量也控制到 8.0 克。這與 20 世紀 60 年代該地區人均每天吃鹽超過 20 克的水平相比，已經大幅下降。

2011 年，中國推出學生營養改善計劃，中央財政每年撥款 160 億元用於解決 2,600 萬貧困地區在校學生的就餐問題，為每名在校學生提供每天 3 元午餐補助。這一計劃標誌着中國學校營養餐的開始。儘管中國學校餐實施晚、範圍小、起點低，但應該看到，這將是一項影響深遠的計劃，其實施和改進值得全社會高度關注與大力支持。

電子時代與減鹽

2015 年，中國擁有電視的家庭達 4.23 億戶，其中，接入有線電視的家庭達 2.41 億戶。根據 2002 年中國居民營養與健康狀況調查，6 歲以上居民經常看電視的比例高達 92.1%，平均每人每天看電視 2.1 小時。在提供娛樂、資訊、教育等便利的同時，電視也從多方面改變着中國人的生活方式，包括居民的飲食結構。

在電視廣告助推下，方便食品、冷凍食品、加工食品和快餐食品大行其道。看電視時間越長，家庭烹飪時間就越短。近年來快餐業蓬勃興起，居民在外就餐人數和頻次明顯增加，家庭烹飪也更多使用加工或半加工食材。這些改變成為中國居民吃鹽量居高不下的重要原因。2011 年，在上海開展的調查表明，每天熒屏時間超過 2 小時的人，飲食結構更接近現代西方飲食；每天熒屏時間少於 2 小時的人，飲食結構更接近傳統中國飲食。

西班牙學者曾對食品廣告進行分析。2012 年 1 到 4 月，西班牙主要電視頻道共投放廣告 17,722 條，其中食品廣告 4,212 條，佔 23.7%。在廣告所涉 4,025 種食品中，有 2,576 種（64%）為高鹽、高糖或高脂食品，也就是俗稱的垃圾食品（junk foods）。大量垃圾食品廣告在兒童節目中播出，而兒童更易被廣告所誘導，由此形成的不良飲食習慣往往維持終生，為成年後發生高血壓、糖尿病和肥胖埋下禍根。

2012 年在中國江蘇開展的調查表明，在兒童電視節目中投放的食品廣告絕大部份為高鹽、高糖或高脂食品。按照播放頻次區分，焙烤類佔 27.5%，快餐類佔 22.4%，糖果類佔 17.6%，肉製品佔 8.3%，方便麵佔 3.5%。美國的調查發現，在兒童節目中播出的廣告，所涉食品十有八九為垃圾食品，無一涉及蔬菜水果等天然食品。雀巢、可口可樂、百事可樂、麥當勞、肯德基、必勝客等食品巨頭也是電視廣告大戶，他們僱用兒童心理學家設計廣告，聘請明星偶像代言廣告，將兒童喜愛的明星人物和卡通形象植入廣告，並依據兒童口味喜好，而不是依據兒童營養需求改良食品，使兒童對廣告深信不疑，對垃圾食品難以割捨。深受兒童喜愛的迪士尼卡通節目更是食品商競爭的廣告時段。2012 年 6 月，在強大公眾壓力下，也出於維護自身形象的考慮，迪士尼公司宣佈，在其經營的所有電視頻道中禁止垃圾食品廣告，包括迪士尼擁有的美國廣播公司（ABC）。這一舉措受到時任第一夫人米歇爾・奧巴馬的讚揚。

按照美國國立營養研究所（NIN）的定義，垃圾食品是指含蛋白質、維生素和礦物質低，含鹽、糖、脂肪和熱值高的食品。在不同國家和地區，垃圾食品有不同名稱和標準。世界衛生組織（WHO）稱之為高脂、高鹽、高糖食品（HFSS foods, foods high in fat, salt and sugar），美國稱之為低營養食品（FMNV, foods of minimal nutritional value），英國和芬蘭稱之為高熱能食品（energy-dense foods），韓國稱之為高熱能低營養素密度食品（EDLNF, energy-dense low-nutrient density foods）。為了應對日益突出的兒童肥胖和高血壓問題，韓國於 2009 年推出《兒童飲食生活健康管理特殊法》，禁止學校餐廳和面向學生的食品企業出售垃圾食品，禁止電視台播放垃圾食品廣告，同時制定了垃圾食品國家標準（表 16）。

表 16 韓國制定的垃圾食品標準

食品種類	標準
零食 *	每餐份食品含熱量超過 250 卡路里，同時含蛋白質低於 2 克
	每餐份食品含飽和脂肪酸超過 4 克，同時含蛋白質低於 2 克
	每餐份食品含糖超過 17 克，同時含蛋白質低於 2 克
	每餐份食品含熱量超過 500 卡路里
	每餐份食品含飽和脂肪酸超過 8 克
	每餐份食品含糖超過 34 克
主食	每餐份食品含熱量超過 500 卡路里，同時含蛋白質低於 9 克
	每餐份食品含飽和脂肪酸超過 4 克，同時含蛋白質低於 9 克
	每餐份食品含飽和脂肪酸超過 4 克，同時含鈉超過 600 毫克（相當於 1.52 克鹽）對於方便麵和方便米線，每餐份含鈉量超過 1000 毫克（相當於 2.54 克鹽）
	每餐份食品含熱量超過 500 卡路里，同時含鈉量超過 600 毫克（相當於 1.52 克鹽）對於方便麵和方便米線，每餐份含鈉量超過 1000 毫克（相當於 2.54 克鹽）
	每餐份食品含熱量超過 1000 卡路里
	每餐份食品含飽和脂肪酸超過 8 克

* 零食每餐份重量限 30 克以下，若每餐份超過 30 克，其營養素含量應換算為每餐份 30 克。

食品如果符合標準中的一條，即為 EDLNF 食品（垃圾食品）。

為了預防兒童肥胖和高血壓，2005 年歐盟也曾發出公告，號召企業停止投放針對兒童的垃圾食品廣告。為了響應這一號召，各成員國加大了整治垃圾食品的力度。其中，英國表現尤為積極，因為英國政府已經意識到，越來越龐大的肥胖、糖尿病和高血壓大軍正在拖垮國民衛生服務體系（National Health Service, NHS），危及國民的長期健康和身體素質，成為國家可持續發展的絆腳石。據英國衛生與社會保障信息中心（Health and Social Care Information Centre）統計，1993 到 2012 年間，英國成年男性肥胖率由 13.2% 上升到 24.4%，成年女性肥胖率由 16.4% 上升到 25.1%。2014 年，英國兒童超重率高達 33.5%。如果不遏制這一趨勢，2050 年英國肥胖率將超過 50%。根據麥肯錫全球研究所（McKinsey Global Institute）2014 年度報告，肥胖在英國導致的醫療開支每年高達 447 億英鎊。嚴峻的形勢迫使英國政府開始徵收「肥胖税」（向含糖飲料徵税，並非直接向肥胖者徵收），並大力整治垃圾食品廣告。2006 年 11 月，英國電信局規定，禁止在兒童節目中投放垃圾食品廣告，禁止明星偶像為兒童食品廣告代言，禁止以促進智力和發育為藉口推銷兒童食品。英國食品標準局（FSA）為加工食品設定了營養素含量標準，高鹽、高糖、高脂食品一律禁止上廣告。

電視廣告不僅增加高鹽、高糖和高熱能食品消費，還會導致兒童暴飲暴食。看電視時間長的兒童更容易選擇廣告中的食品，減少水果、蔬菜攝入。長時間看電視不僅影響兒童對食物的選擇，還會增加食量，尤其是邊看電視邊吃飯的兒童。有研究者認為，看電視時大腦飽食中樞受到抑制，即使過量進食依然沒有飽脹感，從而超量進食，導致肥胖和高血壓發生。

2008 年，中國疾病預防控制中心和中國營養學會聯合制定了《中國兒童青少年零食消費指南》。其中，將兒童零食分為「可經常食用」、「適當食用」、「限制食用」三個推薦級別。限制食用的主要是高鹽、高糖和高脂食物，包括奶糖、糖豆、軟糖、水果糖、話梅、炸雞、膨化食品、巧克力派、奶油夾心餅乾、即食麵、奶油蛋糕、罐頭、果脯、煉乳、炸薯片、可樂、雪糕、冰淇淋等。不難看出，限制食用的正是廣告極力推銷的垃圾食品。《指南》同時提出，「6-12 歲的兒童不應盲目跟隨廣告選擇零食，應少食油炸、過鹹、過甜的零食」。需要指出的是，6-12

歲兒童恐怕不具備如此鑒別力和自控力，而大部份家長也不具備控制兒童零食的時間和條件。因此，要減少垃圾食品對兒童健康的危害，只能由相關政府部門出面，從兒童食品標準入手，從廣告管理法規入手，而不應將抵制垃圾食品的責任簡單推卸給家長甚至兒童本人。

沉溺於電視的人，勢必運動減少，這將助推肥胖和高血壓等慢性病蔓延。「沙發上的薯仔」（couch potato）這一概念由美國先鋒派漫畫家阿姆斯特朗（Robert Armstrong）於 1973 年提出。在他的系列漫畫裏，阿姆斯特朗塑造了一群沙發薯仔形象，用以指代那些久坐不動的人。通過漫畫書和媒體宣傳，目前「沙發上的薯仔」已成為西方民眾熟知的一個術語，用於諷刺那些整天拿着遙控器、蜷縮在沙發裏、生活圍繞電視屏幕轉的人。研究表明，「沙發上的薯仔」容易出現肌肉萎縮和四肢骨折，容易罹患糖尿病、高血壓和心腦血管病。最新的研究還發現，「沙發上的薯仔」容易患阿爾茨海默病。

在智能手機高度普及的今天，很多人又患上了「手機病」。各年齡段都有大批人沉湎於微信和手機遊戲，由於長時間低頭專注小屏幕，導致頸椎病、頭痛、腰背痛、關節疾病、高血壓、視力障礙等健康問題。居民將大量時間耗費在手機上，勢必減少烹飪時間和運動時間，導致家庭餐比例降低，吃鹽量進一步增加，間接助推了慢性病的流行。

電子商務（電商，electronic business）利用互聯網平台開展商品交易。在傳統商業模式中，消費者須親臨超市或門店，通過觀察和嘗試選定商品，經與商家面對面交流後達成交易。在電子商務模式下，消費者依據圖片和文字描述選定商品，通過互聯網支付或線下支付完成交易。由於不用出門就能完成購物，電子商務極大地提升了社會效率，是一種值得稱道的商業變革。

食品是一種關乎健康的特殊商品，2009 年頒佈的《中華人民共和國食品安全法》規定，預（先）包裝食品必須標註食品名稱、生產商、生產地址、生產日期、保質期、成份或者配料表等信息。2011 年頒佈的《預包裝食品營養標籤通則》（GB28050-2011）規定，預包裝食品應向消費者提供食品營養信息和特性説明，包括營養成份表、營養聲稱和營養成份功能聲稱。制定這些規定的初衷在於，讓消費者能在購買前了解食品的營養素含量和安全指標等信息，從而選擇適合自己的健康食品。但在電子商務環境中，消費者在選購前無法接觸商品實物，如果銷售網站不提供此類信息，消費者就無從依據營養素含量和組分選購適合自己的健康食品。

美國《食品標籤法》規定，在食品購買環節，商家有責任為消費者提供營養素含量等信息。因此，零售企業在互聯網上銷售食品時，無不小心翼翼，有的還專門僱請律師，力求將食品外包裝上的信息完整如實地展示給消費者；否則可能會收到巨額罰單。美國食品藥品管理局制定了非常詳細的食品營養標籤規則，對食品上標示「健康食品」、「低鹽食品」、「低鈉食品」等聲稱均設有嚴格標準。由於處罰嚴厲，很少有商家在網上銷售食品時涉險違規。

針對在互聯網上銷售食品，英國也制定了嚴格規定。在各大零售商網站上（Tesco, Asda, Sainsbury）銷售食品，除了提供食用方法、營養素含量、保質期等信息，還採用紅綠燈系統，對食品總脂肪、飽和脂肪酸、糖和鈉等負性營養素含量進行警示。紅綠燈警示能使消費者對高鹽食品一目了然。

近年來，中國電子商務發展迅猛。2015 年，中國網上食品銷售額超過 500 億元，這一數值還在不斷飆升。據統計，18 到 38 歲青年人佔食品網購者 73.3%，這些人正處於高血壓和糖尿病發病潛伏年齡，而年輕人往往沒有時間或沒有意識關注飲食健康，不良飲食習慣無疑會增加高血壓、糖尿病、心腦血管病等慢性病風險。因此，營造健康的網購環境是政府、電商和商家的共同責任。

根據中國電子商務經營現狀，大多數營銷商並未在網站上提供食品營養標籤信息。儘管消費者在拿到商品後也能閱讀到營養標籤上的內容，但與超市購物的根本區別在於，網上購買食品時，消費者是在購買後才獲得營養信息；而在超市購買食品時，消費者能在購買前就閱讀到營養信息。多數網購食品出於保質期考慮，不支持退換。這就是説，食品外包裝上的營養信息並不能指導消費者在網上選購健康食品，這顯然背離了營養標籤設置的初衷。儘管中國消費者大多還沒有學會甚至沒有意識到利用這些信息選購食品，在消費者購買前，提供食品營養信息是生產者和銷售者應盡的法律義務，電子商務不應成為法外之地。

在電子時代，每個人都有機會通過微博、微信和互聯網等渠道表達自己的觀點，同時每天又會收到大量保健信息。這類信息的發佈者包括醫務工作者、科研人員、餐飲從業者、工商人士、民間學者、普通民眾和網絡水軍等。推出保健信息的動機包括：促進大眾健康，博取關注和人氣，攫取商業利益，甚至刻意製造混亂。大量信息和複雜動機相互交雜，往往使民眾無所適從，有時甚至導致群體性恐慌，阻礙公共衛生政策的實施和推廣。2016 年 4 月，有人通過微信發佈信息，聲稱低鈉鹽會導致高血鉀，是奪命鹽。這條簡單信息發佈後通過 BBS、微信和微博大量轉載，很快引起群體性恐慌。雖經專業人士反覆論證和解釋，最終平息了恐慌，但這一事件無疑會影響部份民眾對低鈉鹽的認識。

2011 年日本福島大地震後，有人通過網絡宣稱碘鹽可預防輻射，這一錯誤信息導致部份地區發生搶購碘鹽事件。最近，有人在微信平台散佈謠言，聲稱食鹽中添加的亞鐵氰化鉀（黃血鹽）堪比砒霜，甚至會導致人種滅絕。這些危言聳聽的傳聞在專業人士看來相當拙劣，甚至不值批駁，但在網絡上卻形成了巨大穿透力和感染力，產生了強烈共鳴，最終釀成網絡事件。導致這種情況的原因包括：①隨着中國居民生活水平提高，民眾健康意識明顯增強；②公共衛生方面的科普教育嚴重滯後，大批民眾缺乏辨識謠言的能力；③公眾缺乏獲得食品健康信息的正規渠道，致使網絡謠言得以滋生和蔓延；④政府缺乏鑒別和打壓惡意（出於獲取商業利益之目的）健康信息的對策。在新媒體時代，不良或惡意健康信息可能會產生巨大社會衝擊效應，因此有必要強化公共衛生方面的科普教育，建設面向公眾的營養與健康數據庫，積極宣傳和解讀各項食品衛生政策，使公眾充份了解其背景和意義，從根本上消除謠言滋生和傳播的土壤。

人類已經進入互聯網時代，網絡將延伸到社會各個角落，滲透到人類生活所有領域，這種浪潮無法抵擋。互聯網引發的技術變革將推動生產力的發展和生活質量的提高，在看到巨大創新和創造潛力的同時，也不應忽視互聯網對公共衛生和大眾健康所產生的潛在衝擊。只有未雨綢繆，才能規避不測，使之惠澤廣大人民。

後　記

2013 年，我開始參加規模空前的全球疾病負擔（Global Burden of Disease, GBD）研究。GBD 由世界衛生組織（WHO）於 1992 年發起，由美國華盛頓大學（Washington University）穆雷（Christopher Murry）教授擔綱，後因經費短缺難以為繼。2007 年，比爾及梅琳達・蓋茨基金會（Bill & Melinda Gates Foundation）捐資 2 億，後又追加到 4.8 億美元，使這項規模空前的公共衛生項目得以延續。GBD 站在全球高度，對三百多種人類常見疾病的負擔進行評估，對疾病主要危險因素進行分析，對世界各國疾病構成和防治效果進行比較，對未來疾病發展趨勢和社會影響進行預測，目的是為各國制定衛生政策提供參考和依據。根據 GBD 研究，中風（腦血管病，腦卒中）是當前中國居民第一位死亡原因和致殘原因。在很多發達國家，中風也曾高居死因榜首，但在普遍施行高血壓防控政策後，中風在死亡原因中的排位已明顯下移。

心腦血管病與高血壓有關，而吃鹽多是高血壓發生的重要原因。為了預防心腦血管病，20 世紀 60 年代以來，西方各國相繼推出全民限鹽計劃。其中，芬蘭和日本開展的限鹽活動卓有成效，居民平均血壓下降顯著，心腦血管病患病人數明顯減少，人均預期壽命大幅延長。考慮到中國尚未廣泛開展限鹽活動，很多居民不知道如何減鹽，本書的最初設想是，簡要介紹個人和家庭減鹽方法，讓居民能夠通過限鹽降壓預防心腦血管病。

2014 年 5 月，我乘飛機從上海前往法國尼斯，參加第 23

屆歐洲中風大會。鄰座是一對母子，小傢伙大約五歲，我們三人很快就熟識起來。正在我們交流育兒經時，廣播裏開始播放飛行安全事項，其中講到緊急情況下氧氣面罩的使用：「帶小孩的乘客，請您先給自己戴好氧氣面罩，再幫助您的孩子戴好氧氣面罩。」聽到這裏，這位媽媽當即表示反對，説應該先給兒子戴上氧氣面罩。我問她為甚麼，她回答説因為兒子更重要！其實，制定這樣的規定，並非因為大人比孩子更重要，而是因為在高空缺氧時，人的意識會在幾十秒內改變甚至喪失，很快就會失去判斷力和操控力。如果先給孩子戴上氧氣面罩，大人失去意識，孩子無人照看，可能兩人都無法生還；如果大人先給自己戴上氧氣面罩，孩子即使短時間失去意識，吸氧後很快就能恢復，不會對身體造成傷害。聽了我的解釋，這位媽媽大為感慨，説坐了十幾年飛機，從來沒有人給她講這個道理。

這個小插曲讓我意識到，只告訴人們如何減鹽可能根本就達不到目的，在不了解背後原因時，很多人都會像這位媽媽那樣，依據喜好或感覺行事。因此，本書從生理學角度闡釋了鹽產生美味的機制，從進化角度分析了人類嗜鹽的根源，從工業角度論述了鹽的食品安全作用，從歷史角度探討了人類鹽喜好的可變性，從臨床研究角度列舉了高鹽飲食的危害，最後介紹了吃鹽量評估方法和減鹽常用策略。

本書寫作參考循證原則，即盡量少表達自己的觀點，盡量多引用研究數據。這種策略無疑降低了可讀性和趣味性，但我想這樣會使內容更客觀。遺憾的是，出版時因篇幅所限，刪去了所有參考文獻。本書從構思到成稿歷時五年，付梓時仍感覺不滿意，主要是因為研究實在太多，而個人精力實在有限，每週都有新研究結果發表，這讓內容更新幾乎無法停止。加之平常要完成臨床、教學和科研工作，業餘時間有限，這是本書撰寫延宕五年之久的主要原因。

由於水平有限，書中錯誤和偏頗之處在所難免，在此懇請讀者海涵並提出寶貴意見。為了指導低鹽食品選購，本書採集了一些食品營養數據作為範例，選擇這些食品完全出於隨機，而非有意針對某些企業或產品，希望相關方給予充份理解。對數據中可能出現的個別錯誤，在此也深表歉意。

成稿之後，我的妻子和兒子開始閱讀，他們是這本書的第一波批評者。根據他們的建議，我對語言進行了修改，使行文更加通俗。我非常感謝金陵醫院的領導和同事們，他們為我創造了一個舒心的環境，讓我能夠專心地閱讀，靜心地思考，潛心地寫作。

哈佛大學（Harvard University）薛歡權博士和福州大學黃夢露兩位年輕人主動幫我整理了一些數據，我希望建立一個網絡兼手機 APP 平台，讓大家能根據日常飲食測算各種營養素攝入，評估自己吃了多少鹽，從而規劃健康的飲食模式。遺憾的是，因缺乏開發經驗和技術支持，這項工作進展地並不順利。

西澳大學（University of Western Australia）的漢克（Graeme Hankey）教授曾敏銳地意識到，中國南方和北方中風發病率的差異，可能與各地居民吃鹽量不同有關，我們經過分析後提出了中國中風帶的概念，這也是本書寫作的靈感來源之一。南京大學的馬楠、施偉、戴敏慧、汪玲、單婉瑩、彭敏六位研究生採集了大量膳食營養數據，為本書提供了直接證據，在此對她們的支持表示衷心的感謝。

徐格林

2019 年 5 月 23 日

書　　名　百味之首——食鹽，識鹽

作　　者　徐格林

編　　輯　祁　思

美術編輯　郭志民

出　　版　天地圖書有限公司
香港黃竹坑道46號
新興工業大廈11樓（總寫字樓）
電話：2528 3671 傳真：2865 2609
香港灣仔莊士敦道30號地庫（門市部）
電話：2865 0708 傳真：2861 1541

印　　刷　亨泰印刷有限公司
香港柴灣利眾街德景工業大廈10字樓
電話：2896 3687 傳真：2558 1902

發　　行　香港聯合書刊物流有限公司
香港新界荃灣德士古道220-248號荃灣工業中心16樓
電話：2150 2100 傳真：2407 3062

出版日期　2021年5月 / 初版・香港

ISBN 978-988-8549-53-5

本書由生活・讀書・新知三聯書店授權繁體字版出版發行